Roberto Salemme Corrêa

POR QUE ALGUMAS OBRAS DÃO CERTO E OUTRAS NÃO?

oficina de textos

Grafia atualizada conforme o Acordo Ortográfico da Língua Portuguesa de 1990, em vigor no Brasil desde 2009.

Capa e projeto gráfico Malu Vallim
Diagramação Luciana Di Iorio
Foto capa Saad Salim (www.unsplash.com)
Preparação de figuras Beatriz Zupo
Preparação de textos Hélio Hideki Iraha
Revisão de textos Renata Sangeon
Impressão e acabamento Mundial gráfica

Dados Internacionais de Catalogação na Publicação (CIP)
(Câmara Brasileira do Livro, SP, Brasil)

Corrêa, Roberto Salemme
Por que algumas obras dão certo e outras não / Roberto Salemme Corrêa. -- São Paulo : Oficina de Textos, 2019.

Bibliografia.
ISBN 978-85-7975-328-2

1. Construção civil 2. Construção civil - Processos 3. Engenharia civil 4. Construção civil - Planejamento 5. Gerenciamento de projetos I. Título.
19-26995 CDD-624

Índices para catálogo sistemático:
1. Construção civil : Engenharia 624

Cibele Maria Dias - Bibliotecária - CRB-8/9427

Rua Cubatão, 798
CEP 04013-003 – São Paulo – Brasil
Fone (11) 3085 7933
www.ofitexto.com.br e-mail: atend@ofitexto.com.br

Para Fabiana, Vitor e Roberto.

Agradecimentos

Este livro foi escrito baseado no aprendizado dos cursos que eu fiz e na experiência no trabalho do dia a dia e com outros Engenheiros, Consultores, Fiscais, Mestres e Encarregados de Obras.

Sendo impossível lembrar de todos vou agradecer nominalmente os seguintes, pedindo desculpas antecipadamente aos que eu não mencionar:

* aos Engenheiros Oscar Costa, Marcelo, Fernando e Oscar Jr, pelos ensinamentos e pela oportunidade que me deram de trabalhar, por 25 anos, na Sociedade Comercial e Construtora Ltda.
* aos Engenheiros Waldemar Hachich, Oscar Costa Jr, Eduardo Xavier Sica, Mario Cepollina e Arquiteto Alexandre Kou, pelas sugestões e contribuições feitas ao texto.
* ao Engenheiro e Professor Ricardo Candelária, pelas sugestões, revisão minuciosa do texto e pela ajuda, em conjunto com o Projetista Paulo H.Palma, em tornar os croquis dos Casos mais entendíveis.
* aos Engenheiros Rogerio Abinader, Roberto L. Bettoni, Itamar B. Tenório, A.B. Cardoso e José Roberto Possato, pelos tópicos elaborados sobre os Seguros, os Sistemas Prediais, as Instalações Elétricas e Hidráulicas, as Esquadrias e o Ar condicionado.

Especial agradecimento ao Engenheiro Nelson Gonzales pela troca constante de ideias e pela elaboração dos croquis iniciais dos Casos dos cronogramas e orçamentos.

Agradeço, também, aos Professores da Escola Superior de Propaganda e Marketing, Francisco Gracioso e José Predebon, que em diferentes épocas me incentivaram a escrever este livro e deram sugestões sobre o texto.

Apresentação

Ao longo de sua carreira, o Eng. Roberto Salemme Corrêa colecionou um sem-número de experiências na execução de obras de Engenharia Civil, mas algumas se tornaram emblemáticas, ou seja, dignas de serem relatadas.

Desse modo, os iniciantes na profissão poderão ter um alerta sobre o que pode ocorrer em uma obra e o que exigirá sua atenção especial, enquanto os experientes rememorarão seus próprios casos, com alegria pelos sucessos, mas também se lembrarão das apreensões vividas face às urgências que precisaram ser resolvidas a toque de caixa.

O exercício da profissão exige alguma dose de bom humor na condução das diversas atividades que compõem as obras e, principalmente, na administração dos eventos adversos que inevitavelmente estarão presentes nelas. Como diz o próprio Roberto, "esta obra está ficando divertida".

Um dos aspectos mais relevantes dos "causos" relatados diz respeito à questão humana, da administração do relacionamento entre as pessoas que participam da execução de uma obra, desde o Proprietário até o Ajudante.

Talvez uma obra "dê certo" quando se tem o bom domínio das faculdades que permitem compreender o "outro" que participa do processo e de saber agregá-lo ao sistema de produção, apesar dos eventuais aspectos negativos que cada um dos envolvidos possa ter. Possuir esse conhecimento e essa habilidade é fundamental para o sucesso de um empreendimento, e o Roberto certamente os tem.

Foi divertido participar da empreitada que consistiu na elaboração deste livro, além do imenso aprendizado pessoal, e nada melhor do que aprender se divertindo também. São várias as lições que aqui se aprende e que, subliminarmente ou não, ajudam a tornar nossas vidas de engenheiros mais "leves" e produtivas.

"Puxando a sardinha" para o lado da minha experiência, este trabalho do Roberto é a demonstração inequívoca de que um *bom projeto*, isto é, a soma de todos os projetos que compõem qualquer obra, é fundamental para o sucesso de todos os empreendimentos.

Boa leitura.

Ricardo Azeredo Passos Candelaria
Engenheiro Civil, graduado em 1978, pela Escola de Engenharia Mauá
do Instituto Mauá de Tecnologia (IMT)
Professor de Estruturas Metálicas e de Madeiras
da Escola de Engenharia Mauá (IMT)

São Paulo, 30 de maio de 2019

Sumário

Introdução

Neste trabalho, apresento minha experiência na execução e no gerenciamento de empreendimentos na construção civil, desde o início do processo até sua conclusão, buscando uma resposta para a pergunta do título: por que algumas obras dão certo e outras não?

Nessa atividade, desenvolvida ao longo de mais de 40 anos, trabalhei em diversos empreendimentos, com muitos clientes e diversas equipes de projetistas e de campo, e observei que muitos desses trabalhos fluíram muito bem e outros, nem tanto. Alguns deram certo, outros não. Em outras palavras, no final, em sua maioria foram concluídos, mas não do modo desejado ou planejado.

Vou tentar contar o que pode ter acontecido em cada um desses grupos.

Mas, afinal, o que é um empreendimento "dar certo"?

Um empreendimento tem seu resultado avaliado, quanto à sua execução, pelos seguintes itens:

* O custo ficou dentro do previsto no orçamento?
* O prazo foi cumprido?
* A qualidade ficou de acordo com a expectativa?

Deve-se notar que, para se realizar um empreendimento, é preciso haver um empreendedor, que tenha uma demanda a ser atendida, e um projeto do que deverá ser feito; a partir disso, tem-se a execução do projeto, ou seja, a execução da obra.

A execução de uma obra costuma também ser chamada de *execução de um projeto*. Para ficar claro no texto, no entanto, vou distinguir o *projeto* como o conjunto de desenhos e memoriais e a *execução da obra* como a realização dos termos contidos no projeto (desenhos e memoriais). O *empreendimento*, por sua vez, será definido como o resultado do conjunto projeto e execução da obra.

O trabalho de realizar um empreendimento envolve diversas etapas, a saber:

I.1 Projeto

É a etapa que antecede a execução da obra, sendo iniciada pelo Arquiteto e complementada pelos projetistas das disciplinas necessárias para sua definição, tais como estruturas, instalações e conforto.

Envolve as seguintes fases, para todas as disciplinas trabalhando em conjunto e de forma coordenada (normalmente pelo Arquiteto):

- estudo de massas;
- estudo preliminar;
- estudo de viabilidade;
- anteprojeto;
- projeto básico;
- projeto executivo;
- projeto detalhado;
- orçamento e cronograma preliminares para a licitação da obra.

I.2 Obra

É a etapa que tem início quando as construtoras são convidadas a participar de uma tomada de preços, no caso de obras particulares, ou se credenciam a participar de uma licitação, no caso de obras públicas, para, se vencedoras, executá-las.

As fases dessa etapa são as seguintes:

- licitação ou tomada de preços;
- contratação de uma Construtora;
- planejamento detalhado, incluindo o cronograma executivo;
- execução propriamente dita;
- entrega da obra.

Neste trabalho, vou me concentrar basicamente nos aspectos relativos à execução da obra.

Em se tratando da obra, especificamente do ponto de vista de uma Construtora, se os requisitos custo, prazo e qualidade foram cumpridos, deve-se imaginar que o Cliente que recebeu o produto tenha ficado satisfeito e seu objetivo foi cumprido.

Nesse sentido, é importante observar que manter o Cliente continuamente satisfeito no decorrer de uma obra requer alguma atividade política e de relacionamento que vai além da parte técnica, como será comentado no decorrer deste livro.

Tendo o Cliente ficado satisfeito, é de se supor que a empresa permaneça no mercado ou até mesmo aumente sua participação nele, o que, por hipótese, é o desejo da maioria das empresas.

De maneira geral, as construtoras se especializam em áreas específicas, as quais podem ser divididas, esquematicamente, em obras nas seguintes modalidades:

- *obras pesadas*: em geral, obras de grande porte contratadas pelo poder público, tais como barragens, túneis, rodovias, viadutos, obras de arte e linhas de metrô;
- *obras imobiliárias*: edifícios comerciais e residenciais;
- *obras de prestação de serviços*: obras particulares ou públicas feitas sob encomenda, tais como indústrias, escolas, bancos e edifícios.

Gostaria de registrar que:

- este trabalho narra minha experiência em obras executadas de 1975 a 2005 e em obras gerenciadas a partir deste ano;
- as obras de que participei foram executadas como prestação de serviços, ou seja, por encomenda do setor privado, sendo dos seguintes tipos: escolas, indústrias, bancos e alguns edifícios residenciais e residências.

Na atividade de gerenciamento de obras, tenho trabalhado para os setores público e privado, mas não trato aqui de obras pesadas, nas quais nunca atuei profissionalmente.

No texto, também não me aprofundo especificamente em técnicas e métodos construtivos ou em procedimentos gerenciais, que fazem parte do dia a dia dos engenheiros e que são abordados em cursos, livros e trabalhos acadêmicos. Esses procedimentos, quando necessários, serão utilizados com algumas explicações e em exemplos para o entendimento geral dos assuntos.

Meu objetivo é fornecer uma visão geral de como surge um empreendimento, desde seu início até sua conclusão, e mostrar quais são as etapas que devem ser cumpridas para executá-lo e como são conduzidos os processos, evidenciando a importância das pessoas envolvidas e a forma como elas devem interagir para que a obra "dê certo".

Sendo mais específico: procuro mostrar o processo de escolher empresas e pessoas e conseguir que elas trabalhem como uma equipe, indicar quais são as competências e as obrigações dessa equipe, como deve ser o trabalho de seus colaboradores no dia a dia e como conseguir que eles, procedentes de empresas diferentes e com interesses distintos, trabalhem em conjunto e com o mesmo objetivo.

Nesse sentido, pretendo ilustrar situações e contar experiências de casos e de problemas reais ocorridos ao longo do tempo, mostrando como as soluções para esses problemas foram encontradas.

Este trabalho se destina a estudantes de Engenharia, engenheiros e profissionais que atuam na construção ou em outras áreas e que sejam designados para cuidar de um empreendimento.

Acredito que, apesar da evolução tecnológica ocorrida nesse período, seu conteúdo poderá ser útil para os profissionais mencionados.

Estruturação inicial 1

1.1 Projeto

Para o guia de projetos do Project Management Institute (PMI, 2017, p. 4), um projeto é "um esforço temporário empreendido para criar um produto, serviço ou resultado único".

O termo *temporário* indica que cada projeto tem um começo e um fim bem definidos. Já *único* assinala que o produto ou o serviço produzido é de alguma forma diferente de todos os outros produtos ou serviços semelhantes.

Uma obra, portanto, encaixa-se perfeitamente na definição de *projeto*, mas o PMI se refere a projeto mais com o sentido de *empreendimento*, que, no texto, é a soma do projeto ou *design* com a execução da obra.

Morris (1996) descreve o ciclo de vida da construção conforme os itens a seguir (Fig. 1.1):

* *Viabilidade*: formulação do projeto, estudos de viabilidade, e formulação e aprovação da estratégia. Uma decisão de continuidade (*go/no-go*) do projeto faz parte da finalização dessa fase.
* *Planejamento e projeto*: projeto básico, custo e cronograma, termos e condições contratuais, e planejamento detalhado. A maioria dos contratos são fechados ao final dessa fase.
* *Produção*: fabricação, entrega, obras civis, instalação e teste. As instalações estão substancialmente completas ao final dessa fase.
* *Adaptação e lançamento*: teste final e manutenção. As instalações estão em plena operação ao final dessa fase.

1.2 Origem dos projetos

As empresas em geral procuram planejar seu futuro. Nesse sentido, na maioria delas, de modo mais ou menos formal, costuma-se fazer o chamado *planejamento estratégico*.

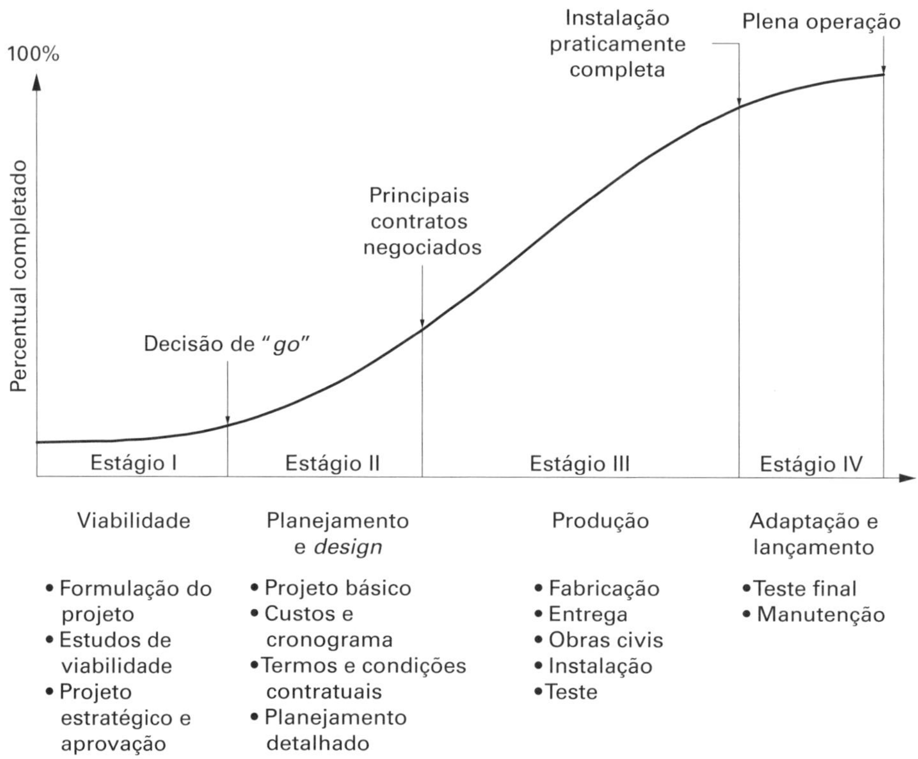

Fig. 1.1 *Ciclo de vida de um projeto*
Fonte: Morris (1996).

Os envolvidos no processo, as equipes internas, os fornecedores, os clientes e os acionistas, também denominados *stakeholders*, com base na missão, na visão de negócios e nas crenças e valores da empresa, formulam suas estratégias e, a partir delas, estabelecem suas metas (Prado, 2004).

Nesse planejamento, o cliente identifica uma necessidade ou oportunidade, que pode incluir a execução de um empreendimento, por exemplo, decorrente de:

* uma demanda legal;
* um avanço tecnológico;
* uma demanda de mercado.

A partir dessa demanda, a situação ideal é que o Empreendedor contrate ou designe um profissional para gerenciar o empreendimento, o qual pode ser chamado de Gerenciador, que, por sua vez, deverá contratar um Arquiteto para fazer a concepção arquitetônica e funcional do Empreendimento, concepção esta que deve atender às necessidades e às expectativas do Empreendedor.

Muitas vezes, o Empreendedor contrata primeiro o Arquiteto e posteriormente dá início ao processo, deixando a contratação do Gerenciador para as fases posteriores, o que pode não ser a melhor solução.

A partir do estudo inicial do Arquiteto, o passo seguinte é a elaboração de um estudo de viabilidade econômica, que é uma estimativa de quanto o empreendimento vai custar e em quanto tempo ele se pagará, ou seja, em quanto tempo o capital investido será recuperado. Em função desse estudo será tomada a decisão de executar, ou não, o empreendimento.

Tomada a decisão de seguir em frente, o Empreendedor, caso ainda não tenha definido, deve designar quem vai cuidar de sua implementação, ou seja, quem fará seu gerenciamento. O ideal é que ele contrate um profissional experiente e de sua confiança para gerenciar todo o empreendimento.

Há alguns anos, muitas empresas tinham uma engenharia própria, com disponibilidade para fazer essa função, o que praticamente não ocorre nos dias de hoje. Deve-se observar que raramente essas equipes responsáveis pelo gerenciamento eram tão capacitadas quanto um Especialista em Gerenciamento.

Sendo funcionário do Empreendedor ou externo, essa pessoa deverá ser um gerenciador experiente e de confiança do cliente para cuidar de todos os aspectos do empreendimento, ou, em outras palavras:

- definir no papel, com detalhes, onde e como será a obra;
- realizá-la fisicamente.

A realização física pode ser iniciada antes do término da definição detalhada. Por exemplo, pode-se executar a terraplenagem de um local para uma obra que ainda não foi perfeitamente definida em projeto.

Gerenciamento de um projeto 2

2.1 O que é gerenciar um projeto?

De acordo com Prado (2004), "gerenciar um projeto é planejar sua execução antes de iniciá-lo e, então, controlar o seu andamento".

O *planejamento* de um projeto é uma tomada de decisões sobre ações futuras, envolvendo o estabelecimento de metas ou objetivos (prazos), as tarefas a serem realizadas, sua sequência, os recursos necessários, o custo e a qualidade esperada. Deve ser feito, preferencialmente, por profissionais que tenham vivenciado outras obras no passado.

Na sequência do planejamento, como dificilmente o que foi idealizado ocorre durante a execução do projeto, deve-se fazer seu controle, que é a atividade que compara, ao longo do tempo, o que foi ou está sendo realizado com o que foi planejado. Esse acompanhamento é fundamental porque possibilita a realização de correções durante o processo, de maneira a alcançar o objetivo estabelecido.

Para ser eficiente, esse controle deve ter um grau de detalhamento equilibrado, nem mais nem menos, para cada projeto. Deve, também, ser idealizado por profissionais experientes.

Gerenciar um projeto é, portanto, viabilizar sua execução desde o início até o final a partir de um pedido ou ideia de um Cliente.

O Gerenciador deve contratar os serviços e os recursos conforme requerido, uma vez que nem sempre é necessária a intervenção de especialistas em todas as fases. Cabe a esse profissional julgar quem deve ser chamado, de acordo com as necessidades.

Em se tratando de obras civis, deve haver então o Arquiteto, que vai elaborar o projeto legal e o projeto arquitetônico executivo e coordenar e compatibilizar os demais projetos complementares, a saber: a estrutura, as instalações mecânicas, elétricas, hidráulicas e de ar condicionado, o conforto térmico e acústico, os sistemas prediais (CFTV, som, imagem, TI) e o paisagismo.

Uma vez concluída a etapa de elaboração dos projetos (desenhos, especificações e memoriais), pode-se iniciar os trabalhos necessários para a execução da obra.

A condução adequada de uma obra exige que seus responsáveis atuem tanto na obtenção do produto (obra) de acordo com os projetos e as especificações, o que é chamado de *gerenciamento técnico*, quanto no planejamento, na obtenção dos meios e no acompanhamento da execução dos serviços, ou seja, do processo, o que é denominado *gerenciamento do trabalho* (Prado, 2004).

2.1.1 Gerenciamento técnico

Trata-se de fazer o acompanhamento técnico da construção para garantir sua conformidade com os projetos e as especificações, realizando:

- a conferência da locação da obra, da geometria das formas, das armaduras;
- o acompanhamento das concretagens;
- a verificação:
  - da montagem dos equipamentos;
  - dos procedimentos e da execução dos ensaios do aço, do concreto, das soldas e das tubulações executadas na obra.

Deve-se observar que grande parte dos problemas que ocorrem na execução das obras decorre da falta de projetos bem-feitos. É muito comum, infelizmente, existirem no campo projetos incompletos, ou mesmo errados, conforme será relatado nas seções seguintes.

Além disso, muitas vezes, a compatibilização dos projetos é malfeita ou até mesmo inexistente, ocorrendo, frequentemente:

- divergências entre os projetos (desenhos) e o memorial descritivo e entre estes e o orçamento;
- interferências entre as instalações, tais como dutos e aparelhos de ar condicionado na mesma posição de luminárias;
- interferências das instalações com a estrutura, tais como dutos e tubos que interferem em vigas ou pilares, sem a devida previsão de aberturas e furos para a passagem dessas tubulações.

Essa compatibilização é tão importante que muitas construtoras fazem esse trabalho com equipes próprias, de modo a garantir sua qualidade e eficácia.

As falhas de projetos, quando detectadas no canteiro, causam a descontinuidade e até a paralisação dos serviços, levando ao aumento da complexidade e ao descontrole de prazos e custos. Exigem, consequentemente, exaustivo trabalho por parte da direção técnica da obra, desviando a atenção desses profissionais de seu trabalho – a gestão das atividades, a busca da produtividade, a fiscalização da qualidade – para a solução de problemas que não teriam ocorrido se os projetos tivessem sido bem-feitos e compatibilizados.

Muito pior é quando essas falhas sequer são detectadas pela equipe de campo, e os erros de projeto são convertidos em obras erradas, exigindo custosas correções para que fiquem prontas, uma vez que, adaptando um ditado, "a obra não se defende, ela se vinga".

Outro problema muito comum são as modificações de projeto, que ocorrem por decisões equivocadas tomadas em seu início, por falta de informações, pela mudança de ideias do Arquiteto ou do Cliente, por mudanças de uso e, consequentemente, de *layouts* ou por outras causas, as quais podem provocar graves transtornos.

Nos edifícios residenciais feitos por construtoras que também assumem o papel de incorporadoras e que são vendidos aos clientes finais (apartamentos e escritórios), a possibilidade de mudanças é menor que nas obras feitas por encomenda para empresas que fornecem os projetos prontos para serem executados, porque há o compromisso das construtoras com muitos compradores de entregar a obra (produto) de acordo com o projeto definido. Caso o imóvel não seja entregue de acordo com o projeto, ou até mesmo de acordo com o prospecto de venda, o comprador pode reclamar na Fundação de Proteção e Defesa do Consumidor (Procon) e exigir modificações para restabelecer as condições combinadas. Assim sendo, o rigor da Construtora, que é quem contrata o projeto, é muito maior quanto à sua qualidade. Ela sabe que um projeto com falhas, uma vez executado, pode levar a graves prejuízos em virtude dos custos para corrigi-los.

Nas obras feitas por encomenda, é mais natural que modificações ocorram, pois, à medida que os serviços avançam e a obra começa a se materializar, as ideias dos empreendedores frequentemente evoluem. Nessas circunstâncias, os envolvidos no processo devem avaliá-las caso a caso, de maneira criteriosa, considerando o custo-benefício de serem implementadas, uma vez que, via de regra, demandam custos e prazos adicionais.

A posição de não aceitar nenhuma mudança não é a melhor, pois deixa de atender ao Cliente e, muitas vezes, de melhorar o projeto. Muitas mudanças, por outro lado, acabam por prejudicar o andamento dos serviços, e, quanto mais tardias forem, pior. Quando necessárias, elas precisam ser tratadas com paciência, eficácia e dedicação por todos os envolvidos.

É importante mencionar também que frequentemente ocorrem erros durante a execução dos trabalhos, que precisam então ser corrigidos. Entre eles, os mais comuns são:

- erros de locação, tanto da obra como um todo quanto entre eixos internos a ela;
- erros nos níveis;
- estacas executadas fora do lugar, por erros de locação ou problemas com o equipamento;
- falhas na execução das armações;
- falta de geometria nas estruturas de concreto decorrente da deformação das formas das peças e do cimbramento na concretagem;
- concretagens malfeitas, que geram falhas no preenchimento, chamadas de *bicheiras*;
- lançamento de concreto que não atinge a resistência encomendada e especificada em projeto;
- esquecimento de arranques, em especial no caso de pilares;
- esquecimento de *inserts* metálicos;
- posicionamento errado de chumbadores metálicos;
- falta de caimento adequado para o escoamento de água;
- falhas na execução de caixilhos;
- falhas na execução de impermeabilizações;
- falhas na execução de soldas.

Dessa maneira, para que uma obra vá bem, os trabalhos de uma boa equipe são estudar, conferir e compatibilizar os projetos antes de seu início, envolver o Cliente de modo que ele entenda da melhor forma possível o que será executado para minimizar mudanças, ser eficaz nas soluções quando as mudanças forem necessárias e fiscalizar, fortemente, a execução dos serviços no campo, para diminuir a possibilidade de erros. Trata-se, portanto, de um processo em que todos devem trabalhar com dedicação e atenção para que o melhor resultado seja alcançado.

Observação – Conforme mencionado, num empreendimento é necessário considerar os custos, o prazo e a qualidade. Em minha opinião e na de alguns clientes, o mais importante desses três itens é a qualidade, pois é o que fica. As obras civis em geral duram muito tempo, e, consequentemente, quando possível e dentro de limites, é melhor transigir no prazo e até no custo do que na qualidade.

2.1.2 Gerenciamento do trabalho

O gerenciamento do trabalho, também chamado de *gerenciamento de projeto*, é a atividade que trata do processo de gestão da obra, envolvendo aspectos como equipes, equipamentos, custos, prazos, sequência das atividades, segurança do trabalho e riscos.

A primeira atividade do gerenciamento do trabalho é o planejamento do que será executado.

Planejamento

É a atividade de estabelecer os objetivos e os recursos para executar o projeto elaborado pelos arquitetos e demais projetistas.

As ferramentas utilizadas para isso são o *orçamento* e o *cronograma*, que, para serem exequíveis, dependem do dimensionamento e da disponibilização dos recursos necessários para os objetivos serem alcançados, conforme será visto nas partes seguintes.

Orçamento

É o cálculo do preço do projeto (ou do empreendimento), ou seja, quanto o Cliente vai gastar para realizar o empreendimento. De maneira geral, esse orçamento deve contemplar a compra do terreno, a elaboração e a aprovação dos projetos, e a execução da obra e das instalações internas, como divisórias, móveis e equipamentos. Como mencionado anteriormente, este livro se concentrará na execução da obra.

A Fig. 2.1 mostra um exemplo de planilha do orçamento de uma obra, chamado de analítico, que indica todos os serviços a serem executados, suas quantidades, seus preços unitários e os valores totais previstos.

No Cap. 3 e no Anexo A, será detalhado o passo a passo para elaborar o orçamento.

Cronograma

O cronograma é o segundo item fundamental na execução de um empreendimento, uma vez que estabelece as metas (ou os objetivos) de prazos das atividades a serem executadas.

CASA DO GERADOR
PLANILHA DE PREÇOS - PRAZO DA OBRA 3 MESES
SÃO PAULO - SP **31/07/18**

CÓDIGO	ESPECIFICAÇÃO DE SERVIÇOS	UN	QUANT.	VLR. UNIT.	VLR. TOTAL
1	**IMPLANTAÇÃO DO CANTEIRO**				**10.401,42**
	Mobilização e desmobilização do canteiro de obras	vb	1,0	7.440,88	7.440,88
	Caçamba para remoção de terra ou entulho	vg	6,0	489,79	2.960,53
2	**LOCAÇÃO DA OBRA**				**4.121,10**
	Locação da obra	m2	141,1	29,21	4.121,10
3	**FUNDAÇÕES**				**20.381,01**
3.1	SAPATAS				
	Escavação	m3	46,8	51,93	2.430,53
	Remoção de terra até a caçamba	m3	8,3	45,01	374,48
	Lastro de concreto magro	m2	17,6	60,93	1.071,18
	Forma	m2	11,8	188,70	2.226,70
	Aço CA 50 - admitindo 90 kg por m3 de concreto	kg	576,0	14,65	8.440,93
	Concreto fck = 30 MPa brita 1 e brita 2 *slump* convencional (6 cm) e lançamento manual	m3	6,4	542,70	3.473,27
	Reaterro	m3	52,5	45,01	2.363,91
4	**INFRAESTRUTURA**				**27.783,20**
4.1	BALDRAMES				
	Escavação manual	m3	12,8	51,93	664,76
	Remoção de terra até a caçamba	m3	5,9	45,01	266,89
	Lastro de concreto magro	m2	9,1	60,93	555,85
	Forma	m2	40,1	188,70	7.574,35
	Aço CA 50 - admitindo 90 kg por m3 de concreto	kg	414,0	14,65	6.066,92
	Concreto fck = 30 MPa *slump* convencional (6cm) e lançamento manual	m3	4,6	542,70	2.475,39
	Reaterro	m3	10,7	45,01	482,07
4.2	BASE DO GERADOR				
	Escavação manual	m3	5,1	51,93	263,83
	Remoção de terra até a caçamba	m3	5,1	45,01	228,20
	Lastro de concreto magro	m2	9,6	60,93	584,95
	Forma	m2	6,8	188,70	1.290,73
	Aço CA 50 - admitindo 90 kg por m3 de concreto	kg	351,0	14,65	5.143,69
	Concreto fck = 30 MPa brita 1 e brita 2 *slump* convencional (6 cm) e lançamento manual	m3	3,9	542,70	2.116,53
	Reaterro	m3	1,5	45,01	69,04

FIG. 2.1 *Planilha do orçamento de uma obra*

5	**SUPERESTRUTURA**				**55.021,97**
	PILARES, VIGAS E LAJES				
	Forma com compensado plastificado 18 mm com pouco reaproveitamento	m2	135,2	140,38	18.979,95
	Cimbramento (A,B,C,D)	m2	55,9	52,28	2.924,91
	Aço CA 50 - admitindo 110 kg por m3 de concreto	kg	1.573,0	14,65	23.051,37
	Concreto fck = 30 MPa brita 1 *slump* bombeável (10 cm) e lançamento com bomba	m3	14,3	703,90	10.065,74

6	**IMPERMEABILIZAÇÃO**				**21.336,54**
	Argamassa com adição de Vedacit e pintura com Neutrol para baldrames	m2	37,5	49,13	1.842,32
	Sistema com manta asfáltica Classe IV espessura 4 mm para laje de cobertura	m2	72,1	121,60	8.772,24
	Regularização da laje para impermeabilização	m2	72,1	70,36	5.075,82
	Proteção mecânica sobre camada separadora com tela de reforço	m2	72,1	78,27	5.646,17

7	**ALVENARIAS**				**16.074,86**
	Alvenaria de embasamento com tijolo comum de 1/2 vez h = 30 cm	m2	9,9	137,59	1.362,15
	Parede em bloco de concreto aparente, 14x19x39 cm, com junta em amarração	m2	121,2	121,39	14.712,71

8	**PISOS**				**8.371,44**
	Preparo do terreno e compactação	m2	41,3	8,66	357,48
	Lastro de concreto magro	m2	41,3	60,93	2.516,49
	Piso de concreto armado fck = 30 MPa, e = 10 cm com lona plástica, tela Telcon Q92 e acabamento mecânico da superfície	m2	41,3	133,11	5.497,46

9	**ESQUADRIAS**				**17.788,97**
	Porta acústica 3,00 x2,60	vb	1,0	17.788,97	17.788,97

10	**TRATAMENTO DE CONCRETO E PINTURAS**				**8.671,04**
	Latex acrílico sobre bloco aparente	m2	242,4	15,81	3.832,93
	Tratamento do concreto aparente e aplicação de verniz PU	m2	103,2	34,79	3.590,06
	Esmalte sobre porta acústica	m2	23,4	53,34	1.248,05

11	**LIMPEZA**				**357,48**
	Limpeza final da obra	m2	41,3	8,66	357,48
	TOTAL				**190.309,02**

Fig. 2.1 *(continuação)*

Deve-se listar as tarefas a serem realizadas e seu sequenciamento, indicando em que momento cada atividade deverá ser iniciada e terminada e a relação de precedência entre elas.

Relação de precedência é a indicação de qual atividade começa primeiro e quais atividades dependem dela para serem iniciadas. Se, por exemplo, a estrutura de um edifício estiver sendo executada, o quinto pavimento somente pode ser executado, obviamente, depois da execução do quarto pavimento; a alvenaria do segundo pavimento, por sua vez, só pode ser executada após a concretagem, a desforma e a retirada do cimbramento e do reescoramento desse andar.

O diagrama de Gantt ou de barras foi e ainda é muito utilizado, conforme indicado no exemplo da Fig. 2.2. Ele é adequado para obras com uma sequência bem definida e que variam muito pouco, como a construção de um edifício residencial ou comercial.

Atualmente se utiliza o programa MS Project, da Microsoft, que é uma evolução do diagrama de Gantt (Fig. 2.3).

O cronograma será mais bem detalhado no Cap. 3 e no Anexo B.

Qualidade

Nesse quesito, deve-se definir os meios para atingir a qualidade do produto final, que é a obra. Esses meios devem, portanto, ser explicitados nos desenhos e nos memoriais descritivos e nas especificações dos serviços e dos materiais, além daquelas prescritas nas normas vigentes.

Nesse sentido, como exemplo, para garantir a resistência do concreto especificada no projeto estrutural, contrata-se um laboratório especializado, que deverá moldar os corpos de prova, rompê-los e fornecer os relatórios correspondentes.

Recursos

Trata-se de identificar e disponibilizar os recursos humanos e os equipamentos necessários para a execução dos trabalhos. Essa identificação de recursos humanos e de equipamentos no mercado é fundamental para que se tenha certeza de que os recursos estarão disponíveis no tempo que o cronograma da obra exige. Dependendo das condições de mercado, poderá ocorrer maior ou menor dificuldade nessa alocação de recursos.

Controle da execução

Conforme mencionado anteriormente, o planejamento é o plano idealizado. Uma vez que dificilmente tudo sai como o planejado, deve-se, a partir do momento em que são iniciados os serviços, controlar seu

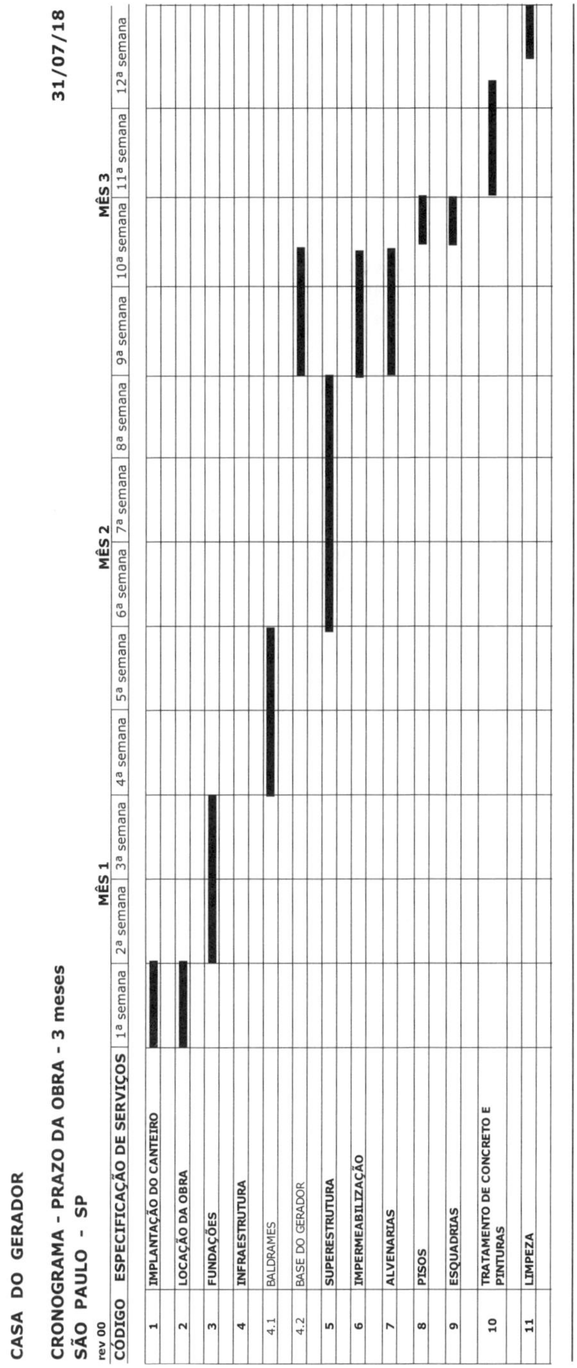

Fig. 2.2 *Cronograma físico da casa do gerador*

Fig. 2.3 *Cronograma indicado no programa MS Project, da Microsoft*

O arquivo em alta resolução desta figura pode ser baixado em www.ofitexto.com.br/livro/porquealgumasobras.

andamento e, quando surgirem desvios, promover no planejamento as mudanças e as correções necessárias para chegar ao objetivo.

Como *só se controla aquilo que se mede*, tanto a direção técnica da obra como o Gerenciador deverão estabelecer procedimentos para medir e acompanhar os custos, os prazos e a qualidade dos serviços em execução.

Controle de custos

Deve-se sempre comparar os custos reais apropriados com os custos calculados no orçamento, de forma a avaliar se estão dentro das previsões. Isso se chama controle.

O controle de custos é feito definindo-se, a partir do orçamento, centros de custos para cada atividade, nos quais são lançadas as despesas ocorridas de cada item na planilha de orçamento correspondente.

O grau de detalhe desse controle de custos deve ser equilibrado, visando não sobrecarregar as pessoas que irão executá-lo. É necessário, portanto, focar o controle nos itens mais representativos no custo da obra, que são identificados no orçamento a partir da curva ABC, conforme será visto no Cap. 3. Assim, por exemplo, para controlar o custo da atividade de concretagem de uma obra, cria-se um item específico para isso.

Suponha-se que no orçamento foram calculados 1.200 m³ de concreto com um custo unitário de R$ 350,00/m³ e, portanto, um custo total de R$ 420.000,00. Então, indica-se na planilha de controle o custo de aquisição do concreto contratado após negociação, por exemplo, a R$ 340,00/m³. À medida que vão ocorrendo as concretagens, lança-se o volume gasto em cada uma delas e acompanha-se sua evolução. Caso haja desvios em relação ao volume calculado, é preciso tomar providências para entender o porquê, investigando, por exemplo:

* Se o valor quantificado no orçamento está correto.
* Se está sendo gasto na concretagem um valor maior que o necessário, por causa de perdas ou aumento das medidas das peças concretadas. Esse fato ocorre frequentemente (i) na execução de sapatas, blocos e baldrames em virtude do aumento das dimensões das formas durante o processo de concretagem e (ii) na concretagem de pisos e lajes, por falta de controle adequado e, consequentemente, pelo aumento de sua espessura.
* Se o projeto que está sendo executado é o mesmo que foi utilizado no orçamento. Esse fato pode ocorrer porque, sobretudo em obras

públicas, o projeto é frequentemente revisado depois da elaboração do orçamento, da licitação e da contratação da obra, conforme será visto no Cap. 3.

- Se o volume do concreto indicado na nota fiscal é o real.

Já tive alguns problemas com fornecedoras de concreto que entregavam um volume menor que o indicado na nota fiscal. Em locais onde existe balança, é comum controlar o volume do concreto pela pesagem do caminhão betoneira.

As Figs. 2.4 e 2.5 apresentam, respectivamente, uma planilha de controle de custos ao final do primeiro mês e ao final do quarto mês, após o término da atividade de concretagem.

CONTROLE DE CUSTOS - DATA FINAL DO MÊS 1						
	PREVISTO	REAL				
		MÊS 1	MÊS 2	MÊS 3	MÊS 4	SALDO
VOL.	1.200	320				880
PREÇO/m³	R$ 350,00	R$ 340,00				
TOTAL	R$ 420.000,00	R$ 108.800,00	R$ -	R$ -	R$ -	R$ 311.200,00

Fig. 2.4 *Planilha de controle de custos ao final do primeiro mês*

CONTROLE DE CUSTOS – DATA FINAL DO MÊS 1						
	PREVISTO	REAL				
		MÊS 1	MÊS 2	MÊS 3	MÊS4	SALDO
VOL.	1.200	320	340	310	300	-70
PREÇO/m³	R$ 350,00	R$ 340,00	R$ 340,00	R$ 340,00	R$ 340,00	
TOTAL	R$ 420.000,00	R$ 108.800,00	R$ 115.600,00	R$ 105.400,00	R$ 102.000,00	-R$ 11.800,00

Fig. 2.5 *Planilha de controle de custos ao final do quarto mês*

Nesse exemplo hipotético, apesar de o valor unitário metro cúbico do concreto ter sido contratado por um valor menor (R$ 340,00) do que o orçado (R$ 350,00), o custo total da atividade ficou acima do previsto, porque foram gastos 1.270 m³ de concreto quando o orçamento previa 1.200 m³. Esse fato é muito comum nos orçamentos das obras.

Algumas atividades podem ter custos maiores que os orçados e devem ser compensadas por atividades cujos custos sejam menores do que aqueles previstos, para que o custo total apropriado seja inferior ou igual ao custo total previsto, de forma a garantir o lucro esperado para a obra.

Esse controle simples auxilia no acompanhamento dos custos. Realizando esse mesmo procedimento para as demais atividades com valor significativo, será possível observar como os custos parciais da obra estão se comportando em relação ao orçamento e, se necessário, tomar medidas corretivas.

Controle de prazos: cronograma

Para acompanhar o andamento da obra, são utilizados os cronogramas de barras, em especial o programa MS Project, conforme o exemplo da Fig. 2.6.

Para fazer o acompanhamento dos prazos, procede-se da seguinte maneira: a partir do cronograma original, também chamado de *baseline* e definido no *PMBOK* (PMI, 2017) como "um plano aprovado para um projeto", são lançados o desenvolvimento e a conclusão das atividades ocorridas em comparação com aquelas planejadas, sendo possível avaliar se elas estão no prazo, adiantadas ou atrasadas.

Então, quando há atividades com atraso, pode-se tomar providências no sentido de corrigi-las, por exemplo, aumentando o efetivo, trabalhando um número maior de horas ou lançando mão de novos equipamentos, de modo a recuperar o prazo final ou, pelo menos, minimizar o atraso.

No exemplo da Fig. 2.6, indicou-se a evolução das tarefas em uma determinada data (*status*). As tarefas anteriores à linha vertical vermelha devem estar executadas. Caso ainda não tenham sido concluídas, estão atrasadas. Para melhor visualização, uma ampliação dessa imagem é apresentada na Fig. 2.7.

Controle de qualidade

O controle de qualidade deve ser feito no dia a dia pela fiscalização e através de ensaios dos materiais e dos serviços aplicados.

Por exemplo, no dia a dia, é preciso checar as medidas lançadas no gabarito, os níveis, e a locação das fundações (sapatas, tubulões e estacas) antes e depois de sua execução, conferir as armações, e verificar os prumos dos pilares, o alinhamento e a limpeza das formas, seu cimbramento, o posicionamento dos espaçadores de concreto, os níveis e as declividades dos pisos, o prumo das alvenarias, sua planicidade e as espessuras dos revestimentos dos pisos e das paredes.

Deve-se verificar se os materiais que chegam à obra são os especificados nos memoriais descritivos e/ou nos desenhos, conferindo-os pelas notas fiscais e/ou fisicamente. Nesse caso estão, por exemplo, as marcas de fios, cabos, tintas, vernizes, louças e metais sanitários.

É necessário ainda fazer o controle por meio de ensaios, tais como:

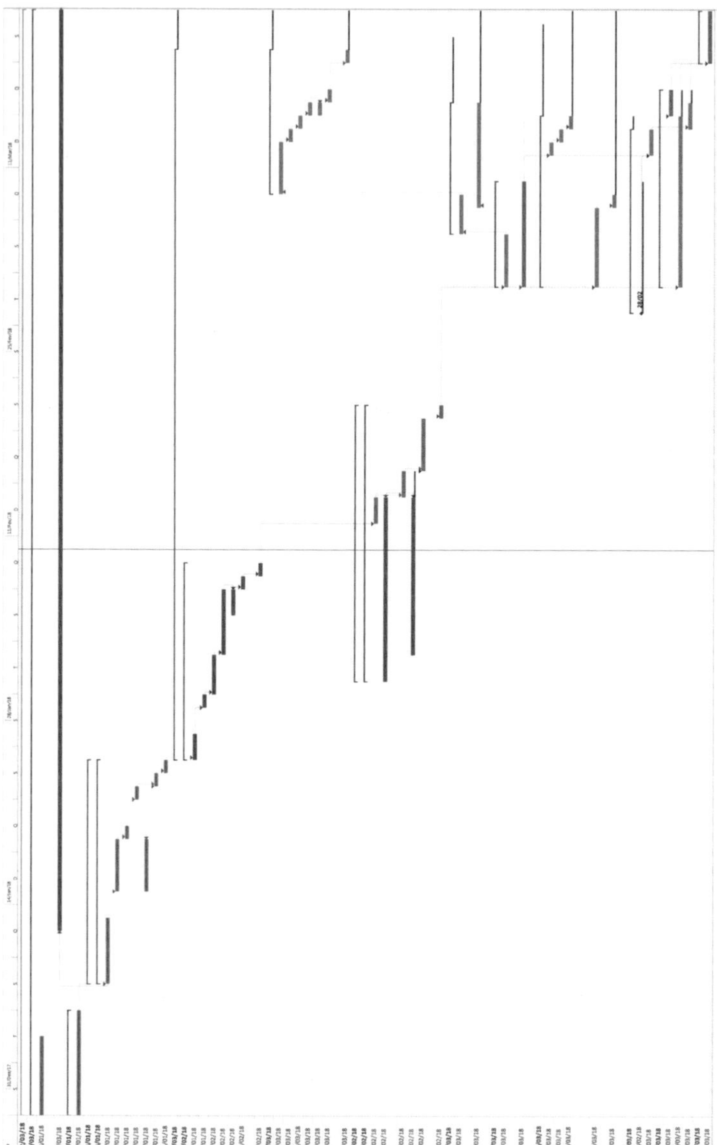

Fig. 2.6 *Andamento da obra acompanhado no programa MS Project*

O arquivo em alta resolução desta figura pode ser baixado em www.ofitexto.com.br/livro/porquealgumasobras.

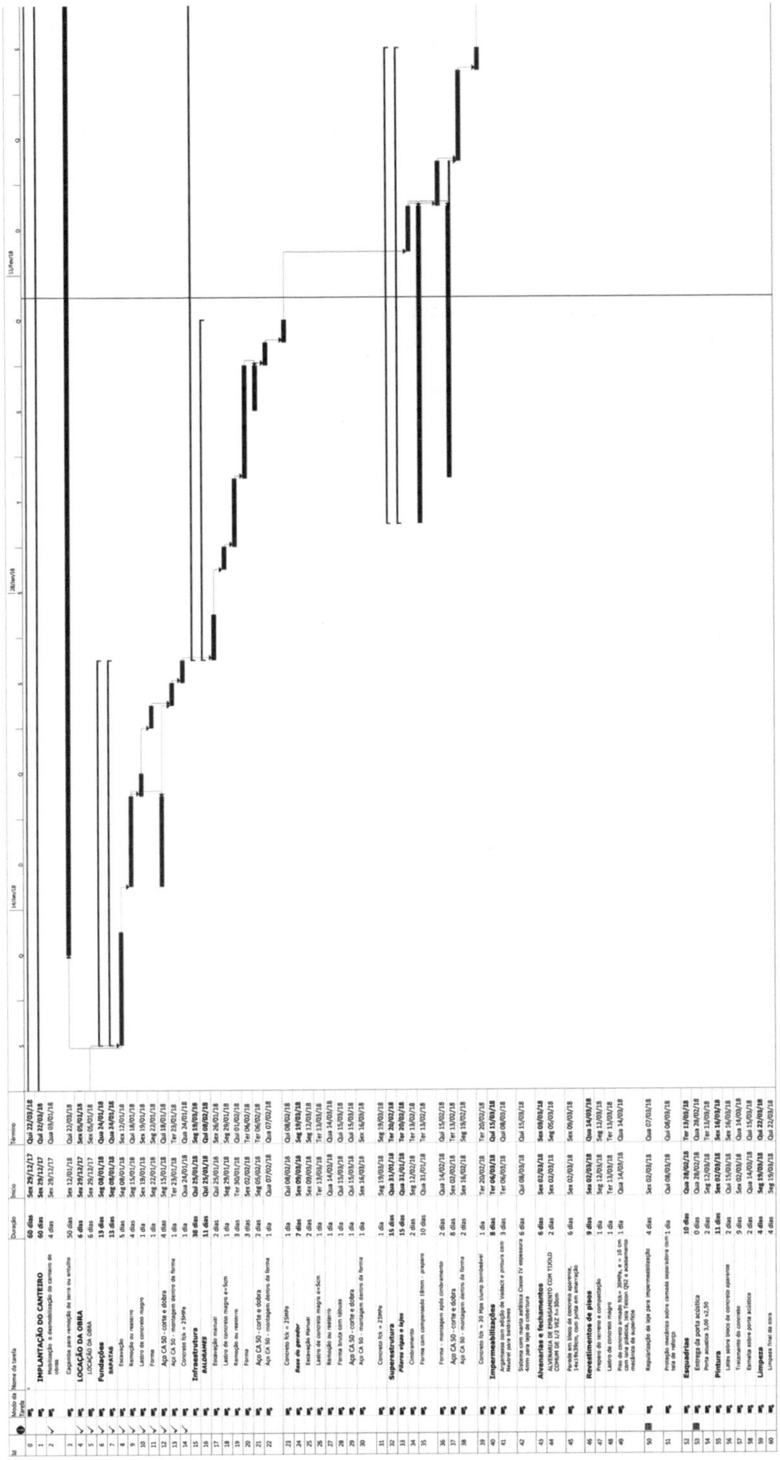

FIG. 2.7 *Ampliação do cronograma da figura anterior*

O arquivo em alta resolução desta figura pode ser baixado em www.ofitexto.com.br/livro/porquealgumasobras.

- para o concreto, o teste de *slump* (*slump test*), a confecção e o rompimento de corpos de prova, o controle do módulo de elasticidade, os ensaios de tração no aço;
- para estruturas metálicas, os ensaios nas soldas executadas;
- para as tubulações, os testes de pressão;
- para as impermeabilizações, os testes de estanqueidade.

Os procedimentos para a execução desses testes são normatizados e geralmente são contratados pela Construtora, sendo os resultados fornecidos para a fiscalização do Cliente.

Para garantir os serviços realizados no campo, muitas empresas têm procedimentos específicos para fazer o controle de qualidade das diversas atividades, mostrando o que deve ser conferido. Esse programa é chamado de *programa de qualidade da obra* (PQO). Dois exemplos desse tipo de controle estão indicados nas Figs. 2.8 e 2.9.

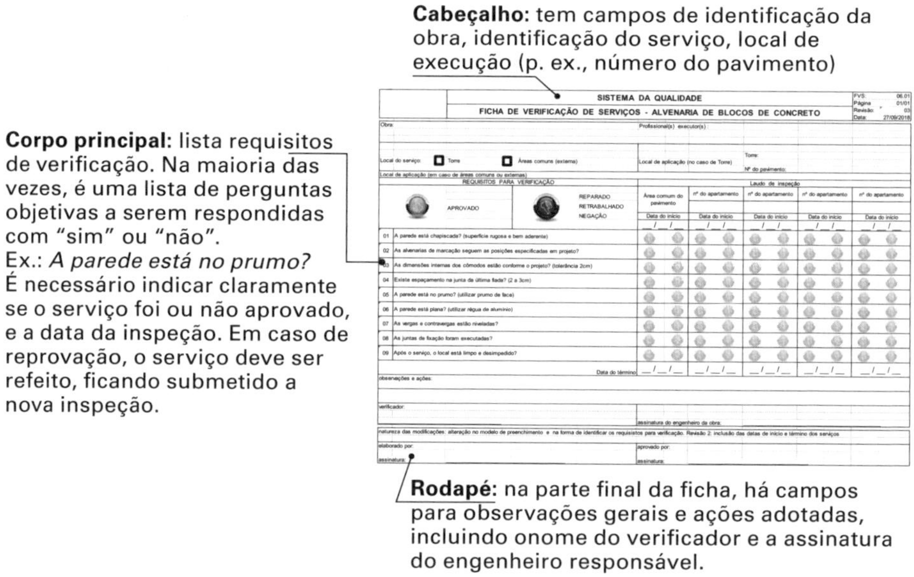

Fig. 2.8 *Modelo de ficha de controle da qualidade dos serviços*

O arquivo em alta resolução desta figura pode ser baixado em www.ofitexto.com.br/livro/porquealgumasobras.

Comunicação

Além dos controles mencionados anteriormente, para garantir o bom andamento dos trabalhos no dia a dia no canteiro de obras deve-se assegurar as melhores condições para garantir que a comunicação

	Registro de inspeção de serviço Revestimento Interno em Argamassa RIS.221.01 Revisão 02	Obra: Local do Serviço:

( ) Nome do Empreiteiro: ( ) Equipe própria	Aprovação final da inspeção	________ Visto engenheiro	__/__/__ Data

Legenda da área	A.	C.	E.	G.
	B.	D.	F.	H.

	Itens de inspeção Usar trena metálica, nível de bolha, nível de mangueira ou *laser*, régua metálica	Tolerância	Resultado da inspeção O - Conforme ⊗ - Aprovado após reinspeção Áreas inspecionadas conforme legenda							
			A	B	C	D	E	F	G	H
1	Instalações, preenchimento de rasgos Batentes, contramarcos ou referências fixados.	-								
2	Proteção conforme PQO. Chapisco uniforme e curado (3 dias)	-								
3	Taliscas e mestras (alinhamento e prumo) Espessura em relação à menor distância entre a linha de referência (arame) e a superfície chapiscada	± 3 mm								
4	Aplicação, adensamento e acabamento da argamassa	-								
5	Planeza da superfície acabada Alinhamento dos cantos	± 3 mm								
6	Limpeza	-								
	Aprovação do inspetor	Visto								
		Data								

Registro de pendências e/ou não conformidades

Inspeção de segurança do trabalho Relatar ocorrência de segurança no verso da folha Informar imediatamente o técnico para correção		Adequação Desvio Incidente	Adequação Desvio Incidente	Adequação Desvio Incidente	Adequação Desvio Incidente	Adequação Desvio Incidente
Coletar os vistos do pessoal envolvido na correção	TEC.SEG.					
	RESP SERV.					
Definições	Adequação: medida ou melhoria para evitar incidente ou acidente	Desvio: situação onde possa ocorrer um incidente ou acidente		Incidente: evento sem dano humano ou material		

Fig. 2.9 *Exemplo de um registro de inspeção da atividade de revestimento interno em argamassa*

entre os envolvidos seja muito bem-feita, uma vez que, como muitos profissionais já observaram e minha experiência confirma, o principal problema das equipes que atuam em um projeto/empreendimento é a má qualidade da comunicação entre seus membros.

Uma pesquisa de Posner (1987) realizada com 287 gerentes de projeto indicou que, entre as qualidades que um líder deve ter, a comunicação é considerada por eles a principal, como pode ser visto na lista completa a seguir:

1. *comunicação*: ouvir, persuadir, negociar, etc. (84%);
2. *organização*: planejar metas, analisar, priorizar, antecipar problemas, etc. (75%);
3. *formação de equipe*: ter empatia, gerar motivação, criar um forte senso de equipe, etc. (72%);
4. *liderança*: dar o exemplo, possuir energia, ser visionário, saber delegar, ser positivo (64%);
5. *convivência*: ser flexível, criativo, paciente, persistente (59%);
6. *tecnologia*: possuir experiência e conhecimento de projetos (46%).

Nessa avaliação de gerentes, é interessante notar que o domínio da tecnologia está em último lugar entre as características que um líder deve ter.

Dessa maneira, buscando minimizar o problema da má comunicação, deve-se procurar manter todos informados, durante todo o tempo e da melhor forma possível.

Entre os instrumentos utilizados para uma boa comunicação, como todos conhecem, estão as reuniões, os relatórios, os e-mails e o diário de obra.

Reuniões

As reuniões são feitas, em geral, uma vez por semana. Devem estar presentes os representantes do Construtor, o Gerenciador, os representantes do Cliente ou o próprio Cliente, os projetistas e, eventualmente, outros interessados.

O objetivo dessas reuniões é que todas as informações, sobretudo as que afetam o projeto, cheguem rapidamente e sem ruído às pessoas da ponta, que orientam os serviços no campo, os mestres e os encarregados, os quais, a partir dos desenhos, materializam as medidas, as alturas, as distâncias e as posições para os diversos serviços que serão executados pelos funcionários – carpinteiros, armadores, pedreiros, azulejistas, serralheiros, eletricistas, encanadores, soldadores e montadores.

As reuniões, quando bem conduzidas, são importantes para o desenvolvimento dos trabalhos porque constituem oportunidades para a troca de informações entre os participantes, para que os assuntos sejam revisados e evoluam e eventuais problemas sejam detectados com antecedência. Assim, dúvidas e/ou alterações de projeto, antecipação de encomendas e de prazos, providências futuras e questões de segurança podem ser discutidas e equacionadas, de maneira sistemática, a fim de que os objetivos sejam atingidos.

Como já comentado por muitos profissionais, as reuniões devem ser planejadas para evitar a perda de foco e de tempo. Todos já devem ter ouvido a frase "tenho tantas reuniões que não consigo trabalhar", o que é um contrassenso.

Uma reunião planejada deve ter:

- uma pauta dos assuntos que serão tratados;
- horário para início e término;
- um Coordenador, que deve redigir a pauta e dar o ritmo da reunião.

Existem vários tipos de personagens que se comportam de forma característica e, muitas vezes, repetitiva nas reuniões. Seguem alguns exemplos:

- aqueles participantes interessados em equacionar e resolver de forma produtiva os assuntos pendentes;
- aqueles que pouco participam das soluções;
- aqueles que gostam de complicar os problemas.

Os primeiros são os proativos, que propõem soluções, abrem documentos e desenhos, assumem tarefas e definem o que fazer com a intenção de equacionar e resolver.

Os segundos praticamente não falam e não se comprometem com nada, tipo "tanto faz como tanto fez". Esperam que os outros resolvam os problemas para não se comprometerem com a solução.

Os terceiros são aqueles que, a cada assunto, levantam uma questão nova, questionam e criam dúvidas que muitas vezes não existem, tocam em assuntos que não estão em discussão, tirando o foco da reunião, e abrem um assunto quando todos estão concluindo por uma determinada solução. Parecem querer confundir e conturbar tudo. Muitas vezes eles têm informações que não compartilham e fazem questionamentos só para embaraçar os outros participantes.

Cabe ao Coordenador detectar cada um desses tipos, manter a reunião dentro dos trilhos e evitar discussões que "gerem mais calor do que luz".

Relato a seguir uma experiência de reunião que não agrega nada.

Trabalhei como Engenheiro de Campo numa indústria por muitos anos, em várias etapas da construção de suas instalações. Havia nessa empresa um Diretor que participava das reuniões e era muito incisivo nas cobranças que fazia, pois, sendo um Engenheiro Mecânico acostumado com o trabalho numa indústria, não entendia as dificuldades que uma obra tem, por exemplo, quando está na fase das escavações para a execução das fundações e os serviços são interrompidos quando chove. Dizia que eu precisava "acelerar a obra", como se ela fosse um carro...

A reunião semanal de obra, da qual participavam o Diretor da Construtora, dois fiscais da empresa de projetos e o Diretor Incisivo, ficava sempre extremamente tensa. Quando terminava, eu pensava que deveria ir para casa, ir ao cinema, enfim, passear, "sumir" da obra, porque a cota de paciência do dia tinha se esgotado. Estava sem energia para trabalhar. Esse tipo de reunião é contraproducente, pois desanima os que têm de trabalhar.

Por outro lado, trabalhei em outros locais com clientes muito agradáveis, que conversavam com amabilidade, contribuíam com ideias e sugestões e faziam seus pedidos ou cobranças de forma leve e tranquila. Ao sair das reuniões, eu estava sempre cheio de energia e pronto para equacionar e resolver os assuntos com a maior boa vontade. Esse tipo de reunião é produtiva, uma vez que todos se sentem prestigiados e motivados.

Nesse sentido, considero que a atuação do Cliente, do "dono da obra", é muito importante em seu desenvolvimento, conforme será comentado no Cap. 6.

Os assuntos tratados na reunião devem ser registrados em uma ata, que deve indicar a presença de todos os participantes, os compromissos assumidos e os respectivos responsáveis, quando for o caso.

Para tornar os tópicos mais efetivos, devem ser feitas recomendações como as exemplificadas a seguir:

A Fiscalização solicita:

* o aumento do efetivo (número de funcionários) para recuperar o prazo da execução das formas das lajes e vigas do nível +300;
* a agilização da contratação dos elevadores da obra, que têm prazo de entrega de seis meses;
* a atualização do cronograma.

Qualidade dos serviços

A qualidade dos serviços em execução precisa ser melhorada. Neste sentido o Eng° R solicita atenção aos procedimentos e providências relacionadas a seguir:

* Travar, alinhar e amarrar as formas para evitar o vazamento de nata e garantir a geometria das peças de concreto.
* Solicitar e aprovar junto ao Engenheiro de Estruturas os projetos das lajes treliçadas. Estes projetos devem ter todos os detalhes necessários à sua execução.
* Conferir cuidadosamente o terreno de apoio do cimbramento, o próprio cimbramento, as formas, as armaduras e a limpeza, antes das concretagens. Deve-se reservar um tempo para se fazer isso.
* Acertar o posicionamento das armaduras nas formas usando os espaçadores de aço corretos.
* Escarear e lavar o concreto no topo das sapatas no contato com os pilares antes de montar as suas armaduras.
* Escarear os topos dos pilares nas emendas, antes de montar as armaduras de continuação dos mesmos.
* Escarear o concreto com cuidado para não quebrar as bordas das cabeças dos pilares. Não é recomendado o uso de equipamentos mecânicos para este serviço.
* Para fazer reparos no concreto, utilizar um funcionário treinado (que saiba o que fazer) e, necessariamente, groute ou argamassa adequada. Não se deve usar argamassa feita na obra, em virtude da dificuldade de garantir a sua qualidade.

Revisão do orçamento

O Eng° R solicita que a Construtora faça uma revisão do orçamento, uma vez que os projetos revisados estão sendo concluídos agora e as eventuais mudanças poderão impactar nos custos estimados anteriormente.

Os dois últimos trechos foram retirados de uma ata de reunião da obra do Caso 25, relatado no Cap. 6.

Na mesma reunião ou em outra oportunidade, pode ser a vez de a Construtora se manifestar junto ao Gerenciador:

A Construtora solicita:

* a liberação da área onde será executada a cabine de transformação de energia;

* a agilização da entrega dos projetos finais das instalações elétricas e hidráulicas.

Relatórios

Relatórios bem elaborados e claros são muito úteis para informar os envolvidos e, principalmente, o Cliente, que na maior parte das vezes está distante do dia a dia da obra.

Devem ser redigidos com clareza e simplicidade e ser concisos, uma vez que relatam o que já aconteceu e, na minha observação, são utilizados apenas quando ocorrem problemas, como no caso de avaliar a necessidade de aplicação de multa ou rescisão contratual.

Um exemplo de relatório é apresentado na Fig. 2.10.

Diário de obras

O diário de obras é um caderno com páginas que são copiadas por carbono e em que, como o nome diz, são registradas as atividades de cada dia, tais como a data, as condições meteorológicas e os serviços em andamento. Numa obra, esses registros resultam em muitos diários, o que não acho produtivo, pois as folhas se repetem.

Dessa forma, faz algum tempo que passei a fazer uma pasta com esses dados e a usar o diário apenas para registrar assuntos relevantes. Por exemplo, quando o Fiscal percebe que um serviço está sendo feito sem os cuidados com a segurança, ele chama o Engenheiro responsável, faz uma anotação mencionando o assunto e ambos assinam o documento, uma vez que o diário é um documento muito respeitado pelos juízes em caso de processo judicial.

E-mails

Os e-mails devem ser usados com muito cuidado. Não devem servir para tirar a responsabilidade de quem os envia, embora sejam frequentemente utilizados com essa finalidade.

O maior problema das equipes de trabalho, conforme mencionado anteriormente, é a má comunicação. Estudos de especialistas sobre o assunto relatam que cerca de 60% da comunicação é transmitida por nossa postura corporal, cerca de 20%, pelo tom de voz, e os outros 20%, pelo conteúdo da mensagem. Mesmo que essas porcentagens estejam exageradas, tem-se a indicação de que o e-mail envolve apenas uma parte da possibilidade de comunicação, a leitura do receptor.

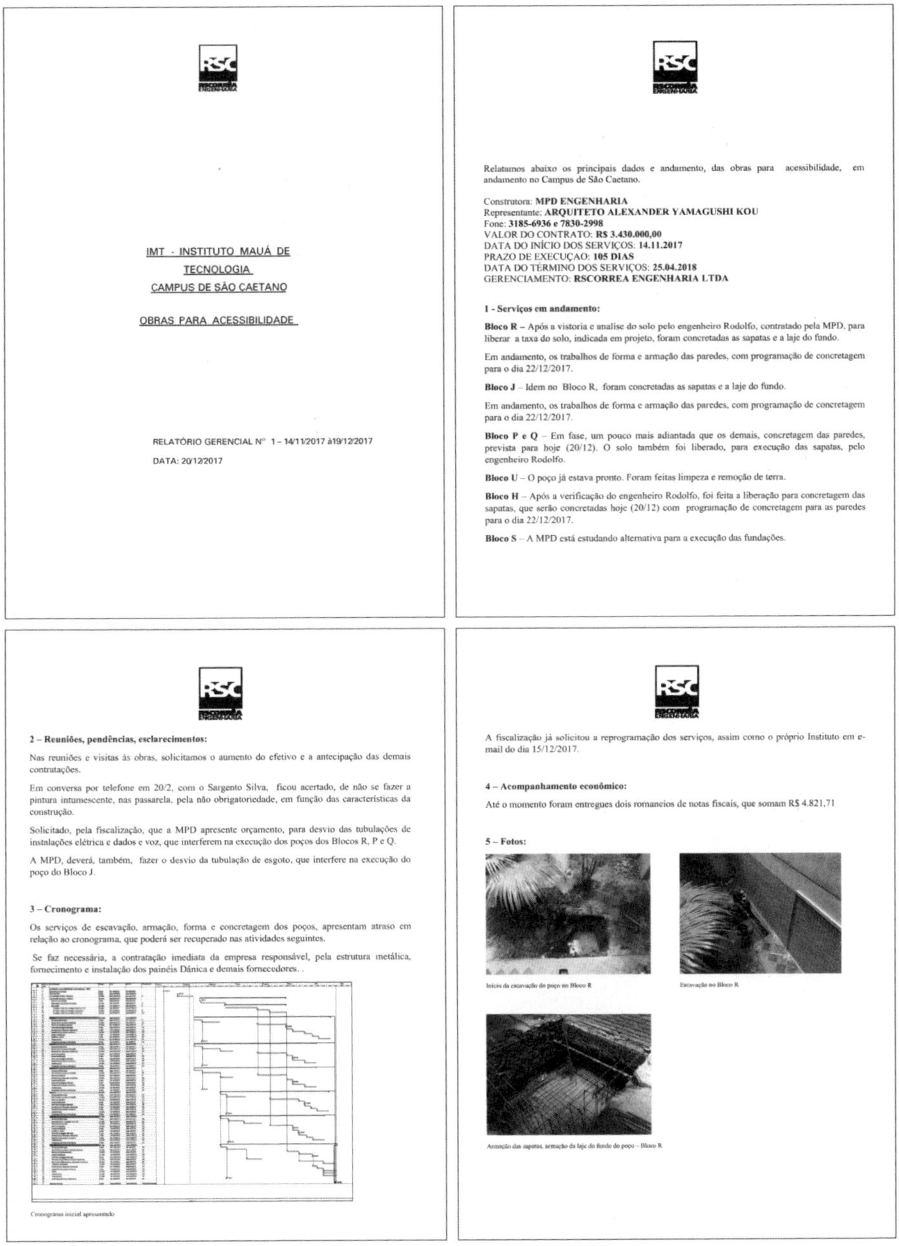
IMT - INSTITUTO MAUÁ DE TECNOLOGIA
CAMPUS DE SÃO CAETANO

OBRAS PARA ACESSIBILIDADE

RELATÓRIO GERENCIAL Nº 1 – 14/11/2017 à19/12/2017

DATA: 20/12/2017

Relatamos abaixo os principais dados e andamento, das obras para acessibilidade, em andamento no Campus de São Caetano.

Construtora: **MPD ENGENHARIA**
Representante: **ARQUITETO ALEXANDER YAMAGUSHI KOU**
Fone: **3185-6936 e 7830-2998**
VALOR DO CONTRATO: **R$ 3.430.000,00**
DATA DO INÍCIO DOS SERVIÇOS: **14.11.2017**
PRAZO DE EXECUÇAO: **105 DIAS**
DATA DO TÉRMINO DOS SERVIÇOS: **25.04.2018**
GERENCIAMENTO: **RSCORREA ENGENHARIA LTDA**

1 - Serviços em andamento:

Bloco R – Após a vistoria e analise do solo pelo engenheiro Rodolfo, contratado pela MPD, para liberar a taxa do solo, indicada em projeto, foram concretadas as sapatas e a laje do fundo.

Em andamento, os trabalhos de forma e armação das paredes, com programação de concretagem para o dia 22/12/2017.

Bloco J – Idem no Bloco R, foram concretadas as sapatas e a laje do fundo.

Em andamento, os trabalhos de forma e armação das paredes, com programação de concretagem para o dia 22/12/2017.

Bloco P e Q – Em fase, um pouco mais adiantada que os demais, concretagem das paredes, prevista para hoje (20/12). O solo também foi liberado, para execução das sapatas, pelo engenheiro Rodolfo.

Bloco U – O poço já estava pronto. Foram feitas limpeza e remoção de terra.

Bloco H – Após a verificação do engenheiro Rodolfo, foi feita a liberação para concretagem das sapatas, que serão concretadas hoje (20/12) com programação de concretagem para as paredes para o dia 22/12/2017.

Bloco S – A MPD está estudando alternativa para a execução das fundações.

2 – Reuniões, pendências, esclarecimentos:

Nas reuniões e visitas às obras, solicitamos o aumento do efetivo e a antecipação das demais contratações.

Em conversa por telefone em 20/2, com o Sargento Silva, ficou acertado, de não se fazer a pintura intumescente, nas passarela, pela não obrigatoriedade, em função das características da construção.

Solicitado, pela fiscalização, que a MPD apresente orçamento, para desvio das tubulações de instalações elétrica e dados e voz, que interferem na execução dos poços dos Blocos R, P e Q.

A MPD, deverá, também, fazer o desvio da tubulação de esgoto, que interfere na execução do poço do Bloco J.

3 – Cronograma:

Os serviços de escavação, armação, forma e concretagem dos poços, apresentam atraso em relação ao cronograma, que poderá ser recuperado nas atividades seguintes.

Se faz necessária, a contratação imediata da empresa responsável, pela estrutura metálica, fornecimento e instalação dos painéis Dânica e demais fornecedores. .

Cronograma inicial apresentado

A fiscalização já solicitou a reprogramação dos serviços, assim como o próprio Instituto em e-mail do dia 15/12/2017.

4 – Acompanhamento econômico:

Até o momento foram entregues dois romaneios de notas fiscais, que somam R$ 4.821,71

5 – Fotos:

Início da escavação do poço no Bloco R

Escavação no Bloco R

Armação das sapatas, armação da laje do fundo do poço – Bloco R

FIG. 2.10 *Exemplo de relatório*

O arquivo em alta resolução desta figura pode ser baixado em www.ofitexto.com.br/livro/porquealgumasobras.

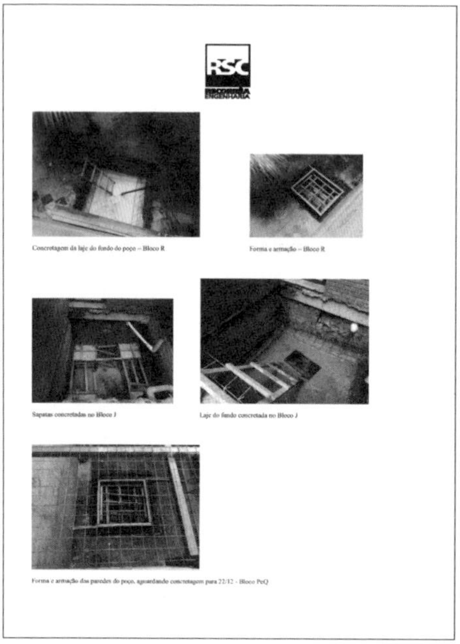

FIG. 2.10 *(continuação)*
O arquivo em alta resolução desta figura pode ser baixado em www.ofitexto.com.br/livro/porquealgumasobras.

Algumas vezes, ao receber um e-mail, achei que estava sendo atacado e respondi, de bate-pronto, de forma dura. Depois, mais calmo, percebia não ter entendido bem o que havia lido, e a intensidade da resposta, portanto, não condizia com a situação.

Dessa maneira, recomendo que não se responda a um e-mail mais difícil ou atravessado imediatamente após recebê-lo. A sugestão é que o receptor reflita primeiro, leia com atenção para ver se realmente entendeu o que foi colocado e responda de cabeça fria.

Outro problema é que, pela facilidade e velocidade de retransmissão, os e-mails muitas vezes são enviados a pessoas para as quais a informação é irrelevante, entupindo a caixa de mensagens e fazendo com que, muitas vezes, o e-mail realmente importante para o receptor não seja detectado, entre tantos desnecessários.

3 Etapas de um empreendimento

As etapas de um empreendimento, listadas a seguir, podem ser executadas informalmente ou de maneira sistemática e, de modo geral, ocorrem sempre:

* estudo de viabilidade;
* aquisição do terreno;
* contratação e elaboração do projeto legal;
* aprovações – Prefeitura, Companhia de Engenharia de Tráfego (CET), Conselho de Defesa do Patrimônio Histórico, Arqueológico, Artístico e Turístico do Estado de São Paulo (Condephaat), Conselho Municipal de Preservação do Patrimônio Histórico, Cultural e Ambiental da Cidade de São Paulo (Conpresp), Companhia Ambiental do Estado de São Paulo (Cetesb) etc.;
* contratação dos projetos executivos e das sondagens – estudos preliminares;
* orçamento analítico;
* cronograma;
* qualidade da obra;
* licitação/tomada de preços;
* contratação da obra;
* execução da obra;
* entrega da obra;
* Habite-se.

As decisões necessárias são tomadas pelo proprietário da obra ou por seus representantes, assessorados pelo Arquiteto e pelo Gerenciador, de acordo com as tarefas que lhes foram atribuídas.

A seguir, serão tecidas algumas considerações sobre cada uma dessas etapas de um empreendimento.

3.1 Estudo de viabilidade

Trata-se de uma avaliação preliminar dos custos do empreendimento e do retorno esperado. Nessa fase, a partir de um estudo arquitetônico inicial, deve ser feita uma estimativa do custo da obra para começar a pensar no assunto.

Para essa avaliação, pode-se utilizar o chamado *orçamento expedito*, que é uma estimativa feita, por exemplo, multiplicando-se a área a ser construída por um valor por metro quadrado de construção, ou o volume de concreto de uma estrutura pelo valor do metro cúbico de concreto, valores esses baseados em obras parecidas e na experiência ou em índices de publicações, tais como a Tabela de Composição de Preços para Orçamentos (TCPO), da Editora Pini.

A esse custo devem ser adicionados os demais necessários, os quais não são indicados nas publicações, como o valor do terreno, dos elevadores, dos projetos, das aprovações, de eventuais escavações, fundações e contenções especiais que dependem da topografia do terreno.

Trata-se de um trabalho que deve ser feito com critério e por profissionais experientes para chegar a um número muito próximo do real, de forma a evitar que se tome a decisão de iniciar o processo e o valor estimado não se confirme.

Dependendo do retorno do valor investido, que é normalmente comparado com a rentabilidade de uma aplicação financeira, ele pode ser viável ou não para aquele investidor.

Ressalte-se que, com as históricas taxas de juros elevadas aplicadas no mercado financeiro brasileiro, os investimentos têm que ser muito rentáveis para compensar o risco de investir, em comparação com a possibilidade de deixar o dinheiro aplicado no banco.

É importante observar, também, que muitas vezes o retorno financeiro direto pode não ser o principal objetivo do empreendimento. É o caso de obras de infraestrutura, como estradas, captação e tratamento de água e esgoto e transporte público, ou de universidades que necessitam de mais espaço para salas de aula ou laboratórios, indústrias que precisam de uma nova ala na fábrica para instalar um novo equipamento a fim de aumentar sua produção e não perder mercado, e hospitais que necessitam de uma nova ala para adicionar mais leitos.

De forma geral, é necessário ter ou adquirir um terreno, elaborar um projeto completo, aprová-lo junto aos órgãos competentes (Prefeitura, CET, Conpresp, Cetesb), licitá-lo ou realizar uma tomada de preços e executar as obras.

O custo total de um empreendimento pode ser traduzido como segue:

Custo total (empreendimento) = custo do terreno + custo dos projetos e aprovações + custo da obra + custos dos equipamentos a serem instalados

Admitindo que o empreendimento seja viável, passa-se para as etapas seguintes.

3.2 Aquisição do terreno

Algumas vezes, o Cliente solicita a participação do Construtor de sua confiança para avaliar os terrenos a serem adquiridos para a execução do empreendimento.

Para essa avaliação, antes da visita ao local, o ideal é que se faça um esboço da implantação do empreendimento no terreno em questão. Entre outras coisas, deve-se observar:

- sua topografia, verificando a existência ou não de declives acentuados, que tornará necessário executar movimentos de terra, contenções ou muros de arrimo, serviços que têm custos substanciais;
- se o terreno é sujeito a inundações;
- se existem obras antigas (eventualmente enterradas) que deverão ser demolidas;
- se há árvores que deverão ser preservadas ou remanejadas;
- se for possível, o tipo e a resistência do solo, uma vez que, por exemplo, terrenos com argila orgânica demandam fundações profundas e, portanto, mais caras;
- a presença de lençol freático próximo à superfície, que dificultará a execução das escavações, exigindo seu rebaixamento.

Essa avaliação prévia é muito importante para que sejam considerados nos custos os serviços necessários à execução desses trabalhos e para que se evitem surpresas, conforme indicado no caso a seguir.

Caso 1 – Terreno da Escola X

O Cliente adquiriu uma área que parecia ser um terreno limpo, livre e desimpedido. Quando o Arquiteto e os projetistas foram fazer uma vistoria, perceberam, ao andar no terreno, que havia uma camada de aproximadamente 5 cm de terra que, ao ser limpa, mostrava um piso de concreto. Ao mandarem fazer uma prospecção, com a demolição de parte do piso, perceberam que, além de ele ser espesso (cerca de 20 cm de concreto), havia blocos de fundações, bases de equipamentos e caixas-d'água de concreto enterradas. Eles ficaram então sabendo que havia partes enterradas e ocultas de uma antiga construção no terreno, que tinha sido uma fábrica.

Para executar a nova obra, esses elementos tiveram que ser demolidos, gerando custos que não estavam previstos nas estimativas iniciais.

3.3 Contratação e elaboração do projeto legal

Definido o terreno, deve-se contratar o projeto legal junto ao Arquiteto. Esse projeto deve ser elaborado de acordo com as normas e as leis do zoneamento de cada Prefeitura, que variam de cidade para cidade e incluem, por exemplo, o aproveitamento máximo possível do terreno, as limitações de altura e as limitações de recuos da rua e dos vizinhos, de forma a ser aprovado com o menor número possível de Comunique-se.

3.4 Aprovações – Prefeitura, CET, Condephaat, Conpresp, Cetesb

De forma geral, os projetos têm que ser aprovados pela Prefeitura e analisados pelo Corpo de Bombeiros. Em alguns casos, há a necessidade de outras aprovações:

- imóveis tombados precisam ser analisados pelo Conpresp e pelo Condephaat;
- imóveis à beira da estrada devem ser aprovados pelo Departamento de Estradas de Rodagem (DER);
- imóveis próximos a rios e ao mar têm que ser aprovados pela Marinha;
- da CET;
- da Cetesb.

A responsabilidade pela aprovação dos projetos junto aos órgãos competentes é do Arquiteto. Trata-se de uma tarefa difícil, em virtude do grande número de quesitos e normas solicitados pelas Prefeituras.

Em razão dessas dificuldades, muitas vezes o Arquiteto recorre a empresas de engenharia e arquitetura, que possuem profissionais que conhecem bem as regras da Prefeitura e dos demais órgãos e auxiliam na elaboração do projeto, de maneira que, quando encaminhado para aprovação, esteja de acordo com as normas, minimizando a ocorrência dos Comunique-se.

3.5 ELABORAÇÃO DOS PROJETOS EXECUTIVOS

3.5.1 PROJETO DE ARQUITETURA

Conforme mencionado anteriormente, o início de um projeto ocorre, em geral, com a contratação de um Arquiteto ou um escritório de arquitetura que projetará a obra para atender o Cliente, incluindo seu projeto legal.

Nessa fase, são feitas reuniões entre o proprietário e o Arquiteto contratado para que seja estabelecido o chamado *programa* a ser atendido. O programa é uma listagem de necessidades feita pelo Cliente e que deve ser fornecida para o Arquiteto logo no início dos trabalhos.

Com o programa de trabalho e o padrão de qualidade sugeridos pelo Cliente, o Arquiteto fará a concepção do projeto, que, em minha opinião, é sua contribuição mais importante.

A concepção envolve definir as linhas básicas da obra, sua implantação no terreno, os níveis, as entradas e saídas, o fluxo de pessoas ou materiais e a escolha de uma estrutura razoável. Nessa etapa, o Arquiteto deverá considerar as normas dos poderes públicos e as legislações ambientais, de acessibilidade e urbanísticas. Aprovada a concepção, o projeto começa a ser detalhado.

A partir daí, à medida que os estudos vão sendo apresentados, o Cliente deve aprovar cada etapa, para que, no final, ele corresponda às suas necessidades de uso.

O Gerenciador deve insistir para que o Cliente analise os desenhos e elabore uma maquete para que os envolvidos entendam o que está sendo proposto e fiquem de acordo com o que vai ser feito. A maquete é muito útil para todos enxergarem a obra, uma vez que poucos conseguem imaginá-la ou visualizá-la com base somente nos desenhos do projeto.

Vamos supor, por exemplo, que o Cliente necessite de um edifício com salas de aula e para laboratórios para uma escola. Ele deve explicitar e relacionar quantos alunos, funcionários e professores vão utilizar o espaço, e o Arquiteto, conforme mencionado anteriormente, considerando o terreno em que a obra vai ser implantada, o nível econômico do empreendimento, a legislação e as normas, estabelecerá as dimensões dos ambientes solicitados e dos ambientes complementares para seu funcionamento, tais como sanitários, vestiários, ambulatórios, cozinha e restaurante.

Nesse momento, em obras corporativas, é fundamental que o Cliente coloque no diálogo o usuário final da instituição, aquele que vai utilizar o espaço, para evitar problemas futuros, como indicado no Caso 2.

Caso 2 – Laboratórios da escola Y

Estávamos construindo um edifício para abrigar o centro de pesquisas de uma Universidade. Tratava-se de um edifício com cerca de 4.500 m² que centralizaria vários laboratórios da entidade.

O projeto arquitetônico foi elaborado contemplando as áreas para cada laboratório específico, com suas peculiaridades de acordo com o programa solicitado pelos responsáveis pelas diversas disciplinas ministradas na escola. Logo no início dos serviços, pedimos que os responsáveis analisassem os projetos de seus laboratórios, aprovando-os ou solicitando as modificações que achassem necessárias. Os projetos foram aprovados e rubricados por todos eles, sem nenhuma restrição, e a obra foi executada.

Concluído o edifício, quando os professores, os técnicos e os laboratoristas foram chamados para receber suas novas instalações, houve uma decepção total. Vários desses profissionais questionaram fortemente o que estavam recebendo. Um professor observou que faltavam capelas para a exaustão de gases em seu laboratório, outro informou que precisava de salas escuras, mas que em sua área havia grandes caixilhos com iluminação.

Ficou evidente que os funcionários que trabalhariam nos espaços não haviam sido consultados por seus superiores e somente puderam externar sua opinião quando a edificação já estava concluída.

A obra teve que sofrer, então, diversas adaptações para atender ao que eles solicitavam, com consequentes aumentos de custos e de prazos.

É por esse motivo que considero fundamental que todos os envolvidos sejam ouvidos, participem e opinem sobre os locais que eles conhecem e nos quais trabalham. Dessa maneira, têm-se dois benefícios:

* os projetos ficam mais de acordo com o que esperam seus usuários;

* caso não fiquem perfeitamente de acordo e falte alguma coisa só percebida quando a obra está já avançada ou pronta, os usuários tendem a não reclamar tanto e a ser mais tolerantes com as eventuais adaptações, uma vez que foram ouvidos e também não perceberam aquela falha.

Nessa etapa de aprovações, quando estou participando do processo, depois de ter incansavelmente explicado os projetos aos futuros usuários, digo: "Olhem, analisem e reclamem, ou calem-se para sempre".

É importante ressaltar que as modificações do projeto são ruins durante a obra, mas ainda piores depois da obra pronta.

Espiral de projetos

Depois da aprovação pelo Cliente do anteprojeto de arquitetura, o Arquiteto o envia para os demais projetistas que participam do processo, ou seja: da estrutura, das instalações elétricas, das instalações hidráulicas, de proteção contra incêndio, do ar condicionado, dos sistemas, do conforto e do paisagismo.

Inicia-se nessa fase, então, o que se chama de espiral de projetos, em que cada um dos projetistas elabora seu anteprojeto e o devolve ao Arquiteto.

O Projetista da Estrutura, por exemplo, encaminha as posições e as dimensões de pilares, vigas e lajes, enquanto os projetistas de instalações enviam as posições e as dimensões de equipamentos, tubulações, perfilados e dutos, de forma a verificar se as dimensões em planta e o pé-direito da edificação estão adequadas, bem como os esforços provocados por eles na estrutura, para serem devidamente consideradas no projeto estrutural. Esse processo deve ocorrer com forte comunicação entre os projetistas para haver a adequada compatibilização deles.

Nessa fase, é comum que haja alguns atritos entre o Arquiteto e os projetistas. Muito se fala sobre a relação tensa entre os arquitetos e os engenheiros, o que considero um certo exagero. Na verdade, tanto o Arquiteto quanto os demais profissionais participantes buscam o melhor para a obra. Nessa busca, podem ocorrer alguns embates na definição de o que seria esse "melhor".

Nesse sentido, nos extremos, observa-se de maneira bem simplificada que existem arquitetos que encerram o assunto e não abrem mão de suas soluções, fazendo com que os demais projetistas se enquadrem nelas.

Há também aqueles que aceitam as ponderações dos projetistas, principalmente do Projetista Estrutural, buscando otimizar o projeto como um todo. Considero estes muito mais adequados.

Existem, ainda, alguns arquitetos mais raros, que propõem uma solução, recebem uma sugestão e criam uma terceira alternativa, melhor que as duas anteriores. Estes são, em minha opinião, os melhores.

3.5.2 Projeto de estrutura

Conforme mencionado anteriormente, o Arquiteto pode definir, desde a concepção, o material que deverá ser utilizado na estrutura (concreto, aço, madeira ou soluções mistas).

Muitas vezes, no entanto, com base na arquitetura e nas condições da obra, como custo, prazo, topografia e espaços para seu canteiro, o Arquiteto e o Projetista Estrutural, em conjunto com o Cliente, que pode ser uma Construtora ou uma empresa que está gerenciando o processo, definirão o tipo de material estrutural a ser adotado. Assim, dependendo do material ou do processo executivo utilizado, as estruturas podem ser do tipo:

- estruturas de concreto armado ou de concreto protendido, que podem ainda ser moldadas *in loco* (Figs. 3.1 a 3.3), pré-fabricadas no canteiro da obra ou pré-fabricadas industrialmente numa fábrica e depois transportadas e montadas na obra;

Fig. 3.1 *Cimbramento e formas para concreto moldado* in loco

FIG. 3.2 *Formas sendo preparadas para a execução de concreto*

FIG. 3.3 *Armação para concretagem*

* estruturas em alvenaria estrutural, que pode ser armada ou não;
* estruturas metálicas (Figs. 3.4 e 3.5);
* estruturas de madeira;
* estruturas híbridas, isto é, misturando conceitos, como estrutura metálica e de concreto armado (Figs. 3.6 e 3.7).

FIG. 3.4 *Exemplo de estrutura metálica*

FIG. 3.5 *Estrutura metálica – montagem de edifício*

Fig. 3.6 *Estrutura híbrida (metálica e de concreto) para receber pré-laje*

Fig. 3.7 *Estrutura híbrida (metálica e de concreto) com pré-laje a ser capeada com capa de concreto armado com tela*

A definição do material a ser utilizado na execução da estrutura, conforme mencionado anteriormente, envolve muitos aspectos, a saber:

- *Projeto arquitetônico*: além do aspecto visual, que é fundamental, o projeto arquitetônico pode condicionar a escolha do tipo de estrutura a ser adotado em função, por exemplo, das dimensões de vãos e da esbeltez das peças estruturais.

  Dependendo das dimensões, pode-se executar uma estrutura com materiais estruturais, como concreto protendido, ou uma estrutura metálica, cujas peças resistem aos esforços com dimensões menores que as do concreto armado, por exemplo.
- *Custos envolvidos*: os custos da estrutura para todos os tipos de obra precisam evidentemente ser considerados, uma vez que os engenheiros devem buscar soluções tecnicamente adequadas, seguras e com os menores custos.

  A escolha do sistema estrutural, portanto, deve ser feita com base em estudos comparativos entre as possíveis soluções. Exemplificando:
  - É possível ter um edifício que pode ser executado em concreto armado ou estrutura metálica. Deve-se orçar as duas soluções para escolher adequadamente uma delas.
  - Um edifício residencial pode ser executado em concreto armado ou alvenaria estrutural, a qual é, em geral, mais econômica. Esta solução, embora tenha a desvantagem de não permitir a retirada das paredes de fechamento, o que impossibilita mudanças futuras de *layout*, pode ter custos que tornam o empreendimento economicamente viável.
- *Prazo*: caso o prazo de uma obra seja condicionante, pode ser necessário executar o projeto com soluções que possibilitem maior rapidez em sua execução. Exemplificando, pode haver um edifício com vãos grandes que poderiam ser executados com vigas nervuradas ou em laje plana de concreto protendido, solução esta mais rápida e, em geral, mais cara.

Definido o tipo de material da estrutura, o Projetista deverá conceber o sistema estrutural e lançá-lo na arquitetura, ou seja, implantar os pilares, as vigas, as lajes, as escadas e as caixas de elevadores.

A seguir, vindo de cima para baixo, ele calcula as cargas devidas ao peso próprio da estrutura, dos fechamentos e dos revestimentos, a sobrecarga de pessoas, móveis e equipamentos e os esforços decorrentes da ação de vento, da variação de temperatura e de vibrações, até chegar às cargas sobre as fundações. Há algum tempo esse trabalho tem sido feito com a utilização de programas de cálculo sofisticados, tais como o TQS e o STRAP (Structural Analysis Program).

Concluída essa etapa, ele elabora a planta de cargas nas fundações (Fig. 3.8), indicando as cargas verticais e horizontais e os momentos, e a encaminha para o Projetista das Fundações.

A seguir, ele passa a dimensionar e detalhar as peças que compõem a estrutura, ou seja, as armaduras dos pilares, as vigas, as lajes, as escadas e os pergolados.

3.5.3 PROJETO DAS FUNDAÇÕES

As fundações de uma obra são "os elementos estruturais que transferem as cargas da estrutura para o solo".

Conforme mencionado anteriormente, os esforços no edifício são provocados por seu peso próprio, pela sobrecarga de pessoas, móveis e materiais e pelos esforços de vento, temperatura e vibrações, que devem ser transmitidos e suportados pelo terreno. As fundações são, portanto, os elementos de transição que fazem essa transmissão.

A escolha da fundação de uma edificação depende:

* do tipo e da resistência do solo e do nível do lençol freático, dados obtidos por meio de ensaios SPT (*standart penetration test*) (Fig. 3.9);
* da magnitude das cargas;
* das condições locais da obra, tais como a proximidade das fundações existentes das edificações vizinhas, o espaço para entrada e operação de equipamentos, a disponibilidade do equipamento e restrições mais severas de barulho e vibração;
* de uma análise de custos e prazos entre as alternativas possíveis.

A partir da planta de cargas nas fundações e das condições citadas, o Engenheiro de Fundações definirá o tipo de fundação a ser adotado entre os indicados na Fig. 3.10.

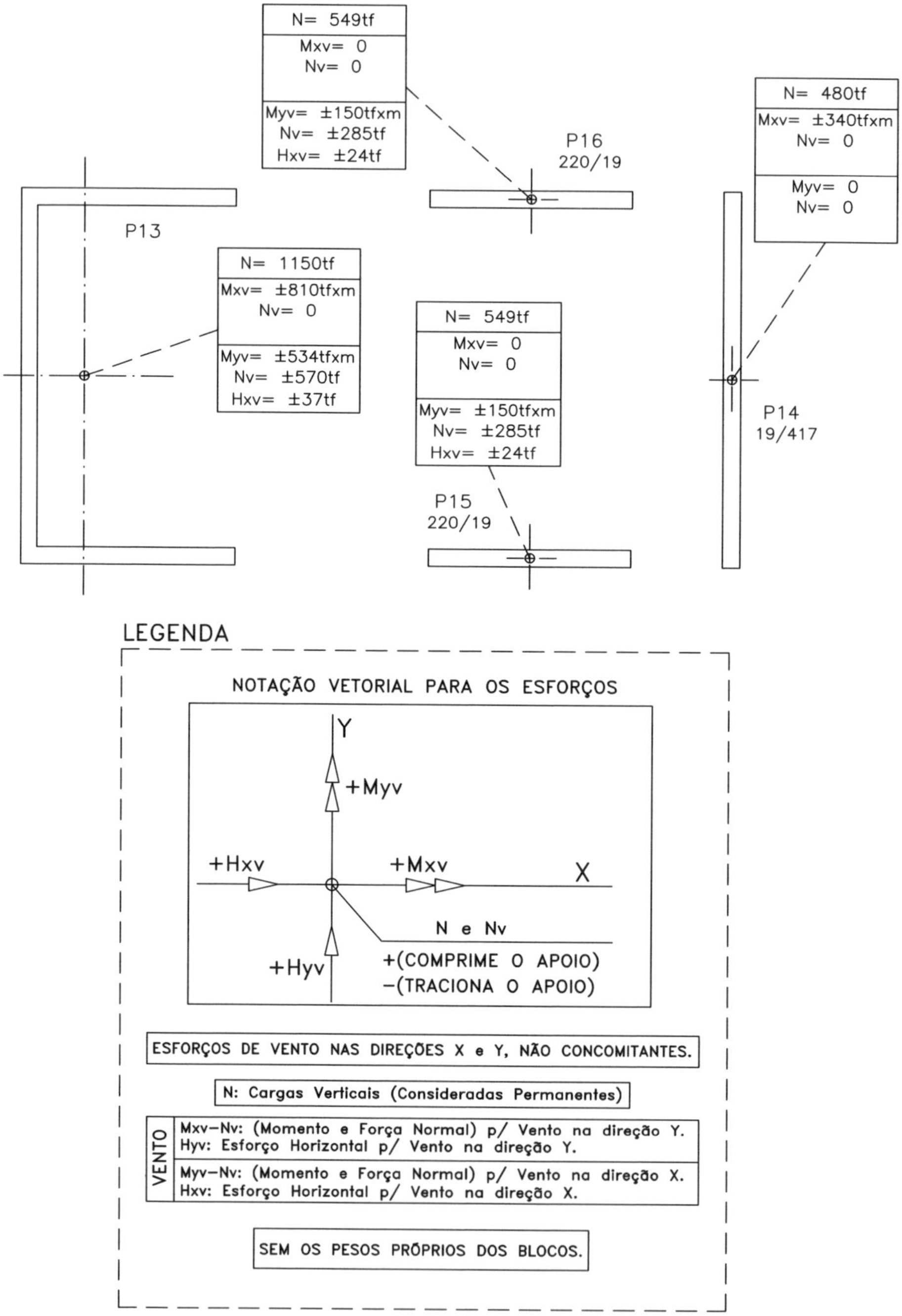

FIG. 3.8 *Planta de cargas em pilares parcial, de um edifício*

FIG. 3.9 *Execução de drenagem SPT*

As Figs. 3.11 e 3.12 mostram, respectivamente, uma sapata direta concretada e uma estaca hélice contínua em execução. Já a Fig. 3.13 apresenta a escavação do fuste de tubulão, e a Fig. 3.14 mostra o poceiro descendo para fazer a abertura de base do tubulão.

Definido o tipo de fundação a ser adotado, o especialista faz seu dimensionamento e tem-se, então, o projeto de fundações.

Ainda recentemente observei, em algumas obras, esse projeto ser elaborado pelo Engenheiro de Estruturas com base em um parecer técnico feito pelo especialista em fundações, em geral a partir de sondagens SPT. Trata-se de uma prática que tem por objetivo eliminar o custo do projeto de fundações e cujo resultado pode ser ruim, quando não for terrível, pois "a emenda pode sair pior que o soneto", conforme relatado no Caso 3, a seguir.

Esse procedimento exige que haja um ótimo entrosamento e várias fases de trocas de ideias e *feedback* e, ainda mais importante, que pelo menos

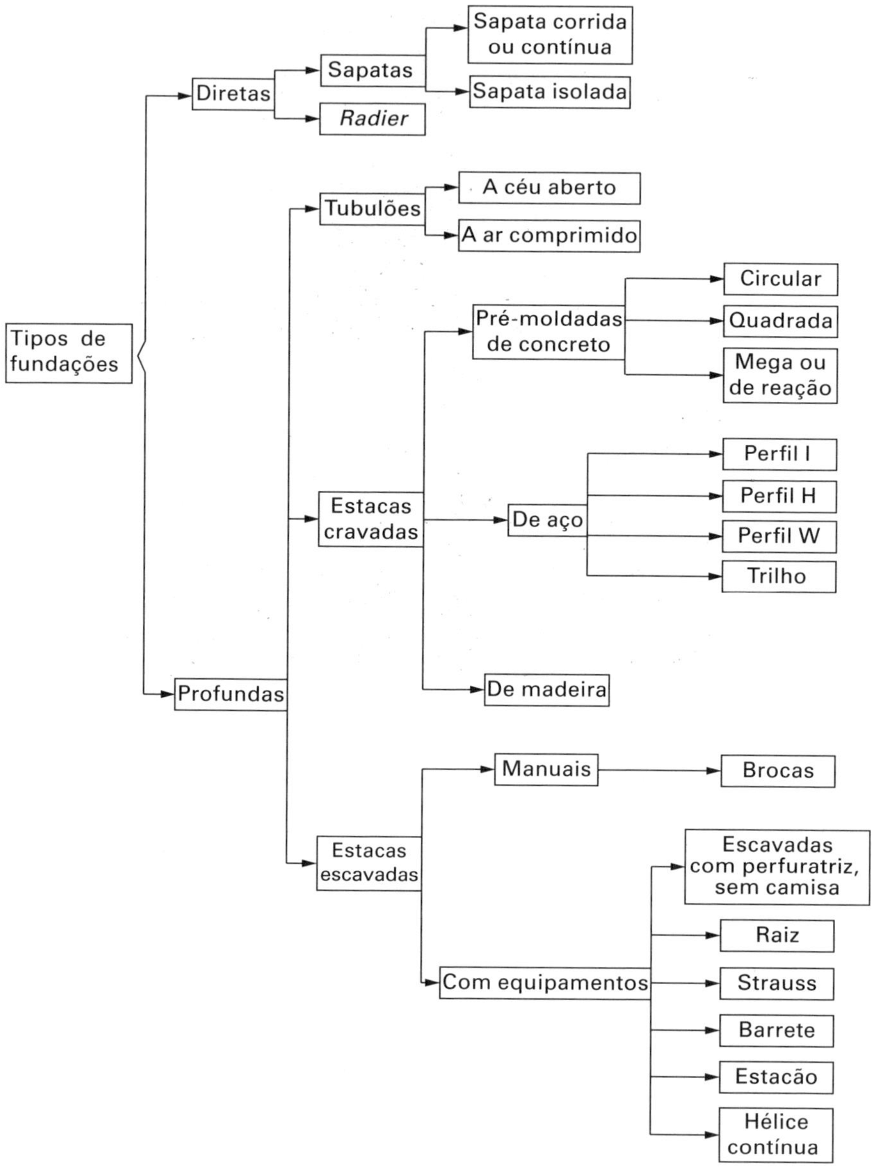

Fig. 3.10 *Tipos de fundações*

FIG. 3.11 *Sapata direta concretada*

FIG. 3.12 *Estaca hélice contínua em execução*

Fig. 3.13 *Escavação do fuste de tubulão*

Fig. 3.14 *Poceiro descendo para fazer a abertura de base do tubulão*

o Geotécnico seja contratado para analisar e aprovar o projeto final detalhado pelo Engenheiro Estrutural.

CASO 3 – FUNDAÇÕES EM ROCHA

Participei de um caso em que o Geotécnico prescreveu, em seu parecer técnico, o uso de fundações diretas (sapatas) em um terreno com rocha sã, estabelecendo a cota de implantação em sua superfície conforme o desenho esquemático apresentado na Fig. 3.15.

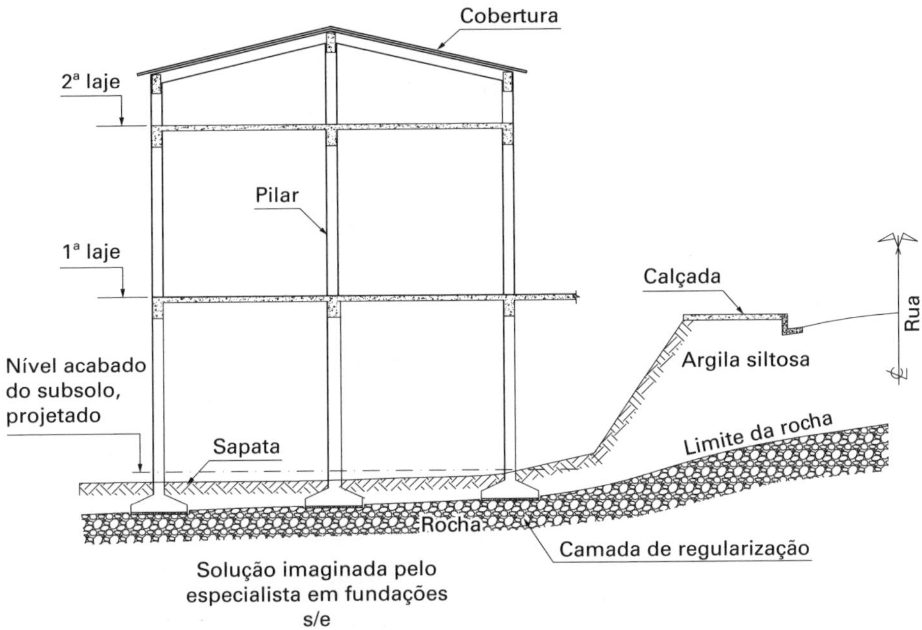

FIG. 3.15 *Sapatas diretas apoiadas na superfície da rocha*

O Projetista de Concreto, em virtude das dimensões das sapatas que ele projetou, apoiou-as em cotas inferiores às recomendadas no parecer do Geotécnico, não se preocupando em comentar com este nem com o Arquiteto a alteração, que obrigava, para sua execução, o desmonte de um grande volume de rocha sã, como pode ser visto na Fig. 3.16.

Logo no início da obra, a Construtora, ao locar e definir os níveis de implantação da obra e, consequentemente, das sapatas, percebeu a necessidade do desmonte, que não estava previsto nas planilhas do orçamento, e apresentou seus custos, a serem aditados ao contrato.

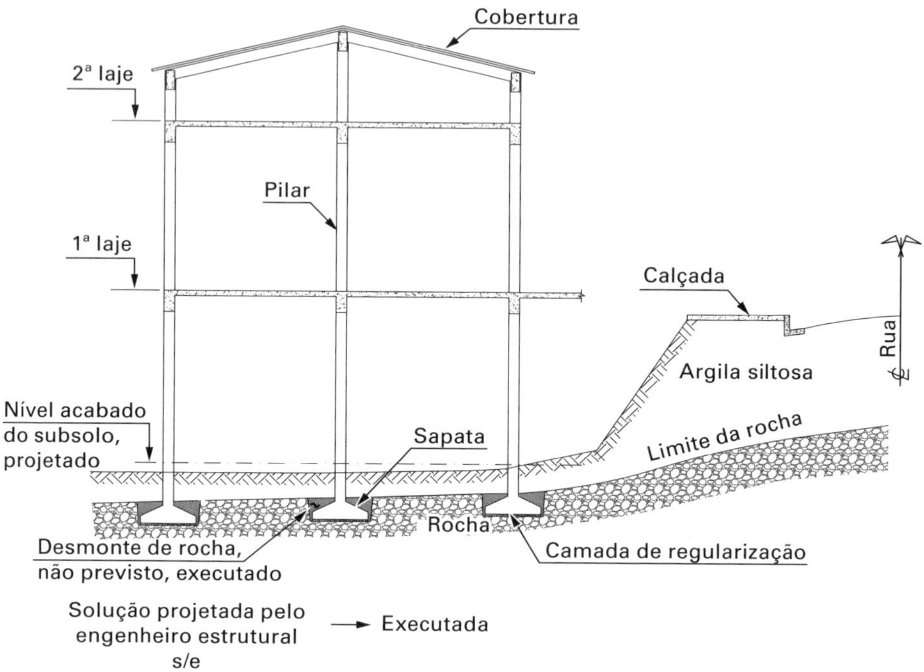

Fig. 3.16 *Sapatas diretas executadas abaixo da superfície da rocha*

Fui chamado pelo Cliente porque, para variar, a obra estava em pleno andamento e a Construtora exigia rápida solução, sob pena de paralisar os serviços.

Conhecendo todos os envolvidos – Cliente, Arquiteto, Projetista da Estrutura e Especialista em Fundações –, propus que se "subisse a obra" como um todo. Em outras palavras, sugeri elevar a cota do edifício em cerca de 80 cm, o que não prejudicaria sua funcionalidade nem sua estética, na opinião dos envolvidos, incluindo o próprio Cliente.

Nessa mesma época, fiquei também sabendo que essa providência já tinha sido tomada numa obra executada num terreno próximo com sucesso, tendo em vista que havia eliminado os altos custos do desmonte das rochas.

Embora eu tivesse a total concordância do Calculista e do Especialista em Fundações, não consegui obter a resposta do Arquiteto a tempo.

O Cliente, pressionado pela Construtora, manteve o projeto, com um aumento dos serviços, executando o desmonte da rocha e gerando um aditivo considerável.

"Resumo da ópera": houve um prejuízo substancial em virtude de o Arquiteto, provavelmente, ter implantado a obra num nível sem se preocupar com o nível da superfície da rocha onde seriam implantadas as sapatas, assim como pela falta de entrosamento e comunicação entre ele e os projetistas e pelo fato de o Geotécnico não ter verificado o projeto final depois de concluído pelo Especialista em Estruturas. Qual Cliente fica contente com isso?

No caso em questão, ainda na fase de concepção, teria bastado alguém envolvido mencionar o problema para o Arquiteto, que provavelmente daria, ele mesmo, a solução de "subir" a obra, evitando as consequências citadas.

Esse fato mostra e reforça a necessidade do cuidado para a qualidade dos projetos. Enquanto o assunto está na prancheta, os custos das modificações são muito inferiores àqueles de quando a obra já está em curso.

A Fig. 3.17 evidencia a capacidade (possibilidade) de se influenciar no custo de uma obra em função das suas fases de execução ao longo do tempo. Também reforça a importância de bons projetos e sua adequada compatibilização.

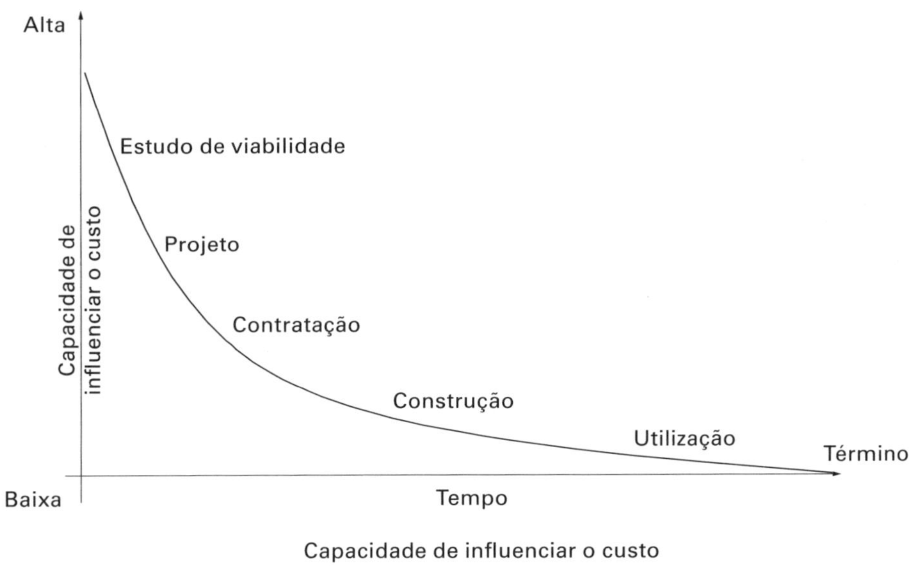

FIG. 3.17 *Capacidade de influenciar o custo da obra em relação ao tempo*
Fonte: adaptado de O'Connor e Davis (1988).

O valor total dos projetos varia entre 3% e 5% do valor da obra. Nessas condições, numa estimativa grosseira, caso o valor dos projetos aumentasse em 10%, passaria a aproximadamente 3,3% ou 5,5% do valor total da obra, o que praticamente não mudaria seu custo total.

Com a obra em andamento, no entanto, qualquer mudança, indecisão ou correção custará muito mais que esse valor gasto com os projetos e sua adequada compatibilização, além de provavelmente aumentar o prazo de sua execução.

3.5.4 PROJETO DE CONTENÇÕES

Em muitas obras, principalmente nas cidades, é necessário executar escavações para atender o projeto, como para a execução de subsolos em edifícios e em obras de metrô.

Para que essas escavações sejam feitas sem prejudicar as edificações vizinhas, são necessárias estruturas que estabilizem o solo adjacente para evitar desmoronamentos e danos aos vizinhos. Essas estruturas são chamadas de contenções, assim definidas por Ranzini e Negro Jr. (1996) : "Contenção é todo elemento ou estrutura destinada a se contrapor a empuxos ou tensões geradas em um maciço cuja condição de equilíbrio foi alterada por algum tipo de escavação, corte ou aterro".

As contenções são projetadas pelo Engenheiro Geotécnico e podem ser executadas por meio de muros de arrimo, escoramentos, cortinas e reforços do terreno. Para a execução da maior parte das obras urbanas, os escoramentos mais utilizados são do tipo perfil pranchada e paredes diafragma associadas à execução de tirantes.

Sua escolha depende do tipo e da característica do solo, do nível do lençol freático, da profundidade da escavação, da distância e do tipo das fundações dos vizinhos, do espaço disponível para sua implantação e da possibilidade de entrada de equipamentos.

Perfil pranchada

A Fig. 3.18 apresenta perfis sendo cravados para a execução de uma contenção tipo perfil pranchada, enquanto a Fig. 3.19 mostra uma contenção de mesmo tipo utilizando pré-lajes de concreto em execução.

Fig. 3.18 *Perfis sendo cravados para a execução de uma contenção tipo perfil pranchada*

Fig. 3.19 *Contenção tipo perfil pranchada utilizando pré-lajes de concreto em execução*

Utilização

A execução de perfis pranchada é adequada:

* quando existe a possibilidade de acesso do bate-estacas, o que, de modo geral, é comum na execução de edifícios;
* quando, dependendo da permeabilidade do terreno, do nível do lençol freático e da proximidade e do tipo de fundações dos edifícios vizinhos, é possível fazer o rebaixamento do lençol freático, mesmo com o consequente aumento de custos e riscos de recalques das fundações vizinhas;

* para profundidades da ordem de 6 m, correspondentes ao pé-direito de dois subsolos.

Parede diafragma

As Figs. 3.20 e 3.21 apresentam exemplos de parede diafragma atirantada.

FIG. 3.20 *Detalhe de parede diafragma atirantada, com a presença de estaca raiz e de escavadeira com lâmina*

FIG. 3.21 *Visão geral de uma parede diafragma atirantada*

Utilização

A execução de paredes diafragma é adequada:

* quando existe a possibilidade de acesso do equipamento, o que é comum, de modo geral, na execução de edifícios;
* para solos em geral, mas especialmente para solos muito moles;
* quando intercepta o lençol freático e não é conveniente ou permitido fazer o rebaixamento em virtude dos riscos de recalques nas edificações vizinhas;
* para obras de maior porte, com escavações com mais de 9,0 m de profundidade.

3.5.5 Projeto de vedações

De maneira geral, os fechamentos de obras na prática brasileira são feitos por meio de alvenarias, definidas por Franco (1997) como um "componente construtivo complexo, conformado em obra, constituído por tijolos ou blocos unidos entre si por juntas de argamassa, formando um conjunto rígido e coeso".

As alvenarias devem ser projetadas por especialistas para garantir a qualidade e o custo dos serviços. Elas podem ser classificadas conforme segue:

* *Quanto à resistência mecânica*
    - alvenaria resistente – tem função estrutural;
    - alvenaria de vedação.
* *Quanto a seus componentes*
    - tijolos cerâmicos maciços (comuns);
    - blocos de concreto;
    - blocos cerâmicos;
    - blocos de concreto celular.
* *Quanto à forma de proteção*
    - aparentes;
    - revestidas.

Os requisitos funcionais das paredes de vedação em alvenaria são os seguintes:

* segurança estrutural;
* isolação térmica;
* isolação acústica;

* estanqueidade;
* segurança ao fogo;
* estabilidade dimensional.

A Fig. 3.22 mostra os tipos de tijolos e blocos utilizados nas alvenarias.

Fig. 3.22 *Tipos de tijolos e blocos utilizados nas alvenarias*

3.5.6 Projeto de esquadrias

São os caixilhos, as portas e os corrimãos utilizados nas obras. Podem ser executadas em madeira, ferro (aço), alumínio e PVC.

Atualmente, na maioria dos edifícios, as esquadrias adotadas são as de alumínio. Até os anos 1980, eram muito empregadas as esquadrias de ferro, que foram sendo abandonadas pelo melhor desempenho das de alumínio, não sujeitas à corrosão e com maior variedade de perfis, o que propicia melhores soluções técnicas.

Na década de 1970, o Arquiteto indicava em seu projeto os desenhos dos caixilhos de alumínio, em geral do tipo maxim-ar (Fig. 3.23). Com essas informações, chamava-se o caixilheiro no canteiro, discutiam-se alguns detalhes e contratava-se o serviço. A instalação dos vidros era feita posteriormente por uma empresa especializada.

Fig. 3.23 *Janelas do tipo maxim-ar*

As funções de uma esquadria são indicadas a seguir:

* controle da área de ventilação;
* controle da área de iluminação;
* privacidade;
* proteção contra intempéries, vento e chuva;
* sombreamento;
* conforto térmico;
* conforto acústico;
* segurança;
* resistência aos esforços de uso.

Além dessas características, deve-se atender às normas brasileiras (NBRs) nos seguintes requisitos:

* resistência aos esforços de uso;
* acústica.

Embora ainda não oficialmente exigidos nas normas, estão em estudo:

* conforto térmico;
* padrões de manutenção, conforme a NBR 15575;
* visual para o externo, com proteção contra intempéries.

A partir de 2000, os caixilhos foram se sofisticando, quando surgiram as fachadas envidraçadas com os sistemas unitizados, cuja técnica é chamada de envelopamento de fachadas, e seu custo passou a ficar entre os cinco mais significativos de uma obra, tornando-se evidente a necessidade de projetar os caixilhos e os vidros como um só sistema, com o auxílio de especialistas, os Consultores de Esquadrias.

Essa tecnologia veio juntamente com a obra do Banco de Boston, em São Paulo, no início dos anos 2000 (Fig. 3.24). A Fig. 3.25 mostra outro exemplo de execução de fachadas com o sistema unitizado.

3.5.7 PROJETO DE IMPERMEABILIZAÇÃO

Em áreas externas sujeitas a chuvas, como sacadas, jardineiras, lajes de coberturas, lajes de térreos, caixas-d'água e áreas molhadas internas, é necessário executar os serviços de impermeabilização.

Dependendo do local da aplicação e dos custos, podem ser utilizados os seguintes sistemas de impermeabilização: manta asfáltica, solução asfáltica, cimento polimérico, argamassa polimérica flexível, argamassa impermeável, cristalização, poliuretano bicomponente, membrana de látex, membrana à base de copolímeros, e aditivo impermeabilizante para concreto (Penetron Admix).

Esse sistema deve ser escolhido e projetado por um especialista.

3.5.8 PROJETO DE INSTALAÇÕES ELÉTRICAS

De acordo com a ocupação do empreendimento, o projeto elétrico é desenvolvido atribuindo-se a cada espaço (ambiente) uma carga elétrica, medida em quilowatt (kW). Nessa relação de cargas, deve-se incluir tudo que consome energia para que a demanda seja atendida, a saber: as luminárias, as tomadas de uso geral e de uso específico e os equipamentos com cargas resistivas, como os chuveiros, o ar-condicionado e os motores (de elevadores, de bombas hidráulicas etc.).

Fig. 3.24 *Fachada do Banco de Boston, em São Paulo, no início dos anos 2000*
Fonte: A. B. Cardoso.

Fig. 3.25 *Execução de fachadas com o sistema unitizado*

Essa relação de cargas elétricas deve ser separada por grupos de consumo, ou seja, iluminação, tomadas, equipamentos com cargas resistivas, motores e assim por diante, para que se possa atribuir a cada grupo um fator de demanda, visto que o consumo não é simultâneo.

Dependendo da demanda do edifício, define-se a entrada de energia, que pode ser da Concessionária ou das próprias instalações do Cliente, como trifásica ou monofásica e como de baixa ou média tensão, estabelecendo também sua tensão de operação, que pode ser de 220/127 V ou 380/220 V. De maneira geral, essas tensões são as utilizadas respectivamente para prédios residenciais e comerciais.

Quanto à localização dos quadros de distribuição, geral e parciais, é fundamental que sejam posicionados próximos dos centros das cargas a serem alimentadas, uma vez que, quanto maior for a distância, maior será a queda de tensão e maior será a bitola dos cabos elétricos, o que aumenta o custo da instalação.

Para a passagem de eletrocalhas e cabos, o projeto arquitetônico deve prever aberturas nas vigas e *shafts* (poços de dutos para a instalação de tubulações hidráulicas e de combate a incêndio, eletrodutos e eletrocalhas de cabos elétricos, de rede, de telefonia e de circuito fechado de televisão – CFTV) na edificação, de maneira a facilitar sua execução e posterior manutenção.

Com as informações de potência, tensão e posição dos quadros e das cargas a serem alimentadas, prossegue-se o desenvolvimento do projeto, com os cálculos das bitolas dos cabos e dos demais componentes do sistema, tais como infraestrutura e dimensões dos quadros e dos disjuntores.

Em projetos mais sofisticados, a iluminação pode ser objeto de um projeto específico de luminotécnica, contratado junto a escritórios especializados.

A Fig. 3.26 apresenta uma visão geral das tubulações e eletrocalhas de subsolo de um edifício.

Fig. 3.26 *Visão geral das tubulações e eletrocalhas de subsolo de um edifício*

3.5.9 Projeto de instalações hidráulicas e de combate a incêndio

A partir do projeto de arquitetura, de acordo com o tipo de ocupação do empreendimento – residencial, comercial, escolar ou industrial –, identificam-se os ambientes com áreas molhadas e desenvolve-se o projeto hidráulico, atribuindo a cada ponto de consumo (bacia sanitária, lavatório, chuveiro etc.) a vazão necessária. Essas vazões, bem como as unidades de descarga, são dados encontrados nas normas pertinentes a cada caso.

Com o conhecimento da vazão de cada área, traça-se um esquema isométrico, simulando o trajeto da tubulação, para o cálculo da perda de carga, da velocidade da água e, consequentemente, do diâmetro da tubulação.

Esse critério de conhecimento das vazões serve para as instalações de água potável, de água quente e de gás e, também, para a coleta dos esgotos. Para este último caso, em vez da vazão, calcula-se a quantidade de unidades de descarga.

Para o sistema de águas pluviais, calcula-se a área de cobertura e, adotando um índice pluviométrico para a região (cada região tem um índice diferente), chega-se à vazão, e a partir daí são desenvolvidos os cálculos da tubulação.

No caso do sistema de incêndio, os mesmos critérios de vazões são necessários para o cálculo das tubulações. As instalações de combate a incêndio são em geral projetadas por empresas especializadas que muitas vezes contam com a consultoria de oficiais aposentados do Corpo de Bombeiros e são submetidas a uma análise da corporação. Esse projeto deve ser consolidado no projeto de instalações hidráulicas, criando-se um projeto único para evitar erros, esquecimentos e interferências entre as tubulações, que devem ser projetadas com todos os cuidados e encaminhadas para o Arquiteto ou o responsável pela compatibilização dos projetos.

Uma visão geral das tubulações hidráulicas de um edifício é mostrada na Fig. 3.27.

Fig. 3.27 *Visão geral das tubulações hidráulicas de um edifício*

3.5.10 Projeto de instalações de ar condicionado

Atenção especial deve ser dada ao projeto de ar condicionado, pois envolve a instalação de equipamentos e dutos com dimensões consideráveis que, se não forem adequadamente previstos, podem comprometer os espaços e, em consequência, a qualidade da obra.

A forma ideal de condução do projeto é o Projetista das Instalações de Ar Condicionado estabelecer o encaminhamento dos dutos e suas dimensões máximas para as passagens nos *shafts* e nas vigas de concreto com o Engenheiro Estrutural e projetar as instalações de acordo com essas recomendações, evitando a improvisação no campo.

Para calcular o ganho de calor num ambiente, é preciso considerar:

* as condições climáticas externas;
* as condições de temperatura e umidade internas;
* a orientação solar do empreendimento;
* os materiais e as espessuras das paredes externas e das coberturas, para o cálculo de ganho de calor por transmissão;
* as dimensões dos caixilhos e dos vidros externos e seu tipo de fabricação, para o cálculo dos ganhos de calor por irradiação;
* o número de pessoas e suas atividades, a iluminação e os equipamentos que dissipem calor no ambiente;
* a taxa de renovação de ar exterior, para atender às exigências da Agência Nacional de Vigilância Sanitária (Anvisa), o que traz uma parcela significativa de ganho de calor.

As instalações de ar condicionado têm um alto consumo de energia elétrica, devendo consequentemente ser projetadas por profissionais competentes, que escolham o sistema mais adequado para cada edificação, levando em conta tanto os custos iniciais de sua instalação quanto os custos permanentes do consumo de energia para seu funcionamento.

3.5.11 Projeto de sistemas de automação, segurança, áudio, vídeo e multimídia, telecomunicações

Quando comecei a trabalhar, em meados da década de 1970, as obras eram compostas basicamente de fundações, estrutura, em geral de concreto armado, instalações para água, esgoto e iluminação, tomadas, caixilhos e, mais raramente, instalações de ar condicionado.

A partir dos anos 1990, as edificações passaram por um período de automação de suas atividades, ficando mais complexas, quando foi criado o termo *edifício inteligente*, ou *edifício de alta tecnologia*.

A ideia é que esses edifícios fossem equipados de forma a:

* tornar sua gestão mais racional e econômica;
* integrar equipamentos e serviços nas áreas operacionais.

O conceito de automatizar o edifício surgiu da necessidade de controlar o sistema de ar condicionado, que ainda hoje responde por aproximadamente 60% ou 70% de um sistema de supervisão e controle predial.

O sistema de automação predial é composto dos seguintes subsistemas:

* sistema de supervisão predial;
* sistema de segurança;
* sistema de telecomunicações (rede de dados, telefonia e imagem integrada);
* sistema de sonorização.

Cada subsistema tem sua função própria, podendo interagir com os demais em maior ou menor grau. Por exemplo, o controle de acesso pode ativar o sistema de climatização de uma determinada sala de laboratório, ao passo que o sistema de detecção e alarme de incêndio pode identificar um sinistro, e o sistema de supervisão e controle predial pode desligar os equipamentos de ar condicionado.

Para que isso aconteça, deve existir um sistema de troca de informações. Esse sistema, além de compor a rede de dados, telefonia e imagem integrada, pode integrar os demais subsistemas.

A descrição das funcionalidades de cada subsistema é feita a seguir.

Sistema de supervisão e controle predial

O sistema de supervisão e controle predial pode supervisionar e controlar a operação dos equipamentos que integram o sistema de utilidades, a saber:

* ar-condicionado;
* instalação hidráulica (sistema de recalque, drenagem, esgoto, bombas de incêndio, sistema de esgoto a vácuo);
* instalação elétrica (iluminação, entrada de energia, sinais do gerador).

Esse sistema tem, entre seus objetivos:

* a centralização das informações referentes ao funcionamento dos diversos sistemas;

* a execução de lógicas de intertravamento necessárias ao controle automático dos equipamentos;
* a redução dos custos operacionais e a economia de energia, pela utilização racional dos recursos disponibilizados;
* a comunicação do estado dos sistemas por meio de interface homem-máquina, visando antecipar os problemas e facilitar a tomada de decisões;
* o fornecimento de subsídios para a programação da manutenção preventiva dos diversos equipamentos;
* o aumento da segurança da instalação, pela imediata detecção de situações anormais e pela agilização das providências.

Sistema de segurança

O sistema de segurança é composto de três subsistemas, a saber:

* sistema de detecção de intrusão;
* sistema de circuito fechado de televisão (CFTV);
* sistema de controle de acesso.

Sistema de telecomunicações

Trata-se do projeto de infraestrutura e cabeamento para a rede de informática e telefonia, incluindo distribuições, encaminhamentos e localização de pontos e *racks*.

Sistema de sonorização

Trata-se de um sistema para avisos, música e alarmes nas áreas da edificação.

Sistema de controle de ativos

Trata-se de um sistema de localização sinótica de objetos e pessoas (*asset management*), incluindo os ativos – *notebooks*, projetores, equipamentos de laboratório.

3.5.12 PROJETO DE CONFORTO TÉRMICO E ACÚSTICO

Conforto térmico

A disciplina trata, como o nome diz, de prover a edificação de elementos que ajudem a mantê-la adequada quanto a esse quesito.

Nos edifícios mais antigos, os arquitetos buscavam fornecer o conforto projetando:

- *brises-soleils*, que são elementos colocados nas fachadas dos edifícios para evitar a incidência do sol nos vidros dos caixilhos (Fig. 3.28);
- beirais em telhados;
- ambientes com pés-direitos elevados;
- caixilhos localizados nas partes superiores das edificações, com aberturas que possibilitassem a ventilação cruzada;
- ventiladores eólicos;
- sistemas com paredes duplas para impedir a transmissão de calor para dentro do ambiente.

Atualmente, em muitas das edificações, projeta-se a instalação de ar condicionado geralmente combinada com as proteções mencionadas, utilizando ainda vidros refletivos, que diminuem a passagem de calor para o ambiente, a fim de reduzir a carga térmica a ser considerada.

Fig. 3.28 *Vista de fachada de edifício com* brises-soleils

Conforto acústico

Trata-se de prover a edificação com elementos para melhorar e/ou assegurar o conforto acústico.

Todos conhecem o desconforto provocado por locais barulhentos, como bares, restaurantes, pizzarias, fábricas e laboratórios para ensaio de motores, onde é necessário gritar para ser ouvido mesmo por quem está muito perto. O assunto geralmente é bem trabalhado no caso de auditórios e anfiteatros.

A ideia é projetar sistemas que auxiliem tanto no isolamento do som – impedindo, por exemplo, a entrada de ruído da rua em um ambiente – como em sua absorção interna, minimizando sua reverberação dentro do ambiente. Nesse sentido, são usados materiais especiais, tais como forros acústicos e lambris, que propiciam conforto adequado quando projetados e aplicados corretamente.

3.5.13 Projeto de acabamentos

São os serviços finais executados nas obras, como os revestimentos de paredes, os revestimentos de pisos, os forros e as pinturas. Eles devem ser especificados pelo Arquiteto no projeto e no memorial descritivo.

3.5.14 Outros

Outros projetos podem ser necessários em obras específicas, como os de cenotecnia, no caso de auditórios, e os de paisagismo. Com o objetivo de economizar energia e água, têm sido também projetados sistemas de aquecimento solar e de reaproveitamento de água de chuva.

3.5.15 Compatibilização de projetos

Uma etapa muito importante para a qualidade do projeto e para evitar indecisões, perda de tempo e retrabalho durante a execução das obras é sua compatibilização bem-feita, conforme já mencionado.

Esse trabalho é, em geral, de responsabilidade do Arquiteto – embora muitas vezes seja feito por uma equipe da Construtora –, que deve detectar as interferências entre os diversos projetos de modo a evitar problemas por ocasião da execução dos serviços.

Nesse sentido, devem ser projetados, por exemplo, *shafts* e aberturas em vigas e lajes para a passagem das tubulações das diversas instalações, em especial os dutos de ar condicionado. Deve-se verificar se não existem interferências entre as tubulações elétricas e de iluminação e as tubulações das instalações hidráulicas e dos aparelhos de ar condicionado, bem como se existem tubulações que encontram as vigas ou os pilares.

Nos casos em que deverão ser instalados equipamentos, como em cozinhas e laboratórios, as necessidades devem ser especificadas claramente, tais como tomadas, pontos de água, de gás e de ar comprimido e saídas de esgoto, para evitar a incompatibilidade entre essas necessidades e os pontos executados pela obra, obrigando a realização de adaptações que resultariam na quebra dos revestimentos quando de sua instalação.

Cuidados especiais devem ser tomados de maneira que a infraestrutura para as instalações de dados e voz seja compatibilizada com o *layout* dos ambientes.

Entre os cuidados gerais para a compatibilização de projetos, destacam-se:

* a definição clara do que o usuário precisa;
* a passagem dessa definição para os projetos de arquitetura e das instalações;
* a obtenção de protótipos dos móveis, com a indicação clara de como a infraestrutura deve ser feita para que se conecte com eles;
* a execução precisa da infraestrutura, principalmente quando estiver embutida nas paredes e/ou nos contrapisos;
* a não ocorrência de mudanças depois de a infraestrutura ter sido executada.

Nas obras das quais participei, com raras exceções, a compatibilização de projetos praticamente não existia. As interferências não eram detectadas na fase de projeto e os problemas tinham que ser resolvidos no campo, levando a soluções nem sempre ideais tecnicamente.

Além disso, uma vez que, nessa fase, já de execução, a obra já estava contratada e as quantidades e os preços dos serviços já estavam definidos, as correções geravam custos diretos adicionais e atrasos no cronograma, com impacto nos custos indiretos, que teriam sido previstos no orçamento caso as interferências tivessem sido detectadas nas etapas de projeto.

3.5.16 Projetos errados

Afinal, existem projetos errados? Sim, infelizmente existem. Muitas vezes, por falta de informação, comunicação ou competência, projetos errados ocorrem, sendo uma fonte muito explorada por construtoras para o pedido de aditamento de valores.

Como já mencionado, algumas fontes de erros nos projetos são:

* falta de dados da topografia do terreno e de seus vizinhos e das sondagens geotécnicas, ou existência de dados errados sobre esses aspectos;

- a utilização de programas de cálculo estrutural por pessoas inexperientes;
- a execução de projetos por pessoas sem conhecimento ou inexperientes sem supervisão;
- indicações conflitantes nos desenhos, por exemplo, a forma indicar medidas de uma viga e seus estribos terem dimensões maiores, ou o número de arranques de um pilar ser diferente do número de barras;
- desenvolvimento dos projetos de maneira estanque, por falta de coordenação e, consequentemente, de comunicação adequada entre os participantes (cada um faz sua disciplina sem se preocupar com o conjunto).

Além desses itens, há o fato de os projetistas, de maneira geral, raramente irem conhecer os locais onde serão implantadas as obras ou as visitarem quando elas estão em andamento. A visita ao local da obra no início do projeto é uma providência muito útil para evitar erros muitas vezes crassos. No Cap. 5, apresento alguns projetos errados que aconteceram comigo.

3.5.17 Recebimento dos projetos

De qualquer forma, o Cliente, seja ele uma Construtora ou o Cliente final, deve sempre designar um responsável para receber e analisar os projetos a fim de assegurar que estejam de acordo com as soluções propostas, mesmo que tenham sido projetadas pelas empresas participantes do projeto e aprovadas pelo Arquiteto.

Essa medida é importante porque o Cliente pode não querer pagar por algo que não acha fundamental ou pode ter tido experiências não muito boas com determinadas soluções ou produtos, ou, ainda, dificuldades com a manutenção deles. O Cliente pode não querer ou não gostar, por exemplo:

- de um tipo de luminária especificada;
- de um tipo de piso especificado;
- de pagar por uma nova subestação de entrada de energia, embora tenha sido calculada como necessária;
- de executar um tipo de fundação ou de contenção projetado.

Nesses casos, os projetos devem ser revistos ou os responsáveis devem convencer o Cliente da conveniência ou da necessidade das soluções propostas e informá-lo dos riscos aos quais ele ficará exposto caso exija outra solução.

3.6 Orçamento analítico – custo e preço

Com o avanço dos projetos, deve ser feito o orçamento analítico da obra. Por definição, orçamento é a determinação do preço (estimado) de uma obra. Em sua execução, primeiramente devem ser levantadas as quantidades dos diversos serviços, a saber: formas, armaduras, concreto, alvenarias, contrapisos, revestimentos de paredes e de pisos, esquadrias metálicas e de alumínio, vidros, impermeabilizações, divisórias, pinturas, instalações e elevadores. A seguir, é preciso calcular seus custos unitários e totais, e, pela soma desses valores, chega-se ao custo total da obra.

Nessa fase do orçamento, já se deve definir como a obra terá de ser executada, ou seja, é necessário ter ou elaborar um cronograma preliminar e, pelo menos, os anteprojetos de fundações e estrutura para ser possível fazer o planejamento inicial da execução da obra.

Em função dos projetos, do tipo e da topografia do terreno e do prazo, é preciso definir os métodos executivos e, consequentemente, os equipamentos a serem utilizados para que os custos sejam todos contemplados.

Estão incluídas decisões do tipo:

- O concreto será bombeado ou seu transporte vertical será feito por guinchos, guindastes, ...?
- Será necessário instalar uma grua? Mais de uma? Qual sua capacidade e seu alcance?
- As fachadas vão ser executadas com andaimes, com balancins, com plataformas, ...?
- Serão utilizados silos com massa pronta para a execução dos contrapisos e dos revestimentos?

Cada solução adotada terá um custo direto e, provavelmente, prazos diferentes, os quais impactarão diretamente o orçamento da obra. O prazo de execução e o custo direto são inversamente proporcionais: menor prazo implica maior custo direto, conforme será visto na seção 3.7.

Deve-se notar a diferença entre o preço e o custo. O preço está ligado à receita (reembolso), e o custo, às despesas (desembolso).

Conforme mencionado anteriormente, o orçamento pode ser expedito ou analítico. O expedito é feito por estimativas do tipo R\$/m^2 de obra e R\$/m^3 de concreto lançado, enquanto o analítico detalha os custos unitários e as quantidades de todos os serviços.

O preço de uma obra é obtido por meio de:

Preço (obra) = custo + eventuais + impostos + benefício

sendo

Custo = custo direto + custo indireto

A seguir, é explicado cada um desses itens.

O custo direto é o desembolso para o pagamento de componentes aplicados diretamente na obtenção de um produto ou serviço, ou seja:

Custo direto = custos dos materiais + custos da mão de obra direta + custos dos equipamentos

em que:

* *custos dos materiais*: cimento, areia, pedra, concreto, ferro, madeira, pregos, tijolos, blocos, tubulações, telhas, fios, cabos e luminárias;
* *custos da mão de obra direta*: salários mais encargos sociais e trabalhistas dos carpinteiros, pedreiros, armadores, serventes, eletricistas, encanadores, montadores e empreiteiros;
* *custos dos equipamentos*: custos de propriedade, de operação e de manutenção dos equipamentos ou seu aluguel. Por exemplo, a aquisição ou o aluguel das betoneiras, escavadeiras, gruas, guindastes, compactadores e caminhões.

O custo indireto é o desembolso para o pagamento de atividades não aplicadas diretamente ao produto, mas necessárias ao funcionamento operacional, ou seja:

Custo indireto = custos da administração geral ou central + custos da administração local em que:

- *custos da administração geral ou central*: salários e encargos dos funcionários que ficam no escritório central, tais como diretores, secretárias, orçamentistas, compradores, administrativos e contadores;
- *custos da administração local*: salários e encargos dos engenheiros, técnicos de segurança, mestres, porteiros, guardas, apontadores e almoxarifes; custos de energia, água, telefone, plotagens de desenhos e segurança patrimonial; e custos de implantação da obra: instalações provisórias para água, esgoto e energia e locação de contêiner.

Os custos indiretos fazem parte do chamado Benefício mais Despesas Indiretas (BDI) e são rateados entre os diferentes serviços (itens) da obra.

O BDI é dado por:

BDI = custos indiretos + eventuais + impostos + benefício

3.6.1 EVENTUAIS

São despesas que podem ocorrer em consequência de imprevistos ou incertezas, uma vez que uma obra demanda tempo para ser executada e as condições do meio ambiente externo podem mudar, como a aceleração da inflação, por exemplo. Podem ser de ordem técnica ou econômica.

Os eventuais de ordem técnica são imprevistos que podem ocorrer nas soluções técnicas escolhidas, por exemplo:

- variação anormal nos comprimentos de estacas;
- presença de rocha não detectada nas sondagens;
- dificuldade com o rebaixamento do lençol freático;
- alongamento de prazos pelo fato de as dificuldades para a execução dos serviços terem sido subestimadas no planejamento – um exemplo muito comum é quando subestimam o tempo necessário para realizar as contenções, as escavações e as fundações para a execução dos subsolos de um edifício, o que acarreta o alongamento total do prazo da obra;
- atrasos no cronograma por causa de chuvas, falta de mão de obra ou equipamentos e atraso ou ausência de projetos.

Já os eventuais de ordem econômica são despesas difíceis de prever, pois decorrem de mudanças nas condições econômicas ao longo do prazo de execução da obra, por exemplo:

* aceleração da inflação, levando a aumento de custos;
* variações anormais de preços de materiais como aço, cobre, alumínio e cimento;
* perturbações trabalhistas – greves;
* mudanças nas alíquotas dos impostos, fato infelizmente muito comum no Brasil.

3.6.2 LUCRO OU BENEFÍCIO

É o resultado econômico esperado pelo trabalho executado. Nas obras de que participei, o lucro esperado era da ordem de 10% do valor do custo direto. Alguém poderia questionar se esse lucro não deveria ou poderia ser maior, o que evidentemente seria muito bom para a Construtora.

O fato é que as obras são licitadas e o aumento no percentual do lucro deixaria a obra mais cara, fazendo a Construtora correr o risco de perder o contrato para outra. Essa condição está sempre na mente de quem vai decidir o percentual de lucro no fechamento de um orçamento, que será incluído na composição do preço de uma obra.

Essa decisão nunca é fácil, envolvendo questões do tipo:

* É um Cliente novo ou antigo?
* Estamos com muito ou pouco serviço?
* Temos equipe adequada para dirigir a obra?
* Temos que contratar novos funcionários ou faremos a obra com os que temos?

$$\text{Preço (obra)} = \text{custo direto} + \text{custo indireto} + \text{eventuais} \\ + \text{impostos} + \text{benefício}$$

Quando se elabora um orçamento, são calculadas as quantidades dos serviços diretos e seus custos unitários para chegar ao custo direto. Com um cronograma preliminar da obra e seu prazo definido, com a equipe técnica que vai dirigi-la dimensionada e os demais custos indiretos estimados, tem-se o custo indireto.

Considerando a seguir os eventuais, os impostos incidentes e o lucro (ou benefício) pretendido, chega-se ao preço final da obra, o qual será ofertado ao Cliente. Conforme já comentado, esse preço não deve divergir substancialmente do valor inicial, estimado no estudo de viabilidade, para manter o investimento viável.

É importante ressaltar que, como já relatado, o BDI varia de obra para obra, dependendo de seu porte, equipe, direção técnica e prazo. Dessa forma, obras de maior volume e menor prazo tendem a ter BDI menores, uma vez que sua direção é diluída em custos diretos maiores. Por outro lado, em obras de menor volume e prazo maior, o BDI tende a ser maior.

Algumas vezes, ouve-se falar que em uma determinada instituição o BDI das obras é um número fixo, por exemplo, 20%. Por tudo o que foi apresentado, trata-se de um erro, pois esse valor deve ser calculado para cada obra específica e, portanto, nunca deve ser um número fixo.

A seguir, apresenta-se um exemplo de orçamento de uma edificação para abrigar um grupo gerador (Figs. 3.29 e 3.30). No Anexo A, indica-se o roteiro básico para elaborar um orçamento analítico.

A planilha da Fig. 3.31 indica os custos unitários e totais de todos os serviços.

A elaboração do orçamento exige o cálculo dos custos de todos os serviços que serão executados. É possível então classificá-los de acordo com seu valor, de modo a obter uma relação, chamada de curva ABC, que indica em ordem decrescente o valor de cada serviço (Fig. 3.32). Dessa maneira, pode-se detectar quais serviços impactam em 80% do custo da obra, por exemplo, os quais muitas vezes são constituídos por poucos itens, como 10 de um total de 50 atividades.

A análise dessa curva é fundamental na decisão dos valores a serem atribuídos para os eventuais e o benefício, componentes do BDI. Essa informação também é muito importante quando da contratação e do controle desses itens, que são os mais suscetíveis a impactar seu custo total, de forma a melhorar as possibilidades de lucrar com o contrato, como mencionado na seção 3.6.

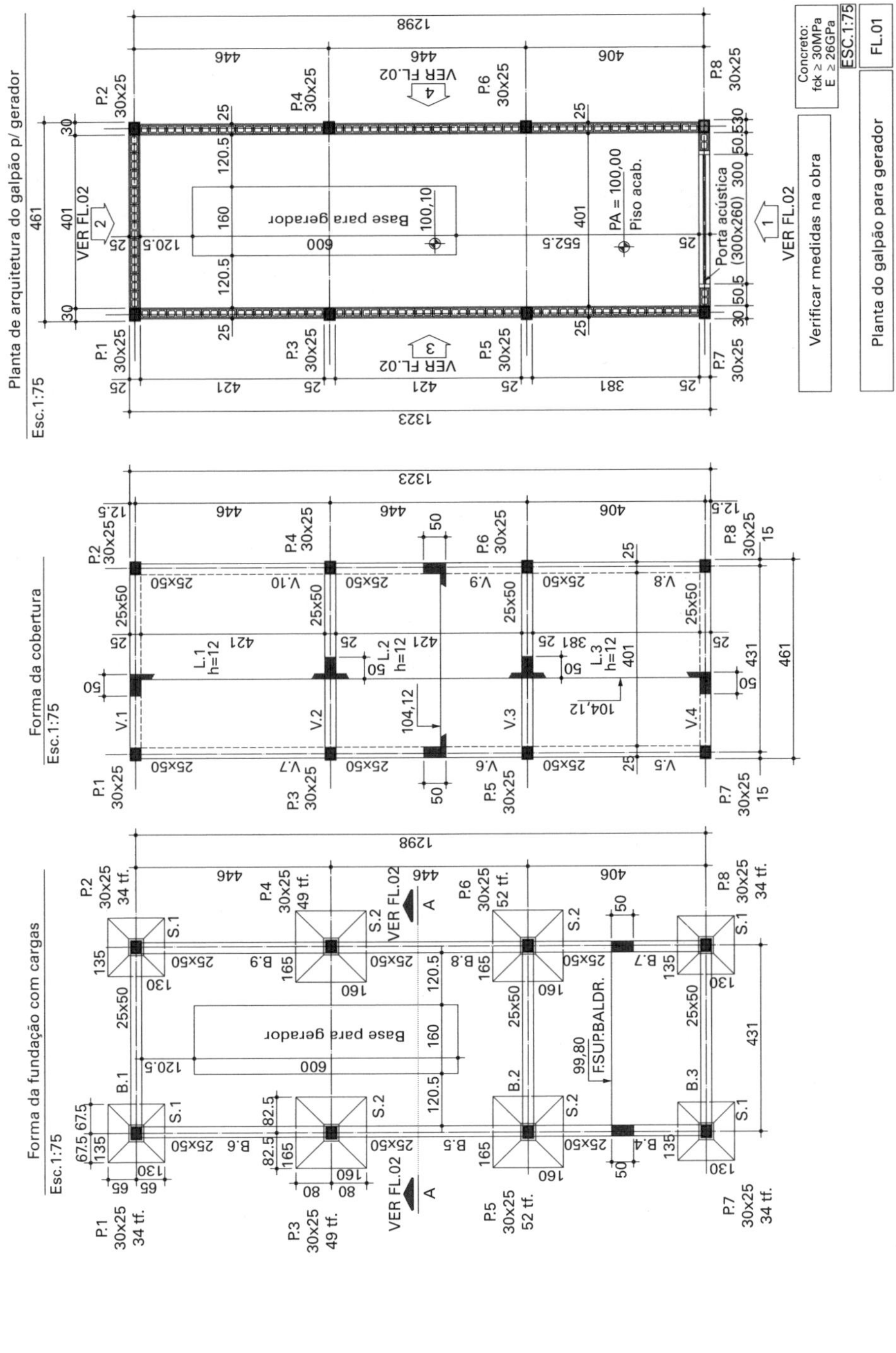

Fig. 3.29 *Plantas esquemáticas de uma edificação para abrigar um gerador de energia*

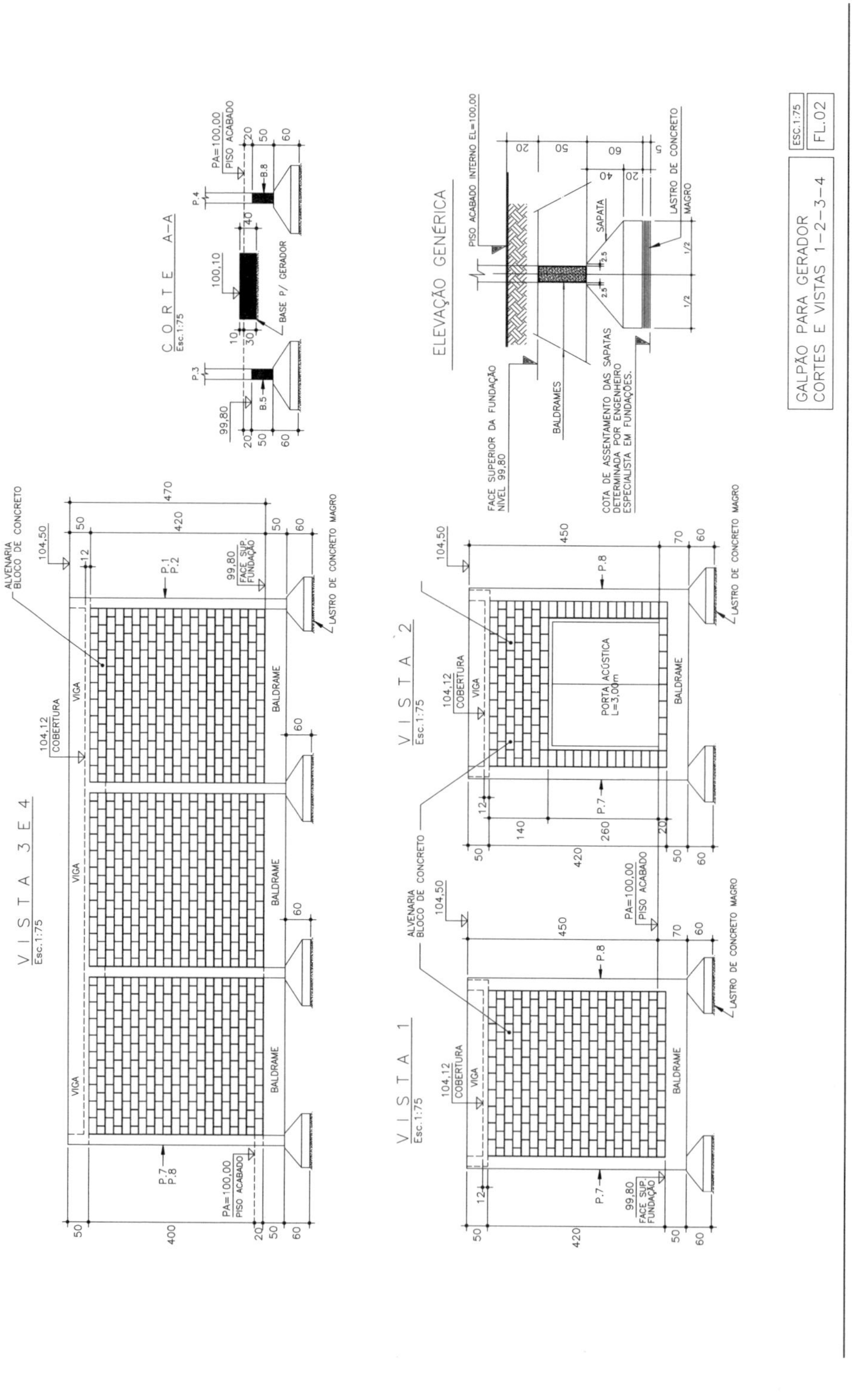

FIG. 3.30 *Corte, vistas esquemáticas e detalhes de uma edificação para abrigar um gerador de energia*

CASA DO GERADOR
PLANILHA DE CUSTO
SÃO PAULO - SP **31/07/18**

CÓDIGO	ESPECIFICAÇÃO DE SERVIÇOS	UN	QUANT.	VLR. UNIT.	VLR. TOTAL
1	**IMPLANTAÇÃO DO CANTEIRO**				**6.578,00**
	Mobilização e desmobilização do canteiro de obras	vb	1,0	4.705,72	4.705,72
	Caçamba para remoção de terra ou entulho	vg	6,0	309,75	1.872,28
2	**LOCAÇÃO DA OBRA**				**2.606,24**
	Locação da obra	m2	141,1	18,47	2.606,24
3	**FUNDAÇÕES**				**12.889,24**
3.1	SAPATAS				
	Escavação	m3	46,8	32,84	1.537,10
	Remoção de terra até a caçamba	m3	8,3	28,46	236,83
	Lastro de concreto magro	m2	17,6	38,53	677,43
	Forma	m2	11,8	119,34	1.408,19
	Aço CA 50 - admitindo 90 kg por m3 de concreto	kg	576,0	9,27	5.338,17
	Concreto fck = 30 MPa brita 1 e brita 2 *slump* convencional (6 cm) e lançamento manual	m3	6,4	343,21	2.196,55
	Reaterro	m3	52,5	28,46	1.494,97
4	**INFRAESTRUTURA**				**17.570,49**
4.1	BALDRAMES				
	Escavação manual	m3	12,8	32,84	420,40
	Remoção de terra até a caçamba	m3	5,9	28,46	168,79
	Lastro de concreto magro	m2	9,1	38,53	351,53
	Forma	m2	40,1	119,34	4.790,13
	Aço CA 50 - admitindo 90 kg por m3 de concreto	kg	414,0	9,27	3.836,81
	Concreto fck = 30 MPa *slump* convencional (6 cm) e lançamento manual	m3	4,6	343,21	1.565,47
	Reaterro	m3	10,7	28,46	304,87
4.2	BASE DO GERADOR				
	Escavação manual	m3	5,1	32,84	166,85
	Remoção de terra até a caçamba	m3	5,1	28,46	144,32
	Lastro de concreto magro	m2	9,6	38,53	369,93
	Forma	m2	6,8	119,34	816,28
	Aço CA 50 - admitindo 90 kg por m3 de concreto	kg	351,0	9,27	3.252,95
	Concreto fck = 30 MPa brita 1 e brita 2 *slump* convencional (6 cm) e lançamento manual	m3	3,9	343,21	1.338,52
	Reaterro	m3	1,5	28,46	43,67
5	**SUPERESTRUTURA**				**34.796,67**
	PILARES, VIGAS E LAJES				
	Forma com compensado plastificado 18 mm com pouco reaproveitamento	m2	135,2	88,78	12.003,19
	Cimbramento (A,B,C,D)	m2	55,9	33,06	1.849,75
	Aço CA 50 - admitindo 110 kg por m3 de concreto	kg	1.573,0	9,27	14.578,01
	Concreto fck = 30 MPa brita 1 *slump* bombeável (10 cm) e lançamento com bomba	m3	14,3	445,16	6.365,72
6	**IMPERMEABILIZAÇÃO**				**13.493,53**
	Argamassa com adição de Vedacit e pintura com Neutrol para baldrames	m2	37,5	31,07	1.165,11
	Sistema com manta asfáltica Classe IV espessura 4 mm para laje de cobertura	m2	72,1	76,90	5.547,69
	Regularização da laje para impermeabilização	m2	72,1	44,50	3.210,02
	Proteção mecânica sobre camada separadora com tela de reforço	m2	72,1	49,50	3.570,72

FIG. 3.31 *Planilha analítica de custos dos serviços de uma edificação para abrigar um gerador de energia*

7	**ALVENARIAS**				**10.165,97**
	Alvenaria de embasamento com tijolo comum de 1/2 vez h = 30 cm	m2	9,9	87,01	861,44
	Parede em bloco de concreto aparente, 14 x 19 x 39 cm, com junta em amarração	m2	121,2	76,77	9.304,52
8	**PISOS**				**5.294,21**
	Preparo do terreno e compactação	m2	41,3	5,47	226,08
	Lastro de concreto magro	m2	41,3	38,53	1.591,46
	Piso de concreto armado fck = 30 MPa, e = 10 cm com lona plástica, tela Telcon Q92 e acabamento mecânico da superfície	m2	41,3	84,18	3.476,67
9	**ESQUADRIAS**				**11.250,00**
	Porta acústica 3,00 x 2,60	vb	1,0	11.250,00	11.250,00
10	**TRATAMENTO DE CONCRETO E PINTURAS**				**5.483,69**
	Latex acrílico sobre bloco aparente	m2	242,4	10,00	2.424,00
	Tratamento do concreto aparente e aplicação de verniz PU	m2	103,2	22,00	2.270,41
	Esmalte sobre porta acústica	m2	23,4	33,73	789,28
11	**LIMPEZA**				**226,08**
	Limpeza final da obra	m2	41,3	5,47	226,08
	TOTAL				**120.354,13**

Fig. 3.31 *(continuação)*

De posse da planilha de custos, da curva ABC e do prazo da obra, nesse caso considerado igual a três meses, é possível calcular os custos indiretos e o BDI. Aplicando o BDI sobre todos os custos unitários, são obtidos os preços unitários e, consequentemente, os preços totais de todos os serviços. Chega-se, então, à planilha de preços da Fig. 3.33.

No Anexo A, é mostrado também como o aumento do prazo de três para quatro meses impacta seus custos indiretos, seu BDI e, consequentemente, seu preço.

3.7 Cronograma – prazo

Conforme mencionado anteriormente, o cronograma e o orçamento são os itens mais importantes, quando não os únicos efetivamente usados, para a elaboração do planejamento de muitas obras.

3.7.1 Cronograma de barras

O diagrama mais usado é o cronograma de Gantt, também chamado de barras, como já comentado. Para elaborar um cronograma desse tipo, deve-se:

- identificar as atividades a serem executadas;
- definir o sequenciamento e as vinculações entre as atividades;
- estimar sua duração.

Curva A, B, C **31/07/18**

Serviços e insumos	Verbas	% serviço	% acumulada	Custo total
aço CA 50	19.905,53	16,54	16,54	120.354,13
forma	13.457,86	11,18	27,73	
concreto	12.954,45	10,77	38,49	
porta acústica 3,00 x 2,50	11.250,00	9,35	47,84	
ajudante	10.879,56	9,04	56,89	
impermeabilização	7.073,49	5,88	62,77	
pedreiro	6.560,64	5,45	68,22	
carpinteiro	6.271,77	5,21	73,43	
massa única múltiplo uso Votomassa	5.963,95	4,96	78,39	
armador	5.873,21	4,88	83,27	
pinturas	5.483,69	4,56	87,83	
contêiner	4.705,72	3,91	91,74	
bloco de concreto 14	3.151,20	2,62	94,36	
caçamba	1.849,75	1,54	95,89	
cimbramento	1.872.28	1,53	97,42	
arame recozido 18	716,29	0,60	98,02	
distanciador plástico	582,80	0,48	98,50	
tela Telcon Q92	508,22	0,42	98,92	
prego	476,84	0,40	99,32	
acabamento da superfície do concreto	413,00	0,34	99,66	
tijolo comum	381,15	0,32	99,98	
lona plástica	22,72	0,02	100,00	

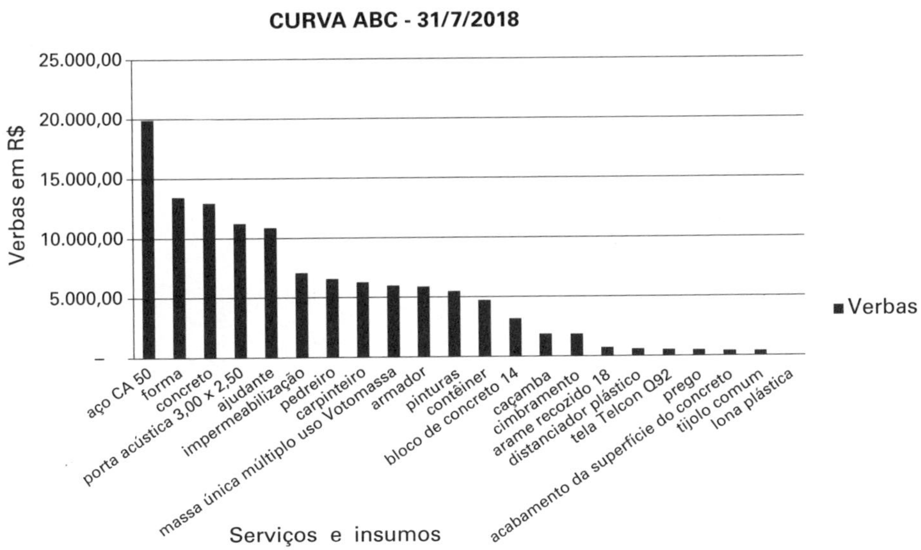

FIG. 3.32 *Curva ABC da casa do gerador*

CASA DO GERADOR
PLANILHA DE PREÇOS - PRAZO DA OBRA 3 MESES
SÃO PAULO - SP **31/07/18**

CÓDIGO	ESPECIFICAÇÃO DE SERVIÇOS	UN	QUANT.	VLR. UNIT.	VLR. TOTAL
1	**IMPLANTAÇÃO DO CANTEIRO**				**10.401,42**
	Mobilização e desmobilização do canteiro de obras	vb	1,0	7.440,88	7.440,88
	Caçamba para remoção de terra ou entulho	vg	6,0	489,79	2.960,53
2	**LOCAÇÃO DA OBRA**				**4.121,10**
	Locação da obra	m2	141,1	29,21	4.121,10
3	**FUNDAÇÕES**				**20.381,01**
3.1	SAPATAS				
	Escavação	m3	46,8	51,93	2.430,53
	Remoção de terra até a caçamba	m3	8,3	45,01	374,48
	Lastro de concreto magro	m2	17,6	60,93	1.071,18
	Forma	m2	11,8	188,70	2.226,70
	Aço CA 50 - admitindo 90 kg por m3 de concreto	kg	576,0	14,65	8.440,93
	Concreto fck = 30 MPa brita 1 e brita 2 *slump* convencional (6 cm) e lançamento manual	m3	6,4	542,70	3.473,27
	Reaterro	m3	52,5	45,01	2.363,91
4	**INFRAESTRUTURA**				**27.783,20**
4.1	BALDRAMES				
	Escavação manual	m3	12,8	51,93	664,76
	Remoção de terra até a caçamba	m3	5,9	45,01	266,89
	Lastro de concreto magro	m2	9,1	60,93	555,85
	Forma	m2	40,1	188,70	7.574,35
	Aço CA 50 - admitindo 90 kg por m3 de concreto	kg	414,0	14,65	6.066,92
	Concreto fck = 30 MPa *slump* convencional (6cm) e lançamento manual	m3	4,6	542,70	2.475,39
	Reaterro	m3	10,7	45,01	482,07
4.2	BASE DO GERADOR				
	Escavação manual	m3	5,1	51,93	263,83
	Remoção de terra até a caçamba	m3	5,1	45,01	228,20
	Lastro de concreto magro	m2	9,6	60,93	584,95
	Forma	m2	6,8	188,70	1.290,73
	Aço CA 50 - admitindo 90 kg por m3 de concreto	kg	351,0	14,65	5.143,69
	Concreto fck = 30 MPa brita 1 e brita 2 *slump* convencional (6 cm) e lançamento manual	m3	3,9	542,70	2.116,53
	Reaterro	m3	1,5	45,01	69,04

FIG. 3.33 *Planilha analítica de preços dos serviços de uma edificação para abrigar um gerador de energia*

5	**SUPERESTRUTURA**				**55.021,97**
	PILARES, VIGAS E LAJES				
	Forma com compensado plastificado 18 mm com pouco reaproveitamento	m2	135,2	140,38	18.979,95
	Cimbramento (A,B,C,D)	m2	55,9	52,28	2.924,91
	Aço CA 50 - admitindo 110 kg por m3 de concreto	kg	1.573,0	14,65	23.051,37
	Concreto fck = 30 MPa brita 1 *slump* bombeável (10 cm) e lançamento com bomba	m3	14,3	703,90	10.065,74
6	**IMPERMEABILIZAÇÃO**				**21.336,54**
	Argamassa com adição de Vedacit e pintura com Neutrol para baldrames	m2	37,5	49,13	1.842,32
	Sistema com manta asfáltica Classe IV espessura 4 mm para laje de cobertura	m2	72,1	121,60	8.772,24
	Regularização da laje para impermeabilização	m2	72,1	70,36	5.075,82
	Proteção mecânica sobre camada separadora com tela de reforço	m2	72,1	78,27	5.646,17
7	**ALVENARIAS**				**16.074,86**
	Alvenaria de embasamento com tijolo comum de 1/2 vez h = 30 cm	m2	9,9	137,59	1.362,15
	Parede em bloco de concreto aparente, 14 x 19 x 39 cm, com junta em amarração	m2	121,2	121,39	14.712,71
8	**PISOS**				**8.371,44**
	Preparo do terreno e compactação	m2	41,3	8,66	357,48
	Lastro de concreto magro	m2	41,3	60,93	2.516,49
	Piso de concreto armado fck = 30 MPa, e = 10 cm com lona plástica, tela Telcon Q92 e acabamento mecânico da superfície	m2	41,3	133,11	5.497,46
9	**ESQUADRIAS**				**17.788,97**
	Porta acústica 3,00 x 2,60	vb	1,0	17.788,97	17.788,97
10	**TRATAMENTO DE CONCRETO E PINTURAS**				**8.671,04**
	Latex acrílico sobre bloco aparente	m2	242,4	15,81	3.832,93
	Tratamento do concreto aparente e aplicação de verniz PU	m2	103,2	34,79	3.590,06
	Esmalte sobre porta acústica	m2	23,4	53,34	1.248,05
11	**LIMPEZA**				**357,48**
	Limpeza final da obra	m2	41,3	8,66	357,48
	TOTAL				**190.309,02**

FIG. 3.33 *(continuação)*

Identificadas as atividades, as vinculações entre o final de uma atividade e o começo da outra e seus tempos de execução estimados, lança-se o cronograma, conforme o exemplo da Fig. 3.34.

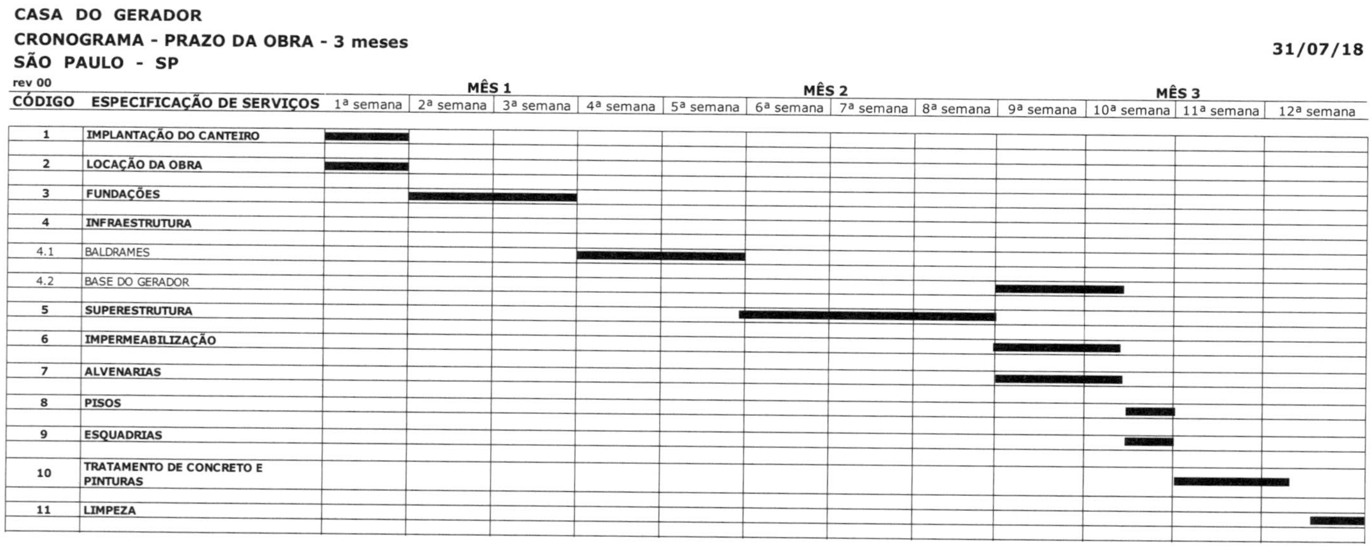

FIG. 3.34 *Cronograma das atividades de uma edificação para abrigar um gerador de energia*

Com o preço da obra e seu prazo, pode-se elaborar o cronograma físico-financeiro da obra, que indica a previsão dos desembolsos, como apresentado na Fig. 3.35.

Para que se entenda melhor o que é um cronograma, será analisado a seguir o cronograma parcial de um edifício em que os pilares do 9° pavimento já estão concretados e serão executadas as lajes e as vigas do 10° pavimento, as alvenarias do 3° pavimento e os contrapisos do 2° pavimento (Fig. 3.36).

Quando era estudante e um cronograma como este era colocado no quadro, em sala de aula, eu ficava desconfortável. Olhava e pensava: o que está faltando? Existe alguma coisa que não estou percebendo? Estava tudo bonito, mas eu continuava achando que alguma coisa faltava.

Quando comecei a trabalhar e tive que fazer um cronograma real é que percebi que faltavam as informações sobre os recursos para cumprir os prazos que estavam indicados.

No exemplo da Fig. 3.36 está definido que o ciclo de concretagem da laje do 10° pavimento, a execução das alvenarias do 3° pavimento e a execução do contrapiso do 2° pavimento deverão ser feitos no prazo de uma semana.

As perguntas que devem ser feitas imediatamente são:

* O que será necessário para que as atividades indicadas ocorram naquele prazo definido?
* Qual o efetivo (número de funcionários) necessário para que os serviços sejam executados no prazo?
* Quais os materiais necessários para executar os serviços programados?
* Quais os equipamentos necessários? Em outras palavras: como serão transportadas as formas, a armação, o concreto, os blocos e as argamassas necessárias?

O dimensionamento e a disponibilização dos recursos citados é que irão responder e garantir se o prazo imaginado de uma semana será atingido.

Fica muito claro que é possível definir o prazo, mas tem-se que dimensionar e disponibilizar os recursos compatíveis para que isso ocorra. Caso contrário, o cronograma indicado no papel será somente uma carta de intenções.

CASA DO GERADOR
CRONOGRAMA FÍSICO-FINANCEIRO
PRAZO DA OBRA - 3 meses
SÃO PAULO - SP
rev 00

31/07/18

CÓDIGO	ESPECIFICAÇÃO DE SERVIÇOS	VALOR TOTAL	MÊS 1				MÊS 2				MÊS 3			
			1ª semana	2ª semana	3ª semana	4ª semana	5ª semana	6ª semana	7ª semana	8ª semana	9ª semana	10ª semana	11ª semana	12ª semana
1	IMPLANTAÇÃO DO CANTEIRO	10.401,42	10.401,42											
2	LOCAÇÃO DA OBRA	4.121,10	4.121,10											
3	FUNDAÇÕES	20.381,01		10.190,51	10.190,51									
4	INFRAESTRUTURA	27.783,20												
4.1	BALDRAMES	18.086,23				9.043,12	9.043,12							
4.2	BASE DO GERADOR	9.696,97									6.464,65	3.232,32		
5	SUPERESTRUTURA	55.021,97						18.340,66	18.340,66	18.340,66				
6	IMPERMEABILIZAÇÃO	21.336,54									14.224,36	7.112,18		
7	ALVENARIAS	16.074,86									10.716,57	5.358,29		
8	PISOS	8.371,44										8.371,44		
9	ESQUADRIAS	17.788,97										17.788,97		
10	TRATAMENTO DE CONCRETO E PINTURAS	8.671,04											5.780,69	2.890,35
11	LIMPEZA	357,48												357,48
	TOTAL	190.309,02	14.522,52	10.190,51	10.190,51	9.043,12	9.043,12	18.340,66	18.340,66	18.340,66	31.405,58	41.863,20	5.780,69	3.247,83

FIG. 3.35 *Cronograma físico-financeiro das atividades de uma edificação para abrigar um gerador de energia*

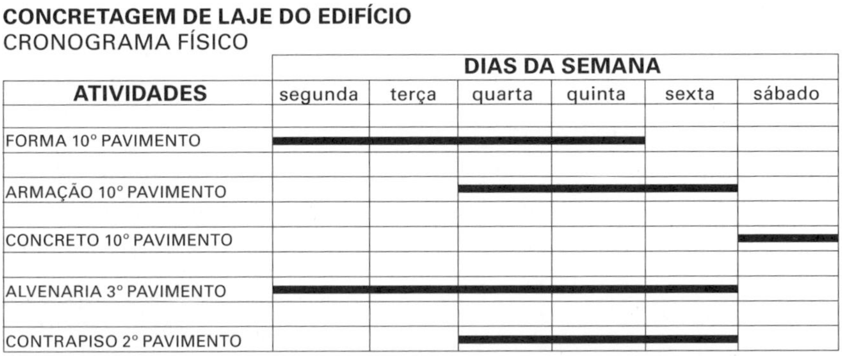

Fig. 3.36 *Cronograma parcial da execução de um edifício*

Muitas vezes, ao elaborar um cronograma, constata-se que não será possível atingir um prazo imaginado por não existirem os recursos necessários para tanto. É preciso, então, contentar-se com um prazo maior ou buscar outros recursos, como mostrado no Caso 19, relatado no Cap. 5.

No cronograma da Fig. 3.36, para dimensionar o número de funcionários necessários para executar os serviços indicados, é preciso calcular – ou buscar na planilha de custos diretos, que já deveria ter sido elaborada – as quantidades de cada um dos serviços a serem executados, conforme indicado a seguir na Fig. 3.37.

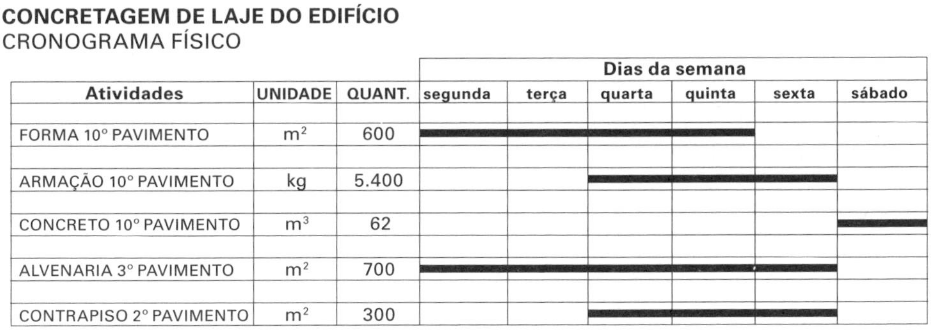

Fig. 3.37 *Cronograma parcial da execução de um edifício com a indicação das quantidades dos serviços a serem executados*

O passo seguinte é obter os índices de produtividade médios para calcular o número de funcionários (ou número de horas) necessários para executar os serviços no tempo indicado no cronograma. Esses índices são obtidos de medições feitas em obras anteriores – isso é o que se chama de experiência anterior –, como é o caso da Fig. 3.38, ou de tabelas como a TCPO (tabela de composição de preços para orçamento), da Editora Pini.

Índice de produtividade	
Formas - carpinteiro	1,00 hoh/m2
Armação - armador	0,03 hoh/kg
Armação - servente	0,03 hoh/kg
Alvenaria - pedreiro	0,90 hoh/m2
Alvenaria - servente	0,60 hoh/m2
Concreto - pedreiro	1,00 hoh/m3
Concreto - servente	2,00 hoh/m3
Contrapiso - pedreiro	0,80 hoh/m2
Contrapiso - servente	1,00 hoh/m2
Jornada de trabalho diário = 9 horas	

Fig. 3.38 *Índices de produtividade médios para a execução dos serviços*

Os referidos índices dependem dos equipamentos colocados à disposição da obra. Serão consideradas as condições e os equipamentos listados a seguir:

* há uma grua instalada na obra;
* o aço chegará à obra cortado e dobrado, restando somente sua montagem dentro da forma;
* a forma será fornecida pronta, desenvolvida por uma empresa especializada, de acordo com o projeto de formas da obra;
* o concreto será fornecido conforme especificado em projeto e com condições de trabalhabilidade, para o uso de bomba de concreto;
* os blocos de concreto para a execução da alvenaria serão entregues paletizados, com transporte vertical do caminhão diretamente para o andar de aplicação;
* a argamassa industrializada para o assentamento dos blocos está ensilada e será bombeada para o andar de aplicação;
* a argamassa industrial para o contrapiso está ensilada e será bombeada para o andar de aplicação.

Com essas informações, pode-se dimensionar as equipes necessárias para cumprir o cronograma, conforme indicado na Fig. 3.39 (ver também o Anexo C).

CONCRETAGEM DE LAJE DO EDIFÍCIO
HISTOGRAMA DE MÃO DE OBRA

		DIAS DA SEMANA					
	ATIVIDADES	segunda	terça	quarta	quinta	sexta	sábado
EQUIPE DE MÃO DE OBRA	FORMA 10° PAVIMENTO						
	carpinteiro	17	17	17	17		
	ARMAÇÃO 10° PAVIMENTO						
	servente			6	6	6	
	armador			6	6	6	
	CONCRETO 10° PAVIMENTO						
	servente						14
	pedreiro						7
	ALVENARIA 3° PAVIMENTO						
	servente	10	10	10	10	10	
	pedreiro	14	14	14	14	14	
	CONTRAPISO 2° PAVIMENTO						
	servente			7	7	7	
	pedreiro			5	5	5	
	TOTAL DE RECURSOS POR DIA						
	carpinteiro	17	17	17	17	0	0
	armador	0	0	6	6	6	0
	pedreiro	14	14	19	19	19	7
	servente	10	10	23	23	23	14
	TOTAL DA EQUIPE	**41**	**41**	**65**	**65**	**48**	**21**

Fig. 3.39 *Histograma de mão de obra*

A relação e as quantidades dos materiais necessários são dadas na Fig. 3.40. Agrupando as necessidades (a mão de obra, os materiais e os equipamentos), chega-se ao histograma da Fig. 3.41.

Nesse exemplo, que ocorre na maior parte dos edifícios, mostrou-se a necessidade fundamental de dimensionar e prover todos os recursos humanos, equipamentos e materiais para que o cronograma seja exequível, e não apenas uma carta de intenções.

ATIVIDADES	UNIDADE	QUANT.	DESCRIÇÃO	UNIDADE	QUANT.
FORMA 10° PAVIMENTO	m2	600	Jogo de formas	m2	600
			Reposição de materiais danificados	m2	40
			Cimbramento	m2	300
			Reescoramento	m2	300
			Pregos	kg	90
			Desmol	L	60
ARMAÇÃO 10° PAVIMENTO	kg	5.400	Aço CA 50 e CA 60	kg	5.400
			Arame recozido	kg	162
			Distanciadores	pç	540
CONCRETO 10° PAVIMENTO	m3	62	Concreto	m3	62
			Laboratório para ensaios tecnológicos	m3	62
ALVENARIA 3° PAVIMENTO	m2	700	Bloco de concreto 14 cm	m2	9.100
			Argamassa pronta para assentamento	kg	21.000
CONTRAPISO 2° PAVIMENTO	m2	300	Argamassa pronta para contrapiso	kg	18.000

FIG. 3.40 *Relação e quantidades dos materiais necessários*

3.7.2 MÉTODO DO CAMINHO CRÍTICO OU *CRITICAL PATH METHOD* (CPM)

Esse método é a base do MS Project, o cronograma mais utilizado atualmente, e auxilia a entender melhor como elaborar e como funciona um cronograma. Para entrar nesse assunto, é preciso considerar a correlação entre os custos diretos e o tempo de execução de uma atividade, como relatado em Antill e Woodhead (1968).

O problema dos custos diretos e do tempo de execução de uma atividade

Segundo esses autores, o custo direto de uma tarefa varia de acordo com diferentes combinações de métodos, equipamentos, tamanhos de equipes de trabalhadores e número de horas trabalhadas, conforme as curvas indicadas na Fig. 3.42.

A análise dessas curvas, a teórica (A) e a prática (B), indica que (Antill; Woodhead, 1968):

* existem várias maneiras de executar uma atividade;
* o *ponto normal* é o tempo necessário para fazer o trabalho com o menor custo direto possível;
* o ponto denominado *custo de aceleração* correspondente ao tempo mínimo mostra o custo direto mínimo para a realização do trabalho no tempo mais curto possível;

* a solução ótima para o projeto deve estar em algum ponto entre a solução do custo mínimo e a solução do tempo mínimo, pois dependerá dos custos indiretos e da necessidade do prazo de entrega da obra, conforme será comentado a seguir.

CONCRETAGEM DE LAJE DO EDIFÍCIO
HISTOGRAMA DE MÃO DE OBRA / MATERIAIS / EQUIPAMENTOS

		DIAS DA SEMANA					
	ATIVIDADES	**segunda**	**terça**	**quarta**	**quinta**	**sexta**	**sábado**
EQUIPE DE MÃO DE OBRA	FORMA 10º PAVIMENTO						
	carpinteiro	17	17	17	17		
	ARMAÇÃO 10º PAVIMENTO						
	servente			6	6	6	
	armador			6	6	6	
	CONCRETO 10º PAVIMENTO						
	servente						14
	pedreiro						7
	ALVENARIA 3º PAVIMENTO						
	servente	10	10	10	10	10	
	pedreiro	14	14	14	14	14	
	CONTRAPISO 2º PAVIMENTO						
	servente			7	7	7	
	pedreiro			5	5	5	
	TOTAL DE RECURSO POR DIA						
	carpinteiro	17	17	17	17	0	0
	armador	0	0	6	6	6	0
	pedreiro	14	14	19	19	19	7
	servente	10	10	23	23	23	14
	TOTAL DA EQUIPE	**41**	**41**	**65**	**65**	**48**	**21**
MATERIAIS	jogo de formas	600					
	reposição de materiais danificados	40					
	cimbramento	300					
	reescoramento	300					
	pregos	90					
	desmol	60					
	aço CA50 e CA60	5.400					
	arame recozido	162					
	distanciadores	540					
	concreto usinado						62
	laboratório para ensaio tecnológicos						62
	bloco de concreto 14 cm	9.100					
	argamassa pronta para assentamento	21.000					
	argamassa pronta para contrapiso		18.000				

Fig. 3.41 *Histograma de mão de obra, materiais e equipamentos*

EQUIPAMENTOS	elevador de obra	elevador de obra	elevador de obra	elevador de obra	elevador de obra	elevador de obra
	grua	grua	grua	grua	grua	grua
	-	-	-	-	-	caminhão betoneira
	-	-	-	-	-	bomba de concreto
	garfo para grua (blocos paletizados)	garfo para grua (blocos paletizados)	garfo para grua (blocos paletizados)	garfo para grua (blocos paletizados)	garfo para grua (blocos paletizados)	-
	silo e misturador para argamassa industrializada para assentamento	silo e misturador para argamassa industrializada para assentamento	silo e misturador para argamassa industrializada para assentamento	silo e misturador para argamassa industrializada para assentamento	silo e misturador para argamassa industrializada para assentamento	-
	silo e misturador para argamassa industrializada para contrapiso	silo e misturador para argamassa industrializada para contrapiso	silo e misturador para argamassa industrializada para contrapiso	silo e misturador para argamassa industrializada para contrapiso	silo e misturador para argamassa industrializada para contrapiso	-

Fig. 3.41 *(continuação)*

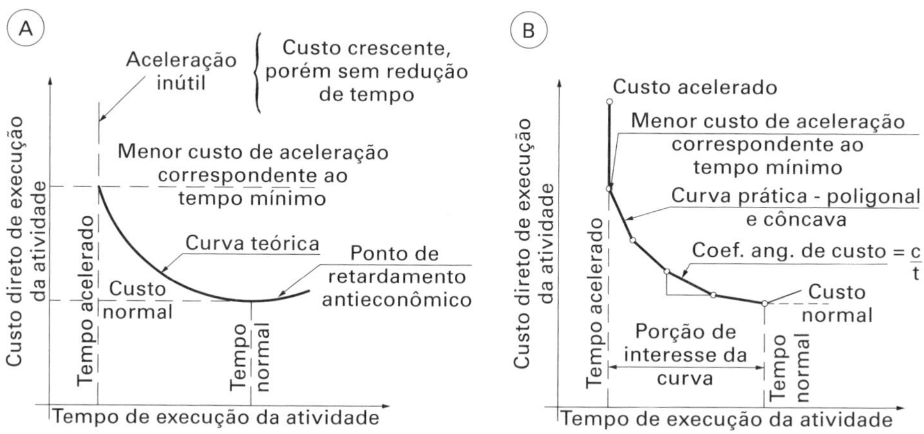

Fig. 3.42 *Custos diretos* vs. *tempo de execução da atividade*
Fonte: Antill e Woodhead (1968).

É possível, então, escolher executar a obra pela somatória de todos os menores custos diretos, pelos menores tempos ou no intervalo entre esses extremos.

Caso se queira acelerar uma obra, é possível aumentar os recursos de todas as atividades de acordo com as curvas, mas haveria um aumento exponencial de custos. Para evitar esse aumento, mas mesmo assim acelerar o prazo total da obra, tem-se que atuar nas atividades que são críticas para o prazo, o que é feito no CPM.

Os autores desenvolveram um diagrama (ou modelo), na forma de uma rede esquemática (Fig. 3.43), que mostra a relação entre as operações componentes e onde, entre outras questões, devem ser respondidas as seguintes:

* Quais atividades devem preceder esta atividade?
* Quais atividades devem seguir a esta atividade?
* Quais atividades podem ser feitas paralelamente a esta atividade?

Não será detalhado como se faz esse diagrama, pois isso pode ser estudado nos trabalhos mencionados na bibliografia.

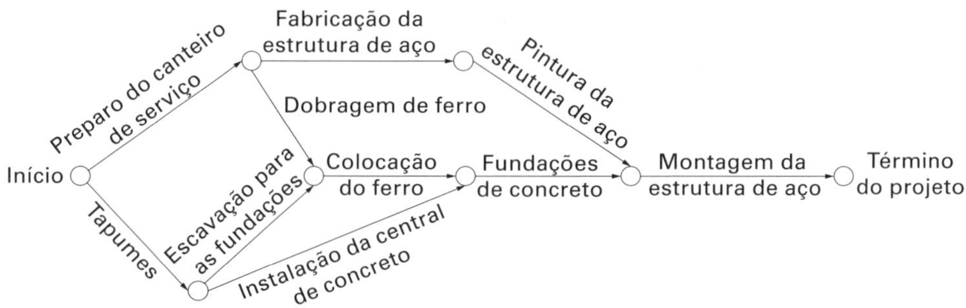

FIG. 3.43 *Diagrama reticular de um projeto simples, mostrando as operações componentes*
Fonte: Antill e Woodhead (1968).

Após sua elaboração, o diagrama identifica a sequência de atividades que não têm folga, ou seja, se uma delas atrasar, o projeto atrasará. Essa sequência de atividades que não têm folga é chamada de *caminho crítico*.

Exemplo

Imagine-se um edifício de concreto armado de 15 andares. A execução de pilares, vigas e lajes do segundo pavimento só pode ser iniciada, obviamente, depois da concretagem do primeiro pavimento, e assim sucessivamente até o 15° pavimento. Essa atividade não possui nenhuma folga. Caso se atrase a execução de um andar, o mesmo ocorrerá para todos os que virão a seguir.

A execução das alvenarias, por outro lado, depende da execução da estrutura. Seu início num determinado pavimento só pode acontecer depois da concretagem, da cura, da desforma das vigas e lajes e da retirada do reescoramento do pavimento que está logo acima.

Na execução dessa atividade, que, em geral, é mais rápida que a execução da estrutura, é possível escolher entre iniciá-la em um pavimento logo após a liberação do pavimento superior, com uma equipe pequena, ou iniciá-la depois, quando a estrutura estiver no 3° ou até no 8° pavimento, por exemplo, com equipes maiores. Portanto, ela tem folga para ser iniciada e concluída sem interferir no prazo final da obra.

A sequência de atividades que não têm folga, como no caso da execução da estrutura de um edifício, é onde se deve atuar caso se queira diminuir o tempo total da obra, considerando somente os custos diretos.

Assim, em um edifício com pilares, vigas e lajes de concreto e alvenarias de fechamento, a estrutura está entre as atividades críticas, e as alvenarias, de maneira geral, não, como indicado nos exemplos das Figs. 3.44 e 3.45.

Em obras mais complexas, no entanto, pode não ser tão evidente quais atividades estão no caminho crítico e podem ser aceleradas para diminuir o prazo total da obra. A elaboração do diagrama do CPM possibilita identificá-las.

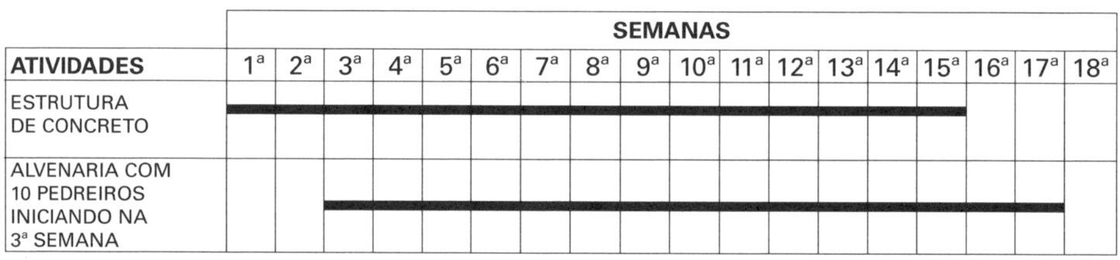

FIG. 3.44 *Alvenarias sendo iniciadas no 3° pavimento em seguida à execução da estrutura*

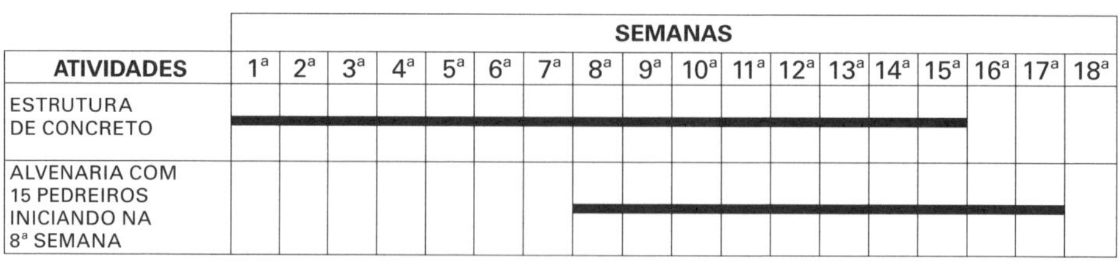

FIG. 3.45 *Alvenarias sendo iniciadas no 3° pavimento quando a estrutura está no 8° pavimento*

Conforme mencionado anteriormente, o custo total da obra é a soma dos custos diretos com os custos indiretos, que são compostos, por exemplo, de sua direção técnica e dos custos de consumo, os quais variam linearmente com o tempo. Quanto mais tempo demora a obra, maior é seu custo indireto, como pode ser visto na Fig. 3.46.

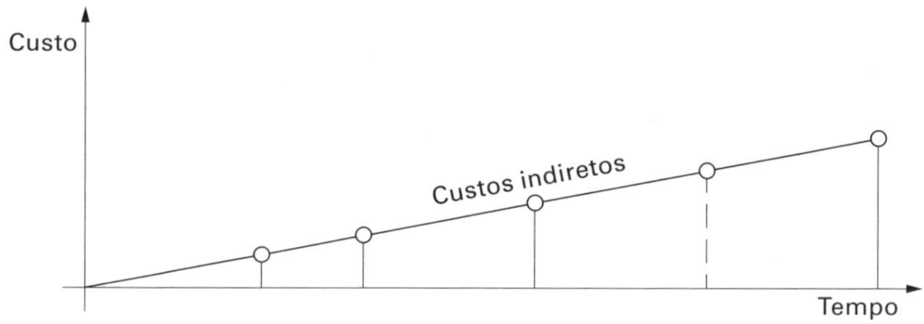

Fig. 3.46 *Custo indireto* vs. *tempo*

Para chegar à solução normal de um projeto, é necessário examinar várias alternativas até que esta seja alcançada, sem levar em conta a duração do projeto. Deve-se obter, então, para várias alternativas, os menores custos diretos para o projeto para uma duração específica, denominadas soluções ótimas.

O cálculo dessa série de soluções ótimas permite traçar a curva efetiva do custo direto *vs.* tempo do projeto.

O custo total é a soma dos custos diretos indicados nessa curva com os custos indiretos, conforme mostrado no gráfico da Fig. 3.47.

A curva da soma dos custos diretos com os custos indiretos mostra como evolui o custo total da obra, que é o que interessa, e o prazo ideal, que leva à solução mais econômica, para executá-la. Ela indica também que, caso se queira executar uma obra com um prazo menor que o ideal, seu custo vai aumentar.

Da mesma forma, é possível observar que obras executadas em prazos maiores que o ideal (por falta de caixa, por exemplo) ficam mais caras, uma vez que os custos indiretos são maiores.

Entretanto, muitas vezes o prazo de que o Cliente precisa é menor que esse tempo ideal planejado para a obra. É comum, por exemplo, que um shopping, uma indústria ou uma escola definam que vão necessitar de um edifício para implantar novas lojas ou para instalar um novo equipamento (por exemplo, um laminador, um forno, uma caldeira, um gerador) ou novas salas de aula (para o início de um novo curso, com aumento do número de alunos) em uma determinada data, quando os eventos já estão em processo.

Frequentemente a necessidade do novo espaço foi detectada há muito tempo e vem sendo discutida dentro da organização, passando por seus diversos departamentos, e, quando finalmente a decisão de executar a obra é tomada, ela já está atrasada em relação ao tempo ideal para sua execução.

Nesse momento, com a data de término necessária definida, os envolvidos são acionados para a compra do equipamento, a contratação dos projetos e as aprovações nos órgãos legais, e, via de regra, o prazo que sobra para a execução da obra é menor que o adequado.

Nessas condições, conforme mencionado, embora para um tempo menor de obra o custo indireto seja menor, são necessárias providências que aumentam os custos diretos numa proporção maior, gerando, consequentemente, um custo total maior, como pode ser verificado na Fig. 3.47.

Portanto, ao elaborar o orçamento, é fundamental que seja estudado um cronograma, mesmo que preliminar, para que os prazos dos diversos serviços sejam convenientemente considerados, uma vez que, caso esses

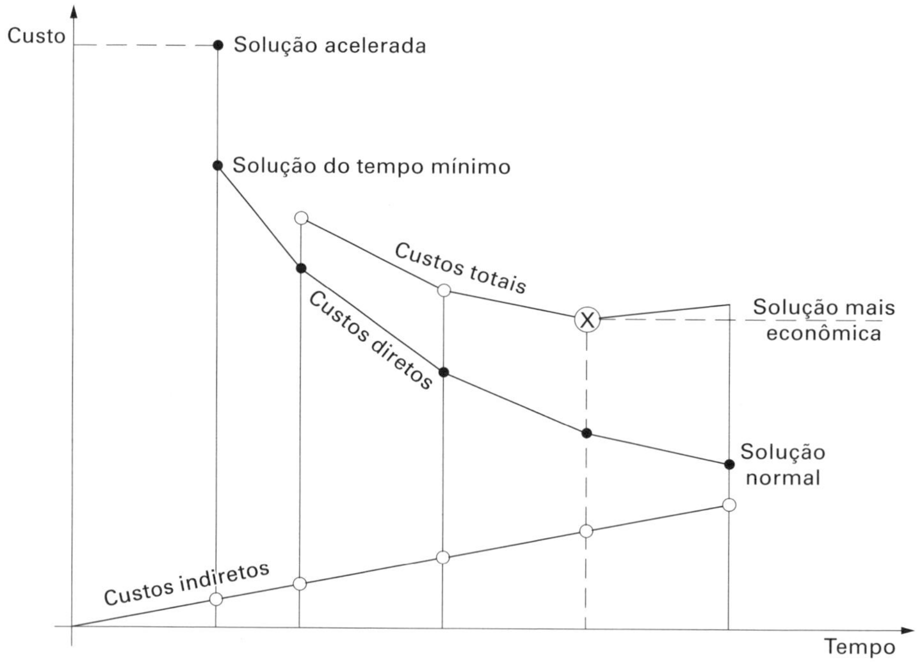

Fig. 3.47 *Gráfico da evolução do custo total de uma obra*

serviços tenham que ser executados em prazos menores que seu prazo normal, seus custos diretos e, provavelmente, seu custo total aumentarão.

3.8 QUALIDADE DA OBRA

Segundo o Project Management Institute (PMI, 2017), qualidade é "o grau em que um conjunto de características inerentes atende aos requisitos (ISO 9000)". Em minha experiência com clientes, arquitetos e envolvidos, a qualidade tem aspectos objetivos e subjetivos. Os aspectos objetivos são aqueles normatizados e que podem ser medidos, tais como:

* a resistência do concreto e do aço e a ausência de porosidade das soldas;
* a precisão da geometria da estrutura de concreto em relação ao projeto de formas, o prumo, o esquadro e a planicidade das paredes e dos pisos.

Os aspectos subjetivos são aqueles que estão na mente do comprador, do proprietário ou do usuário de uma obra.

Ao comprar um carro, pode-se ir até uma concessionária, olhar o modelo, conferir seu *design* e sua cor, sentar-se ao volante e dirigir o veículo, ou seja, conferir todas as suas características antes de tomar a decisão de comprá-lo ou não. O mesmo não ocorre ao construir uma casa ou comprar um apartamento na planta para morar, uma vez que o produto só existe no papel, no máximo numa maquete.

Atualmente há recursos de computador que permitem uma excelente visualização e programas que possibilitam fazer uma viagem virtual dentro do imóvel, que pode dar uma boa visão do que se está comprando. Entretanto, essa visão continua sendo apenas uma visão, porque o objeto real só será materializado quando a construção estiver pronta.

Dessa maneira, aprendi que é fundamental, para evitar decepções do Cliente, andar com ele sempre que possível na obra em execução, detalhando o melhor possível sobre o que está sendo feito e como vai ficar; mostrar a ele, por exemplo, qual será a vista de sua sala e a localização de seu banheiro, evidenciar a forma da futura escada, preparar amostras dos revestimentos das fachadas para sua escolha, chamar sua atenção para como ficará o concreto aparente, a fachada de tijolos à vista, o tamanho dos ambientes e as fachadas com maior incidência de sol.

Essa providência auxilia o futuro usuário a entender melhor o que vai receber e a corrigir eventuais itens que ele não havia percebido, ajudando, enfim, a balizar sua expectativa, de forma a evitar choques na entrega da obra.

3.9 TOMADA DE PREÇOS E LICITAÇÃO

Com o orçamento básico e o cronograma preliminar, pode-se proceder à tomada de preços ou à licitação da obra.

3.9.1 TOMADA DE PREÇOS

Nas obras particulares, de maneira geral, o Gerenciador contratado pelo Cliente faz um convite para empresas, que de preferência devem ter experiência na execução de obras equivalentes à obra a ser executada.

As obras de empresas privadas são, muitas vezes, contratadas em etapas, separando obras civis, instalações elétricas e hidráulicas, elevadores e ar-condicionado etc. Os contratos de cada etapa devem prever as interferências com as outras etapas, de modo a evitar problemas. Essa prática, embora não seja ideal, em minha opinião, permite que a obra seja iniciada antes da conclusão final dos projetos.

De maneira geral, o convite tem um edital com as premissas requeridas, sendo solicitados dois envelopes. Num deles, a proponente deve encaminhar os documentos que comprovam a experiência e a saúde financeira da empresa, tais como:

- ato constitutivo da empresa (contrato social ou estatuto e seus aditivos) devidamente registrado e acompanhado dos documentos dos representantes legais;
- prova de inscrição no cadastro das pessoas jurídicas;
- prova de inscrição no cadastro de contribuintes, estadual ou municipal, pertinente a seu ramo de atividade;
- certidões negativas de débitos de tributos federais, estaduais e municipais;
- certidão de regularidade junto ao Fundo de Garantia do Tempo de Serviço (FGTS);
- certidão negativa de ações trabalhistas (validade de 30 dias) – em havendo processos em andamento, certidão de distribuição e de objeto e pé de todos os processos (validade de 30 dias);
- certidão negativa de débitos trabalhistas (validade de 30 dias);

* certidão negativa de protestos (validade de 5 dias);
* certidão negativa de distribuição de ações cíveis, executivos fiscais, municipais e estaduais, juizados especiais cíveis, de pedido de falência, concordatas, recuperações judiciais e extrajudiciais e ações criminais (validade de 30 dias) – em havendo processos em andamento, certidão de distribuição e de objeto e pé de todos os processos (validade de 30 dias);
* certidão negativa de distribuição da Justiça Federal (validade de 30 dias) – em havendo processos em andamento, certidão de distribuição e de objeto e pé de todos os processos (validade de 30 dias);
* apólice de seguro dos funcionários de terceiros;
* seguro de responsabilidade civil;
* certidão de registro do CREA da empresa e dos responsáveis técnicos;
* balanço patrimonial dos últimos dois anos.

No segundo envelope, deve ser encaminhado o orçamento da proponente, bem como outras informações que são relevantes para o contrato:

* carta-proposta padrão;
* planilha de orçamento;
* planilha de omissos;
* cronograma físico e financeiro, que deverá ser dividido em períodos semanais;
* descrição dos métodos construtivos que serão empregados para a execução da obra e para a sequência do andamento dos serviços;
* projeto do canteiro de obras, indicando as áreas construídas e a localização no terreno;
* organograma da equipe da obra com a indicação do Engenheiro-chefe;
* currículo do Engenheiro-chefe residente do canteiro e do Mestre ou Encarregado Geral;
* detalhamento da tabela de encargos sociais;
* detalhamento do BDI (Benefícios e Despesas Indiretas);
* lista de preços de mão de obra, incluindo o BDI e encargos sociais;
* declaração de vistoria;
* declaração de concordância com os projetos.

Normalmente, no início dos trabalhos, o Gerenciador deve elaborar um orçamento da obra que servirá de base para avaliar os orçamentos que serão feitos pelos concorrentes.

O Cliente deve fornecer aos proponentes os projetos, incluindo os memoriais descritivos, a planilha analítica com os itens que compõem o orçamento, o cronograma preliminar e eventuais outros itens que sejam importantes para calcular todos os custos e preços dos serviços. A planilha deve ser fornecida, de preferência, sem as quantidades e os preços dos diversos serviços, os quais devem ser calculados por cada uma das empresas concorrentes. Para facilitar o trabalho de equalização das propostas, o Gerenciador deve exigir que ela seja preenchida sem modificações.

No edital enviado aos proponentes, deve-se indicar um canal, normalmente o próprio Gerenciador, para esclarecer eventuais dúvidas que possam surgir quando estiverem fazendo seu orçamento. De modo geral, essas dúvidas são as listadas a seguir:

- divergências entre a planilha fornecida, os projetos e os memoriais;
- não entendimento dos desenhos;
- falta de desenhos de projetos.

Os esclarecimentos das dúvidas apresentadas por um proponente devem ser encaminhados para todos os outros, para que se tenha certeza de que todos estão orçando a mesma coisa.

Caso ainda existam dúvidas quanto a quantidades, especificações ou serviços não relacionados na planilha fornecida pelo Cliente, fato bastante comum, o proponente deve especificá-las e quantificá-las em uma planilha separada, chamada de *planilha de serviços omissos*. Essa providência é importante para simplificar a análise da planilha fornecida, mais completa e, portanto, com muitos itens.

A entrega das propostas geralmente é marcada para uma determinada data e deve ser feita em envelopes lacrados, que serão abertos pelos representantes do Cliente e seu Gerenciador.

De maneira geral, o envelope 1, que trata da documentação e da saúde financeira dos proponentes, deve ser analisado primeiro. Se as condições forem aprovadas, ele estará apto a continuar no processo; caso contrário, estará reprovado e não poderá continuar. Neste caso, o concorrente estará eliminado e seu segundo envelope deverá ser devolvido sem ser aberto. Definidos os concorrentes aptos a continuar, procede-se à abertura do segundo envelope, que contém a planilha e os preços.

Após a abertura das propostas, devem ser feitas sua análise e equalização cuidadosas, avaliando se as especificações, as quantidades e os preços indicados nas planilhas estão de acordo com o projeto e verificando se as dúvidas e os serviços indicados na planilha de omissos procedem, de forma a chegar a uma planilha cujas especificações dos serviços, quantidades e preços sejam os mais próximos da realidade.

Depois dessa análise, o Gerenciador, de posse da planilha equalizada, deve pedir às construtoras a confirmação, ou não, dos eventuais itens que possuam especificações, quantidades e/ou preços discrepantes, para que a empresa possa fazer sua correção ou confirmar o que está indicado em sua proposta. Dessa maneira, esse orçamento revisado é aquele com o qual a Construtora está de pleno acordo, o que evita problemas futuros, no caso de ter havido erros de avaliação ou interpretação quando da elaboração da proposta.

Posteriormente a esse trabalho, os preços totais de dois ou três concorrentes ficam, em geral, muito próximos, com diferenças da ordem de 2% a 5%, permitindo que o Cliente, na prática, escolha a Construtora que julgar mais adequada.

Cumpre ressaltar que, com um preço justo e o desejo de concluir a obra no prazo e com qualidade, o Cliente e o Gerenciador devem, nesse momento, avaliar o real interesse da Construtora em fazer a obra, verificando, por exemplo, se ela está com muito ou pouco serviço e se haveria a disponibilidade de uma equipe técnica adequada (Engenheiro, Mestre, encarregados), no caso de ser escolhida.

Para exemplificar essa situação, recordo-me de uma concorrência da qual a Construtora onde eu trabalhava participou. Tratava-se de uma escola para a qual já havíamos feito uma obra, em que tudo havia corrido muito bem.

Após terem sido feitos todos os trabalhos na tomada de preços, fomos chamados para conversar. Depois de uma breve negociação e de um acordo sobre o valor da obra, o Presidente da Companhia disse:

– Agora vou fazer a exigência final: o contrato é de vocês se o Mestre de Obras for o Sr. Moacir.

O Sr. Moacir Alves de Lima era um de nossos melhores mestres, simpático e comunicativo, e, além de ter conduzido a obra anterior de forma exemplar, tinha sido muito importante pela ajuda que dera com os funcionários da Construtora, na mudança física da escola.

– Claro, sem problemas – respondemos prontamente o Diretor da Construtora e eu. – O Sr. Moacir será o Mestre.

Fica evidente, portanto, para os que entendem do assunto, a importância das pessoas que vão compor a equipe que executará a obra. O passo seguinte é convidá-las para uma negociação.

Em minha opinião, não se deve fazer leilão entre as construtoras e "espremê-las" acima de seu limite, uma vez que, em geral, um contrato de construção é de longa duração, e a experiência mostra que há sempre a possibilidade de mudanças no projeto durante a execução da obra. Nesse caso, o proponente, se tiver sido "apertado" no momento da contratação, "puxa a faca" e se vinga empurrando preços muito superiores aos razoáveis para os serviços modificados.

3.9.2 Licitação ou concorrência pública

A instituição fornece os elementos necessários para executar a obra – os projetos, os memoriais, as planilhas e o cronograma – por meio da publicação de um edital. Nesse caso, as planilhas são fornecidas completas, com as quantidades e os preços unitários e totais.

Na data da apresentação, a Construtora entrega os documentos e os atestados solicitados e apresenta seu preço, que, de acordo com a Lei nº 8.666, não pode exceder o valor indicado no orçamento publicado pelo órgão. Ganha a concorrência quem estiver com toda a documentação em ordem e ofertar o menor preço. Ao contrário do que acontece nas obras particulares, não há, portanto, a possibilidade de qualquer tipo de análise, avaliação ou negociação.

Uma questão sempre levantada é por que a maioria das obras públicas custa mais caro que o valor orçado e o mesmo não ocorre com as particulares. A necessidade legal de colocar em concorrência a obra completa requer que o projeto todo esteja pronto na ocasião da licitação, e o problema já começa aqui. Muitas vezes, os projetos não estão completos, prontos e detalhados e, consequentemente, não estão em condições de ser orçados. No entanto, por pressões de prazo, o orçamento é feito com base em um pré-projeto, que não é o executivo, e a obra é licitada.

De modo geral, as construtoras não fazem seu orçamento detalhado e ainda dão um desconto baseado na vontade ou na necessidade de realizar a obra. Esse desconto deixa o preço da obra muito perto de seu custo, quando não abaixo dele, o que implica dificuldades em sua execução.

Entre a licitação e o início da obra, que demora, no mínimo, quatro meses, o projeto frequentemente prossegue e vai sendo detalhado, de maneira que, quando a obra começa, há um projeto licitado e o projeto executivo detalhado a ser executado. Na maioria das vezes, o projeto executivo possui detalhes e soluções que não estavam contemplados no projeto utilizado para elaborar o orçamento.

Por exemplo, participei de um orçamento em que o anteprojeto de arquitetura indicava a instalação de painéis pré-moldados nas fachadas de um edifício. O Projetista Estrutural não considerou adequadamente o assunto, não calculou nem detalhou o sistema de fixação, que deveria ser executado com uma estrutura metálica auxiliar.

Solicitei o orçamento para a execução dos painéis pré-moldados junto a uma empresa especializada, que forneceu seu preço, mas não chamou a atenção para o fato de que seria necessária uma estrutura metálica para a fixação dos painéis, a qual não fazia parte do escopo de seu fornecimento.

O orçamentista da instituição, não tendo o projeto executivo, recebeu o orçamento e considerou os painéis, mas também não detectou a necessidade da referida estrutura metálica.

Dessa maneira, aquela estrutura absolutamente necessária para a montagem dos painéis não foi levada em conta no orçamento. Logo no início dos trabalhos, a Construtora registrou sua falta e, como sempre acontece, já começou a pleitear o aditivo para executá-la.

O assunto é recorrente porque as empresas, ao analisarem os projetos, mesmo quando observam suas falhas e percebem que mudanças serão necessárias, não as informam à instituição na época da concorrência, com o intuito de, *a posteriori*, melhorar o valor do contrato.

Em resumo, tentarão arrumar o preço da obra com aditivos a serem pleiteados. Ocorre que, muitas vezes, a Construtora não consegue obter os aditivos que imagina e passa a ter extrema dificuldade em executar os serviços, pois ninguém gosta de perder dinheiro.

Conclusão: projetos incompletos levam a orçamentos incompletos, e as construtoras dão descontos elevados para oferecer o menor preço de forma a vencer a licitação, contando com a possibilidade de obter aditivos para melhorar o valor do contrato.

A existência de serviços adicionais em obras é muito comum e acaba sendo regra. É causada, como mencionado, por falhas ou modificações nos projetos e, consequentemente, por falhas na contratação dos serviços. Quando o projeto e o processo de contratação são bem-feitos, os aditivos são minimizados ou mesmo inexistentes, como na maioria das obras particulares.

3.10 Contratação da obra

Após a escolha da Construtora, é necessário elaborar o contrato e proceder à sua assinatura.

3.10.1 Contratos

De maneira geral, um contrato tem os seguintes itens:

* definição do contratante e do contratado;
* objeto;
* valor;
* prazo de vigência;
* obrigações do contratante e do contratado;
* foro.

Os contratos utilizados na execução de obras podem ser por empreitada ou por administração, os quais são detalhados a seguir.

Contrato por empreitada

Os contratos por empreitada podem ser dos seguintes tipos:

* empreitada a preço global;
* empreitada a preços unitários;
* empreitada de mão de obra.

Empreitada a preço global

Nesse tipo de contrato, o valor global negociado é o que valerá. Os riscos econômicos ficam com o Construtor, ou seja, se a obra ficar mais cara ou mais barata do que o previsto, é responsabilidade dele. É um contrato adequado para obras com projeto definido e com pouca possibilidade de mudanças.

Empreitada a preços unitários

É equivalente ao contrato anterior, mas o valor total da obra é estimado, sendo feitas medições dos serviços executados. É adequado para obras ou serviços que não têm projeto bem definido e, portanto, estão sujeitos a mudanças.

Empreitada de mão de obra

Como o nome diz, é um contrato em que o proponente fornece somente a mão de obra para a execução. Pode ser a preço global ou a preços unitários e é bastante utilizado na execução principalmente de edifícios nos quais a repetição permite o cálculo mais preciso dos valores dos serviços.

Contrato por administração

Nesse tipo de contrato, também chamado de *contrato por obra a preço de custo*, estabelece-se uma remuneração para o Construtor baseada em um percentual, combinado entre as partes, aplicado sobre as despesas incorridas na obra. Esse percentual pode variar entre 6% e 14%, dependendo do valor da obra e do tempo de execução. O risco econômico é do proprietário.

Esse contrato é adequado quando existe forte confiança entre o contratante e o contratado, uma vez que, quanto mais se gasta na execução dos serviços, maior é a remuneração da Construtora.

A remuneração da Construtora pode também ser feita à base de honorários pré-fixados. Nesse caso, como o nome diz, realiza-se o orçamento, define-se o valor previsto para a obra e aplica-se então o percentual combinado, e o valor resultante é pago em parcelas de acordo com o andamento da obra. Dessa maneira, a remuneração não mais depende do valor apurado da obra, o que elimina a questão mencionada anteriormente.

Deve-se observar que, tanto nos contratos por empreitada como nos contratos por administração, a responsabilidade técnica é sempre do Construtor. Outra questão a ser mencionada é que não se deve confundir o contrato por administração com a atividade de gerenciamento da obra. O gerenciamento não deve envolver a execução de nenhuma atividade, pois elas são atribuição da Construtora contratada. O exemplo a seguir mostra os problemas decorrentes de o Gerenciador querer executar serviços.

A Construtora em que trabalhava foi contratada para executar as fundações, a estrutura, a cobertura, as alvenarias, os revestimentos e os forros de um auditório.

O contrato foi feito de modo parcial, pela necessidade de iniciar a obra, uma vez que os projetos das instalações elétricas e hidráulicas e de ar condicionado não estavam finalizados. A ideia era que, assim que os referidos projetos ficassem prontos, nós os orçaríamos e provavelmente os executaríamos.

Quando os projetos saíram, no entanto, o Engenheiro que gerenciava a obra resolveu "mostrar serviço", contratando diretamente as instalações elétricas, hidráulicas e de ar condicionado, para não pagar o BDI da Construtora sobre eles. O resultado foi dos piores possíveis, como se poderia imaginar, pois diversos serviços a cargo da Construtora, como a execução dos forros e dos revestimentos, dependiam da execução das instalações que ficaram a cargo do Gerenciador.

O que aconteceu foi que, pela falta de agilidade nas contratações e por atrasos em sua execução, os serviços contratados pelo Gerenciador não permitiam que a Construtora concluísse os serviços que eram de sua responsabilidade, atrasando a obra como um todo. Além disso, ocorreram problemas como o seguinte: as máquinas de ar condicionado, adquiridas pelo Cliente, chegaram à obra num sábado, e, embora o pessoal da Construtora estivesse trabalhando, não tinha conhecimento nem autorização para receber os equipamentos. Como consequência, foram devolvidos.

Em outra oportunidade, o Gerenciador cobrou numa reunião que apresentássemos um cronograma, e eu disse que era ele quem deveria fazê-lo, porque nós éramos apenas um dos subempreiteiros da obra. Ele não gostou nada disso...

Resultado: a obra atrasou consideravelmente, e o barato saiu caro tanto para o Cliente quanto para a Construtora.

3.10.2 Considerações sobre o contrato

Muitas vezes, depara-se com contratos extensos, pouco claros e redundantes. Parece que já nasceram complicados, e, ao longo do tempo, os advogados ou administradores foram incluindo mais garantias, mais cláusulas, muitas vezes conflitantes entre si, deixando-os ainda mais extensos e repetitivos.

Em outras ocasiões, o contrato demora para ser concluído porque sai do advogado do Cliente e o advogado da Construtora não concorda, ficando naquele vaivém de troca de e-mails que não termina nunca...

Não acho isso produtivo e o contrato não vai garantir integralmente nenhuma das partes. O que se observa na prática é que, quando se precisa recorrer à leitura e à aplicação de um contrato, a "vaca já foi para o brejo". Em outras palavras, contrato bom é aquele que fica guardado no arquivo.

Na realidade, como é óbvio, o importante é contratar serviços com empresas do ramo, idôneas e honestas, com porte compatível e experiência naquele tipo de obra. Em diversas situações, contratei vários subempreiteiros para a execução de serviços em obras que eu conduzia só com um pedido e praticamente nunca tive problemas sérios. É claro que eram fornecedores conhecidos e de confiança.

Executei também algumas obras por administração sem contrato para clientes que confiavam na empresa em que eu trabalhava. Houve até um caso em que tivemos que fazer um contrato com data retroativa, depois de a obra já estar pronta, apenas para podermos receber seu financiamento.

Dessa maneira, ao contratar uma obra ou serviço, mais importante que tentar garantir-se com extensas cláusulas no contrato é avaliar e conhecer o contratado, tomar suas referências, verificar sua situação econômica e aferir sua idoneidade.

3.11 Execução da obra

Contratada a Construtora, o Gerenciador do Cliente "passa a bola" para a Construtora e o jogo passa a ser controlado por sua equipe, que vai dar o tom da obra.

Uma boa Construtora deve indicar uma equipe competente e com experiência naquele tipo de obra. Por exemplo, se for uma obra com muito acabamento, o Engenheiro e o Mestre devem ser bons nisso, e o mesmo ocorre se for mais pesada, com muita estrutura. Uma equipe responsável, bem-intencionada e experiente faz a obra avançar de forma adequada. Ela deve cuidar com esmero da qualidade dos serviços, do prazo e dos custos. Nesse caso, o trabalho do Gerenciador ou Fiscal fica mais fácil.

3.11.1 Execução da obra do ponto de vista do Engenheiro de Campo

O objetivo do Engenheiro-Residente, responsável pela direção técnica da obra, é obter um produto (a obra) de acordo com o que foi projetado, dentro do prazo estabelecido e dos custos previstos e com a qualidade esperada. Deve-se esperar que, atingidos esses objetivos, a Construtora, todos os envolvidos (*stakeholders*), e o Cliente fiquem satisfeitos e a empresa contrate ou recomende a Construtora para futuros outros clientes, podendo assim se manter no mercado.

Para cumprir seu objetivo, o Engenheiro-Residente precisará montar uma equipe competente e entrosada, que normalmente é composta dos seguintes profissionais:

* um ou mais engenheiros;
* um Mestre ou Encarregado Geral;
* encarregados de carpintaria, de armação, de concreto e de pedreiros;
* Técnico de Segurança;
* Auxiliar Administrativo;
* Apontador.

Para exercer adequadamente seu papel, ele deve:

* conhecer o projeto a fundo e estar de acordo com as soluções técnicas propostas;
* acompanhar todas as atividades técnicas e administrativas;
* evitar a armadilha de se envolver em papelada burocrática somente no escritório da obra.

Este é um ponto que considero também muito sério. As empresas cobram de seus engenheiros de campo a elaboração de muitos papéis, tais como relatórios de andamento, de custos e de prazos, assim como o preenchimento de formulários sobre a qualidade (Programa Brasileiro da Qualidade e Produtividade do *Habitat* – PBQP-H) e a segurança.

Além disso, ele tem que fazer as medições dos serviços, negociar e contratar subempreiteiros, resolver problemas de projetos e realizar reuniões com a Fiscalização na obra e na sede da empresa.

Conclusão: sob a pressão dessas atividades e dessa papelada muito cobrada pelos pares e pelos superiores do escritório central, o Engenheiro acaba deixando de acompanhar tecnicamente os serviços, delegando a condução da obra para o Mestre e até mesmo para os estagiários. Ele vai todo dia ao canteiro, mas acaba não indo ao campo para verificar os serviços em andamento. Essa não é, evidentemente, uma prática boa, pois os riscos de erros aumentam substancialmente.

Quando isso ocorre, a obra perde a supervisão de quem tem ou deveria ter a experiência e a responsabilidade sobre o trabalho. Os relatórios podem ficar bem-feitos, porém a obra provavelmente ficará pouco cuidada. Ficamos, como diz o ditado, "bons de termômetro e ruins da febre".

Esse não é, de forma alguma, um procedimento adequado para quem deseja uma obra andando bem e com qualidade. A direção das empresas deve prestar atenção a este assunto: se o Engenheiro fica sobrecarregado com a burocracia, preenchendo formulários e relatórios, quem cuida da obra?

Os documentos dos programas de qualidade devem ser os mais gerais e em menor quantidade possível, para que sejam utilizados como instrumentos efetivos de controle do trabalho, e não meros documentos para encher arquivos. O registro de uma inconformidade deve servir para que não se esqueça de sua reparação e para que o responsável corrija o procedimento falho.

Gostaria aqui de contar uma conversa que me marcou e me ajudou pelo resto de minha vida profissional, quando comecei a trabalhar como Engenheiro-Residente.

Agendei uma reunião com um Arquiteto sênior chamado Enrico Miele, de uma empresa que havia projetado uma obra que eu estava executando, para tirar dúvidas sobre a realização de alguns serviços.

Os projetos dessa empresa eram muito bem-feitos e compatibilizados. Ela tinha uma ótima equipe com todas as disciplinas – arquitetura, estrutura e instalações –, e havia uma boa compatibilização de todos os projetos.

Esse Arquiteto sênior possuía muita experiência e, na reunião, mostrou-me que minhas dúvidas teriam sido dirimidas se eu tivesse estudado os projetos de modo detalhado, uma vez que praticamente todas as informações de que precisava estavam nos desenhos.

Percebendo que eu era um novato, pacientemente conversou comigo, recomendando a necessidade ou o dever do Engenheiro responsável por uma obra de estudar e conhecer muito bem todos os projetos.

– É o tempo mais bem utilizado por um Engenheiro de Campo – disse-me ele.

Aprendi essa lição e passei a estudar os projetos em profundidade, e os resultados sempre foram bons.

Dessa maneira, quando se iniciam os trabalhos, o Engenheiro de Campo deve estudar o projeto detalhadamente, entender suas premissas básicas e ficar de acordo com o que vai ser executado. A Construtora, cumpre lembrar, é responsável pela execução dos serviços, e, consequentemente, o Engenheiro e sua equipe são a última chance de problemas sérios de projetos, de orçamento e de compatibilização serem detectados e resolvidos a tempo.

Em muitas oportunidades, já atuando como Gerenciador, quando surgem dúvidas sobre o que deve ser feito, faço a pergunta: "Onde estão os desenhos?" Muitas vezes, eles demoram a aparecer, pois ninguém os está consultando. Após uma análise bem-feita, geralmente aparece a solução e as dúvidas são resolvidas.

Passei, então, a usar a seguinte frase: "Fazer obra com desenho não é fácil, mas sem desenho..."

Nesse sentido, gostaria de observar que a função do Engenheiro de Campo vai além de simplesmente executar os serviços com "casca e tudo". Ela é e deve ser, primeiramente, técnica. Dessa forma, não concordo em chamar o Engenheiro-Residente de Engenheiro de Produção, nome utilizado por algumas empresas e profissionais da área. Essa denominação cabe, adequadamente, numa indústria em que o processo está estabelecido, os protótipos dos produtos foram testados e aprovados, a repetição treina os funcionários e as condições de trabalho possibilitam uma rotina razoável.

Por outro lado, a execução de uma obra é única, pois não existe protótipo, não há repetição. Até obras que tenham o mesmo projeto não serão idênticas, já que as equipes dificilmente serão as mesmas e os terrenos e a época de execução não serão iguais. A estação do ano em que a obra é executada possui grande influência, porque a ocorrência ou não de chuvas tem impacto direto nos prazos de sua execução.

Além disso, as condições de execução de uma obra diferem completamente daquelas encontradas em um ambiente de fábrica: a obra está exposta às intempéries, a mão de obra é menos treinada e consequentemente menos qualificada, e as atividades e as equipes de trabalho mudam a cada semana.

Perfil ideal de um Engenheiro de Campo

Como em todas as áreas de gestão, considero que ter facilidade de relacionar-se com pessoas é uma das principais qualidades de um Engenheiro de Campo. Uma vez que os clientes, os locais das obras e as equipes mudam com frequência, ele deve aprender a mapear rapidamente os ambientes, para saber com quem pode contar, quem funciona bem, quem resolve e quem atrapalha.

Como qualidades fundamentais, idealmente, o Engenheiro deve:

- ser trabalhador e dedicado – a atividade é puxada;
- ser otimista, acreditar que as coisas vão dar certo;
- assumir a responsabilidade do cargo;
- saber definir prioridades;
- ser proativo, buscar as saídas;
- ter uma visão geral do mercado, de sua empresa, de seu Cliente;

* ser um líder;
* ser justo em suas decisões com as pessoas.

Assumir a responsabilidade

Quando me formei, fui trabalhar numa Construtora que tinha uma regional numa cidade do interior. Eu havia estagiado em uma empresa de projetos estruturais e no departamento de planejamento de uma Construtora, não tendo, portanto, nenhuma experiência em executar obras. Apesar disso, o Sócio e Diretor da empresa me disse, logo em minha chegada:

– Você é pago para assumir riscos.

Além da satisfação pela confiança em mim depositada, essa foi uma orientação que me ajudou muito no decorrer de minha vida profissional.

Uma obra, sendo única, nunca vai possibilitar que todos os procedimentos estejam registrados num manual de operações para ser consultado.

O Engenheiro, ao assumir a responsabilidade, tem o dever de assumir riscos e tomar decisões, apesar de muitas vezes não ter todas as informações necessárias. Como dizia o Professor Victor de Mello, em sala de aula: "Engenharia é tomar decisões perante as incertezas".

Ao longo do tempo, obviamente, essas decisões devem ter um nível de acerto muito maior que o de erros. Caso isso não ocorra, o profissional pode não ter aptidão para a carreira, e deve procurar outra atividade, com a qual tenha mais afinidade.

Saber definir prioridades

Essa é outra característica essencial. De maneira geral, todos os dias o Engenheiro-Residente tem assuntos que precisam ser resolvidos hoje, outros que precisam ser equacionados para a semana que vem, outros que podem ser planejados no mês que vem e assim por diante.

No dia de hoje ele possui, no máximo, de duas a três providências que não podem ser deixadas para amanhã, como calcular o volume de uma concretagem que deve ocorrer dois dias depois e programar o concreto, sob pena de perder a data. Ele deve, então, logo na primeira hora, começar a resolver ou encaminhar esses assuntos e só passar para outros após sua solução.

As qualidades listadas, também desejadas em muitas outras profissões, podem levar o leitor a pensar que o Engenheiro tem que ser um "super-homem", sendo evidente, porém, que elas compõem um perfil ideal e dificilmente alguém terá todas elas em grande quantidade.

A boa notícia é que elas podem ser adquiridas ao longo do tempo com a prática, estudos, dedicação e observação de profissionais mais experientes, uma vez que a carreira de um Engenheiro que trabalha na construção pode ser bastante longa.

A formação acadêmica deve ser a mais sólida possível. Se você quer ser um bom Engenheiro, deve estar preparado para estudar e aprender bastante. A ideia não pode ser de apenas obter o diploma, como alguns alunos de alguns cursos de Engenharia pensam. Deve haver um forte empenho para aprender o máximo possível e estar, assim, preparado para trabalhar de forma adequada.

O passo seguinte é fazer um estágio, que, em minha opinião, deve ocorrer a partir do quarto ou do quinto ano, desde que não prejudique a formação escolar.

Vou me alongar um pouco sobre esse ponto. Conforme mencionado anteriormente, o Engenheiro Civil pode ter uma longa carreira. Imaginemos um Engenheiro graduado há 40 anos e ainda trabalhando. De trabalho, ele tem cerca de oito vezes o tempo de estudo que precisou para se formar. Por esse motivo, não vejo sentido nem vantagem em antecipar o início da carreira, pois isso provavelmente vai prejudicar os estudos. Dessa maneira, desde que seja possível, o futuro Engenheiro deve aproveitar ao máximo o tempo de faculdade para estudar. Terá muito tempo, depois, para trabalhar.

Ao se graduar, o recém-formado que quiser trabalhar na Construção deve procurar construtoras e buscar ser contratado como Residente em uma obra ou como seu assistente. Não recomendo que inicie sua carreira em serviços correlatos à obra, como no gerenciamento e na fiscalização, pois o aprendizado e, consequentemente, o ganho de experiência são muito maiores na execução.

Nessa etapa, ele deve ser orientado por um profissional mais experiente, que é em geral um Coordenador, que deve vistoriar a obra e orientar tecnicamente, mostrando os riscos dos serviços que estão em andamento.

Um cuidado especial deve ser tomado na parte de segurança do trabalho, conforme detalhado na seção 4.1. Se o recém-formado for trabalhar numa empresa consolidada, provavelmente encontrará práticas de segurança incorporadas e terá o amparo de profissionais experientes. Muitas vezes, entretanto, o profissional recém-formado será responsável por uma obra numa empresa que está começando suas atividades e não tem a consciência nem os padrões adequados nessa área.

Nessa situação, sem saber, ficará responsável por eventuais acidentes que poderiam ser evitados. *Todo cuidado é pouco.* Caso você se veja numa situação como essa, procure um profissional ou uma empresa que atue na área para ajudá-lo, rapidamente, no entendimento e na implantação da segurança do trabalho.

Voltando à formação do profissional, gostaria de dar uma sugestão para os engenheiros que estão começando a carreira: anotem, em um caderno, por exemplo, os problemas e as soluções que ocorrem em suas obras. Depois de algum tempo, esse caderno deve ser consultado regularmente, de forma a propiciar ao profissional refletir sobre os assuntos vivenciados, aprender e, se possível, evitar a repetição dos erros. É impressionante como os mesmos problemas se repetem em obras e épocas diferentes.

Nesse sentido, ao iniciar uma obra, deve-se abrir todos os desenhos de todos os projetos e verificar se estão concluídos, avaliar o grau de dificuldade das atividades, listar todas as contratações a serem feitas e programar a encomenda de todos os materiais e equipamentos necessários, uma vez que muitos itens podem ter um tempo razoável para serem contratados e ficar à disposição dos trabalhos.

Estão nesse caso os equipamentos necessários para a execução dos serviços, tais como gruas, bate-estacas, guindastes, elevadores, encomendas de chumbadores (insertos) metálicos, equipamentos de ar condicionado, luminárias especiais, pisos e eventuais outros materiais, que são muitas vezes importados.

Essas são providências simples que devem ser feitas sempre, embora muitas vezes o assunto, apesar de muito conhecido, seja negligenciado, levando a descontinuidades e atrasos nos serviços.

Formação na escola de Engenharia

As escolas de Engenharia tradicionais, em sua maioria, formam engenheiros para serem projetistas e calculistas. As disciplinas de resistência dos materiais, técnicas de construção, hidráulicas, de concreto, de fundações e obras de terra são ministradas com bastante rigor e cuidado.

Acontece que boa parte dos alunos não vai trabalhar em projeto, e sim na construção, e muitas vezes o recém-formado é alocado em uma obra em que precisa "entender de gente", para poder liderar, tratar com pessoas, formar equipes, negociar, comunicar-se e impor-se, aptidões que não são ensinadas ou até mesmo mencionadas nas escolas de Engenharia.

Foi isso que aconteceu comigo quando, recém-formado, fui residente em duas obras no interior de São Paulo, que chegaram a ter um efetivo de 300 pessoas.

Nesse caso, a experiência de ter jogado futebol desde garoto em times amadores, com companheiros de todos os níveis, foi uma escola para mim, pois aprendi a interagir com pessoas e trabalhar em equipe, e isso me ajudou a desempenhar a função de Engenheiro-Residente.

Essa falta de formação em habilidades interpessoais, além da técnica, é uma reclamação de algumas construtoras, que procuram contratar estagiários nos primeiros anos da escola com o intuito de formá-los, na prática, de acordo com suas necessidades.

Considero que as pessoas responsáveis pelos currículos das escolas de Engenharia deveriam avaliar as disciplinas e introduzir algumas que dessem um mínimo de formação e informação nessas aptidões.

3.11.2 Execução da obra do ponto de vista do Gerenciador

Conforme mencionado, um empreendimento tem sucesso quando os custos ficam dentro do orçamento, os prazos são mantidos e a qualidade da obra é aquela esperada; portanto, esses são os quesitos que devem também ser buscados pelo Gerenciador.

No entanto, em minha opinião, além desses itens, principalmente em obras públicas, um Gerenciador eficaz deve trabalhar fortemente para que o empreendimento chegue a seu final. Deve deixar claro que a fiscalização não é inimiga da Construtora e que todos, tanto a Gerenciadora quanto a Construtora e o Cliente, estão do mesmo lado. Cada um tem seu papel, mas nunca se deve esquecer que o objetivo maior, para o qual todos devem trabalhar, é a execução da obra.

Nesse sentido, o Gerenciador deve se comunicar constantemente com todos os envolvidos, ser ágil e justo nas eventuais reivindicações da Construtora, *ajudar mais do que cobrar*, não atrapalhar, procurar manter um bom ambiente entre todos, aparando as inevitáveis arestas, ser flexível e obstinado, buscando sempre o melhor para o conjunto, de tal forma que atinja o objetivo maior, que é a entrega do produto combinado.

3.11.3 INÍCIO DA OBRA – O PLANEJAMENTO DETALHADO

A primeira atividade do Engenheiro de Campo é fazer o planejamento, agora definitivo, da obra.

De acordo com Antill e Woodhead (1968), "o planejamento de uma obra é o processo de escolher o método e a ordem de trabalho a serem adotados entre as possibilidades e sequências pelas quais pode ser concretizado".

Nesse início da obra, seu orçamento e seu cronograma preliminares com o prazo final já devem estar definidos no contrato. O planejamento detalhado vai estabelecer os recursos necessários para que ele seja cumprido. Deve ser elaborado com extremo o cuidado, e, além de envolver o Engenheiro-Residente, é fundamental que seja supervisionado por um profissional ou equipe experiente.

A ideia de planejar é imaginar todos os passos e ações necessárias para alcançar o resultado. Por exemplo: se você planeja fazer uma viagem para a Europa (meta), precisará responder às seguintes perguntas: quais cidades visitará (objetivo), quando será sua partida (início), qual o tempo de duração da viagem (cronograma), quanto vai custar (orçamento), com quais requisitos de qualidade (em quais locais/hotéis poderá ficar, se viajará de trem, carro, avião)...

Para planejar a obra, é preciso ter:

- o projeto, que idealmente deve estar pronto e compatibilizado, e inclui os desenhos, o memorial descritivo, as recomendações dos projetistas e as especificações técnicas;
- o orçamento analítico, composto pelas planilhas de quantidades, preços unitários e totais de cada serviço;
- os cronogramas físico e físico-financeiro preliminares;
- as especificações dos serviços a serem executados, que definem a *qualidade* esperada do produto a ser obtido, ou seja, da obra.

Além desses elementos, devem ser consideradas condições específicas da obra, as quais vão impactar seu planejamento:

- sua localização: se é urbana ou não, sua vizinhança, se pode fazer barulho, vibração, se existem demolições a realizar;
- sua topografia;

* as condições de resistência do terreno, para saber, por exemplo, se suporta o trânsito de equipamentos;
* a época do ano (por causa das chuvas);
* se existe espaço para fazer o canteiro de obras.

Em outras palavras, a partir dos elementos mencionados e das condições específicas da obra, o planejamento da obra define os recursos humanos, os materiais e os equipamentos necessários para executá-la e detalhará o que já deve ter sido imaginado quando a obra foi orçada.

Deve-se, então, escolher os métodos construtivos a serem adotados e disponibilizar os recursos humanos e os equipamentos necessários ao longo do tempo, de forma a cumprir a meta estabelecida.

Com essas premissas, deve ser feito um cronograma físico detalhado com todas as atividades e com a indicação dos recursos necessários para que elas aconteçam.

Na elaboração do cronograma, é preciso indicar a sequência das atividades, tomando extremo cuidado para que etapas não sejam esquecidas e que se assegure a disponibilidade no tempo adequado da mão da obra, dos equipamentos e da entrega dos materiais.

O planejamento da obra deve ser liderado, de preferência, conforme mencionado anteriormente, pelo Engenheiro que vai dirigir a obra, supervisionado por profissionais com experiência e do modo mais simples e equilibrado possível, não devendo ser feito, em minha opinião, por profissionais que não serão responsáveis pela execução da obra.

Minha experiência mostra ser fundamental que os engenheiros de campo liderem e sejam responsáveis pelo planejamento da obra pelos seguintes motivos:

* eles conhecem ou deveriam conhecer a obra e podem, portanto, definir os métodos construtivos e os equipamentos que serão adotados, a equipe de mestres e encarregados que serão designados e os prováveis subempreiteiros que serão contratados;
* liderando o planejamento, eles ficam comprometidos com o resultado e não reclamam quando é preciso modificar ou adaptar o que não deu certo no decorrer da execução dos serviços, o que ocorre com muita frequência.

Em resumo, participando do processo, ficam *cúmplices* das premissas adotadas.

3.12 Entrega da obra

Quando a obra está em seu final, o Gerenciador deve fazer uma lista preliminar de itens a serem concluídos ou corrigidos e entregá-la à Construtora, que deve então executá-los. Após o cumprimento desses itens, é feita uma entrega parcial, quando se elabora uma lista final dos serviços a serem realizados com um prazo da ordem de 30 dias. Uma vez concluídos esses serviços, é feita a vistoria final e a obra é entregue.

3.13 Habite-se

O Habite-se é o documento emitido pela Prefeitura do Município que possibilita a utilização da obra após sua conclusão. A partir desse evento, a Prefeitura passa a cobrar o Imposto sobre a Propriedade Predial e Territorial Urbana (IPTU).

4 Etapas e atividades da obra

4.1 Seguros e segurança do trabalho

4.1.1 Seguros

Ao assumir uma obra, a Construtora toma para si as responsabilidades dos riscos inerentes à Construção; nesse sentido, antes de se iniciarem os serviços, o responsável deve contratar um seguro junto a uma empresa seguradora.

Os riscos ligados a uma obra podem ser:

Riscos da própria obra

- Erro de execução.
- Erro de projeto.
- Danos da natureza, como desmoronamentos.
- Incêndio.
- Roubo, furto qualificado.

Riscos financeiros

- Do cumprimento do cronograma financeiro.
- De variações de mercado (dólar, materiais, mão de obra).
- Do descumprimento de contrato por parte de fornecedores ou empreiteiros.
- De financiamentos.

Riscos de terceiros

- Possíveis danos materiais que possam ser causados a vizinhos ou a pedestres em decorrência das operações da obra – danos corporais.
- Lucros cessantes.

Riscos de pessoas

* Acidentes de trabalho com funcionários.
* Danos pessoais a pessoas não envolvidas com a obra.

A análise detalhada de cada um dos riscos listados fornece um panorama de possibilidades de perdas muitas vezes irreparáveis, como a perda de vidas, que devem ser evitadas a todo custo, por meio da adoção de uma política de segurança no trabalho adequada, indicada a seguir.

4.1.2 Segurança do trabalho

A segurança do trabalho no canteiro da obra é um ponto fundamental. As atividades de uma construção – escavações, trabalho em altura, com equipamentos pesados, mudança constante das atividades, instalações elétricas – têm muitos riscos. É necessário, portanto, planejar e cuidar para que esses riscos sejam minimizados e, se possível, eliminados. Além da perda de vidas, impossível de corrigir, um acidente complica o andamento de uma obra, com prejuízos extremamente elevados em prazos e custos.

Assim, a segurança deve ser encampada pela direção da Construtora e implementada como uma filosofia na empresa, de tal forma que todos a entendam e dela participem. Em geral, é implementada por engenheiros e técnicos de segurança, sempre em conjunto com a direção técnica da obra.

Ao longo do tempo, as condições de segurança foram sendo melhoradas, principalmente com a implantação da NR18, a norma regulamentadora do Ministério do Trabalho mais importante para o setor da construção civil. Ela estabelece diretrizes de ordem administrativa, de planejamento e de organização, que objetivam a implementação de medidas de controle e sistemas preventivos de segurança nos processos, nas condições e no meio ambiente de trabalho na indústria da construção. Como consta nessa norma, é vedado o ingresso ou a permanência de trabalhadores no canteiro de obras, sem que estejam assegurados pelas medidas previstas na norma e compatíveis com a fase da obra.

As construtoras, em geral, devem investir muito em informação, formação e capacitação de seus colaboradores, cumprindo as normas e garantindo obras mais seguras, menores prejuízos para todos e grandes ganhos no ambiente de trabalho, sendo seus principais objetivos:

- garantir a saúde e a integridade dos trabalhadores;
- definir atribuições e responsabilidades às pessoas que administram as diversas atividades da obra;
- fazer previsão dos riscos que derivem do processo de execução de obras;
- determinar medidas de proteção e prevenção que evitem ações e situações de risco;
- aplicar técnicas de execução que reduzam ao máximo os riscos de doenças e acidentes.

Assim, de forma resumida, uma obra deve ter:

- *Documentos dos funcionários*
  - identificação (RG e CPF);
  - carteira de trabalho;
  - atestado de saúde ocupacional (ASO);
  - curso com certificado da NR1 – Disposições gerais – ordem de serviço;
  - curso com certificado da NR9 – Programa de prevenção de riscos ambientais;
  - curso com certificado da NR10 – Segurança em instalações e serviços em eletricidade;
  - curso com certificado da NR35 – Norma para trabalhos em altura;
  - recibo de entrega de EPIs e DDS (diálogo diário de segurança).
- *Documentos da Construtora*
  - Programa de Condições e Meio Ambiente de Trabalho (PCMAT);
  - Programa de Controle Médico de Saúde Ocupacional (PCMSO);
  - Programa de Prevenção de Riscos Ambientais (PPRA).

4.2 Canteiro de obras

O canteiro de uma obra é fundamental para cumprir o que foi planejado, e por isso deve ser muito bem pensado. De fato, é como se você montasse uma indústria provisória com todas as condições para receber as equipes, os materiais e os equipamentos a fim de atingir seu objetivo; portanto, deve ser projetado para atender a essas necessidades.

Para isso, é fundamental que seja estudado por gente com experiência, que consiga enxergar todas as etapas da obra ao longo do tempo de forma a evitar mudanças, improvisos e retrabalhos. Atualmente existem especialistas no assunto que podem, sempre em conjunto com a direção técnica, auxiliar a projetar um canteiro adequado.

Trata-se basicamente de definir:

* as entradas e as saídas da obra;
* os locais para escritórios, almoxarifados, alojamentos, refeitórios, vestiários e sanitários;
* a localização de equipamentos, central de concreto, central de argamassas, gruas e elevadores de obra, imaginados ao longo do tempo;
* os locais para estoque de materiais: formas, armações, areia, pedra, cimento, blocos de concreto, equipamentos e tubulações.

Na Fig. 4.1 indica-se, como exemplo, o projeto de um canteiro de obras.

4.3 Locação da obra

Todas as etapas de uma obra são importantes. Considero que a locação seja a mais importante delas, pois, se levarmos ao extremo, não há conserto caso se execute uma obra perfeita e se descubra, depois que ela estiver concluída, que está no local errado.

Dessa forma, em minha opinião, a locação é o "pênalti" de uma obra e deveria ser conferida pelo Presidente da Construtora, copiando outra máxima do futebol. Portanto, deve ser feita, conferida e reconferida com extremo cuidado.

O primeiro passo é o Engenheiro responsável entrar no assunto e analisar os projetos de arquitetura, fundações e estrutura, verificando se estão compatibilizados. Não se pode delegar essa providência a mais ninguém.

O projeto de arquitetura é o que deve ser rigorosamente obedecido e, para isso, deve indicar claramente quais são as referências a serem utilizadas para localizar a obra, tais como as coordenadas e as referências de níveis.

Minha experiência mostra que muitos projetos têm problemas de compatibilização, os quais precisam ser entendidos e corrigidos pelos engenheiros de campo antes da locação para evitar erros. Isso ocorre principalmente porque, embora o projeto arquitetônico deva prevalecer sobre os demais, são os projetos estruturais que acabam sendo utilizados para fazer a locação das fundações, que são o início do processo, e estes muitas vezes não estão referenciados de acordo com a implantação indicada no projeto arquitetônico.

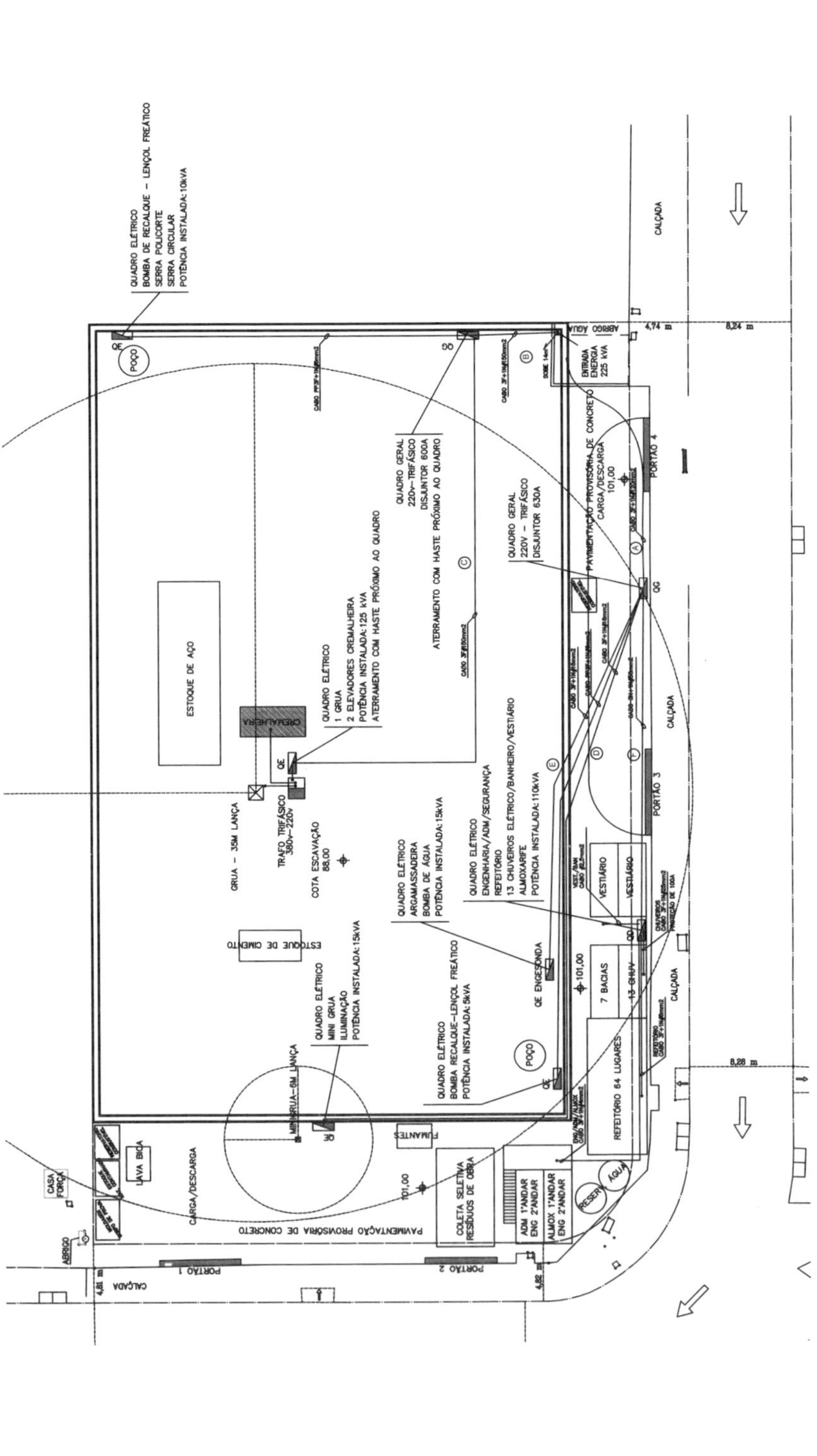

Fig. 4.1 *Projeto de canteiro de obras*

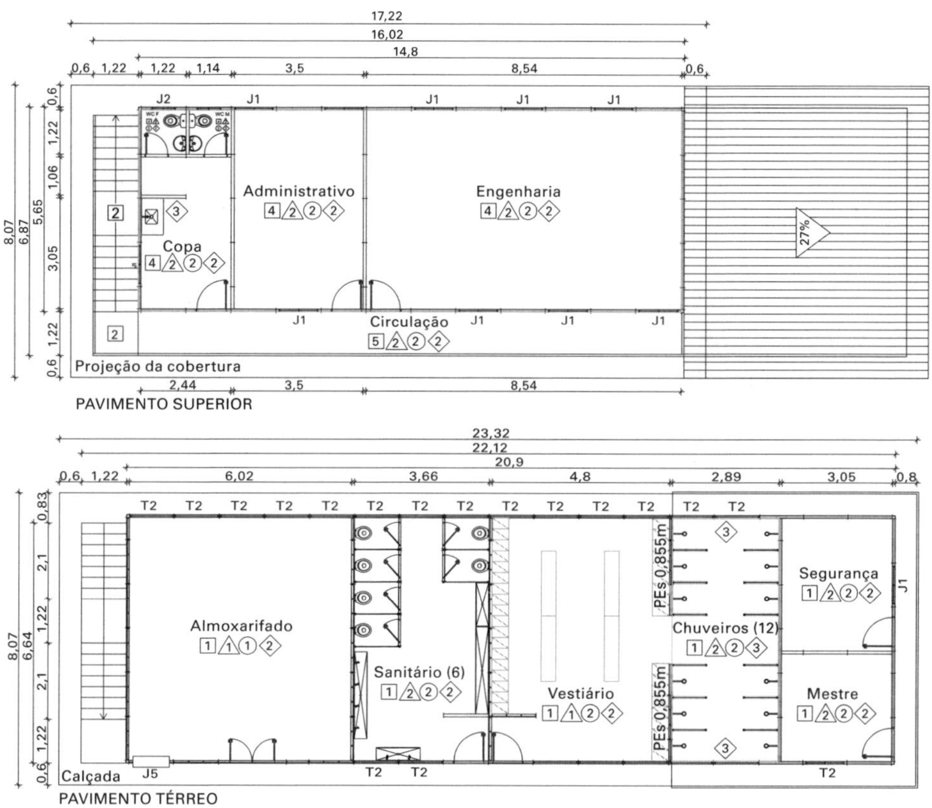

Fig. 4.1 *(continuação)*

Em muitas situações, eles estão incompatíveis, o que induz ao erro e, consequentemente, acarreta sérios problemas. Muitas vezes, o Arquiteto parte de níveis dados pela topografia – por exemplo, a cota do andar térreo é 750,00 e, no projeto estrutural, o andar térreo está no nível 0,00. É fundamental entender e compatibilizar esses dados para instruir o Mestre da obra e o Topógrafo que vai fazer a locação.

É comum ocorrerem as seguintes situações:

* se os projetos estiverem errados ou não muito claros, o erro acontece e o pessoal da obra culpa os projetos;
* se os projetos estiverem corretos e compatibilizados, a obra muitas vezes erra na locação.

O Engenheiro-Residente deve, então, conferir os pontos de partida, verificar se os projetos de arquitetura, estrutura e fundações estão compatibilizados e conversar com o Topógrafo, certificando-se de que ele entendeu perfeitamente o que deve ser feito.

Muitas vezes, a implantação é feita em um desenho topográfico incorreto que não coincide com as dimensões e a forma do terreno real. Quando essa discrepância entre as medidas é muito grande, é necessário levantar o problema e rever os projetos arquitetônico e estrutural, como ocorrido no Caso 4.

Estando os pontos de partida e os projetos entendidos, pode-se partir para a locação. Um procedimento eficaz de fazer uma locação é realizá-la de forma independente e em momentos diferentes, por profissionais que entendam do assunto. Por exemplo, ela pode ser locada inicialmente por um Topógrafo, que lançará os eixos da obra no terreno, locará os eixos dos pilares e dará as referências de níveis, e depois ser conferida pelo Engenheiro responsável juntamente com o Mestre.

Normalmente a equipe de topografia é de uma empresa subcontratada que recebe pelo trabalho realizado, e alguns profissionais têm pressa em concluí-lo. Esse fato aumenta a probabilidade de acontecerem erros por falta de informações ou comunicação, conforme mencionado.

Deve-se evidenciar que, partindo das referências corretas, a locação é em geral feita corretamente. O problema ocorre quando, por falta de informações, os topógrafos partem de referências erradas, e os erros não são "no milímetro", mas "no metro".

Cuidados especiais devem ser tomados ao executar obras justapostas a obras antigas, como no caso de ampliações de edifícios existentes. Nessas situações, a indicação dos projetos deve ser considerada pelo pessoal de campo como meramente indicativa, uma vez que a expansão deve se ligar perfeitamente ao prédio existente. Então, é necessário conferir o prumo, os níveis dos andares e o esquadro do edifício já construído, por exemplo, para que a nova construção se integre perfeitamente com a antiga.

Num caso em que trabalhei, uma nova obra estava projetada a 2 cm da antiga, e verificamos que o prumo desta estava 5 cm para dentro do terreno. Tivemos, então, que afastar o edifício nesses 5 cm correspondentes ao desaprumo, ficando a distância total entre as construções, nas fundações, igual a 7 cm, para que os novos pilares e vigas pudessem ser executados sem interferirem na parte alta da edificação existente.

Em outro caso, estávamos fazendo a ampliação de um galpão industrial com 19,0 m de largura por 112,5 m de extensão, com pilares a cada 7,50 m. Tínhamos que executar uma nova linha (eixo I) de pilares e vigas de rolamento para duas pontes rolantes e de cobertura a 19,0 m de eixo da linha de pilares existentes (eixo H).

O Topógrafo partiu de uma das extremidades da ampliação e alinhou o novo eixo, com o teodolito, a 19,0 m de distância do eixo antigo, fazendo uma locação prévia. A seguir, o Topógrafo, o Mestre e eu medimos a distância entre cada pilar existente e o novo eixo teórico, e descobrimos que o eixo antigo não estava perfeitamente alinhado. Nos pilares do meio havia uma diferença de 6 cm, deixando a distância real entre eixos com 18,94 m em vez de 19,0 m. Essa diferença não poderia ser mantida, uma vez que os trilhos das novas pontes rolantes tinham que ser chumbados nas vigas de rolamento antigas e novas.

Solução: pedi que os pilares fossem locados um a um a 19,0 m dos pilares existentes de forma que as vigas de concreto novas acompanhassem a variação das vigas existentes e quando fossem nelas chumbados os trilhos novos também pudessem manter a distância entre eles constante, permitindo, assim, que as pontes rolantes pudessem transitar sem problemas.

Passado algum tempo, os trilhos que compunham o caminho de rolamento das duas pontes rolantes que haviam sido adquiridas chegaram, e o Topógrafo contratado pela empresa de montagem fez a locação para que fossem chumbados nas vigas de concreto. Eu estava dentro de meu escritório quando ouvi o Topógrafo conversando com o Sr. Manoel, Fiscal da obra:

– Eu fiz a minha parte do trabalho, alinhei perfeitamente os trilhos! A locação está correta!

Com muita paciência, o Sr. Manoel explicou ao Topógrafo que, com os trilhos alinhados de um lado, porém não paralelos aos antigos, as pontes rolantes não conseguiriam passar de uma extremidade à outra do galpão.

A solução foi novamente galgar as distâncias entre os eixos dos trilhos, distorcendo o alinhamento para que as pontes pudessem transitar livremente de uma extremidade à outra. Afinal, o que o pessoal da fábrica queria era que as pontes corressem livremente. Eles não estavam interessados em uma nova locação *correta*.

A Fig. 4.2 mostra o galpão existente e a ampliação a ser executada.

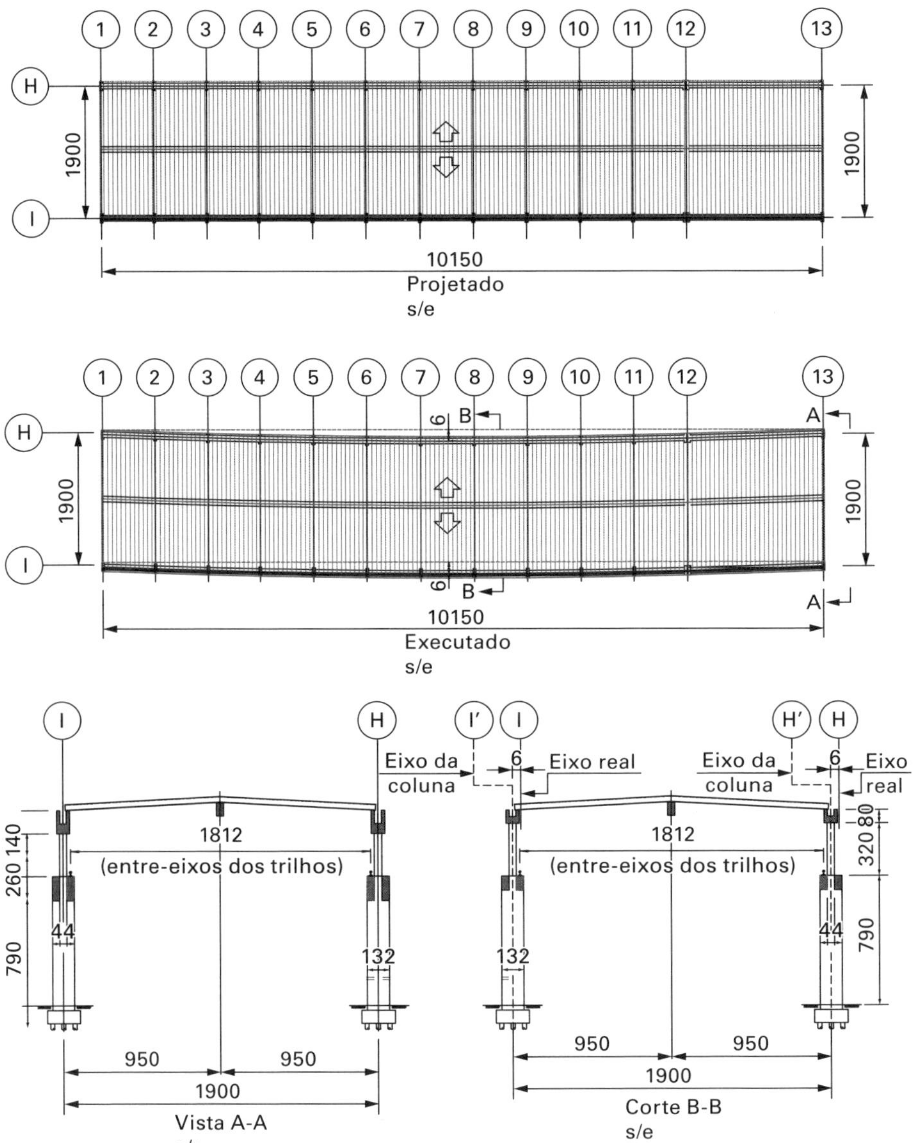

FIG. 4.2 *Plantas e cortes do galpão existente e ampliação a ser executada*

Outros exemplos de problemas de locação são apresentados a seguir.

CASO 4 – LOCAÇÃO DO EDIFÍCIO A

Fomos contratados para executar um edifício residencial para um grupo de funcionários graduados de uma grande Construtora que incorporou um edifício em um terreno. O edifício estava localizado em um loteamento novo, com as ruas ainda indefinidas, sem nenhuma edificação, a não ser outro edifício em construção ao lado do terreno de nossa futura obra.

Precisávamos fazer sua locação, e o representante dos condôminos, que também era Diretor de uma das áreas da Construtora, enviou sua equipe de topografia para locar o edifício no fim de semana. Quando cheguei à obra, na segunda-feira, os gabaritos e a locação estavam feitos.

Como sempre faço, chamei o Engenheiro-Residente e o Encarregado da obra, e, com uma trena, fomos confirmar as medidas do terreno. Para variar, havia grandes diferenças entre a planta aprovada da Prefeitura e o projeto executivo de arquitetura e o terreno real. O terreno era cerca de 5 m maior no comprimento (fundos) e cerca de 2 m menor na largura (testada).

Comuniquei o fato ao representante dos condôminos, que prontamente agendou uma reunião com o chefe da topografia. Na reunião, observei que ele era um profissional experiente, acostumado com os problemas de obras. Ao lhe explicar o assunto, dei-me conta de que poderíamos ter um problema ainda maior que o já detectado, ou seja, que as medidas diferentes do terreno.

– Oliveira, você partiu de quais referências para locar a obra? – perguntei.

– Me baseei no edifício em construção do lado esquerdo do nosso terreno – ele me respondeu.

– Como encontramos diferenças significativas, estou preocupado – eu disse. E continuei: – A área praticamente não tem construções e a rua não está definida. Vamos supor que os "artistas" aí do lado erraram a locação do prédio deles. Caso isso tenha ocorrido, se nos basearmos na sua locação, o nosso ficará também errado.

O chefe da topografia percebeu logo a encrenca em que poderíamos estar entrando. Coçou o queixo pensativamente e disse:

– *Xá* comigo, vou resolver esta parada.

Alguns dias depois, fui chamado por ele. Tinha nas mãos um levantamento geral de todo o loteamento feito a partir dos marcos da implantação do loteamento original, obtido com a antiga empresa proprietária da área. Era um trabalho de profissional.

Por esse estudo, o edifício ao lado estava locado corretamente em relação ao loteamento, não havia diferenças significativas. A equipe de topografia fez um novo levantamento do terreno, as diferenças foram levantadas e uma nova planta foi fornecida para o Arquiteto, que reprojetou o subsolo e remanejou as garagens, até aumentando o número de vagas, o que foi comemorado pelos condôminos.

O representante dos condominos me encontrou e me agradeceu:

– Você fez um bom trabalho. O tempo e os recursos mobilizados foram bem gastos. Obrigado.

Daí para a frente ficamos amigos, e ele sempre me apoiou nas questões futuras da obra, que sempre ocorrem. Vinte e quatro meses depois, o edifício foi entregue. Até hoje, e faz tempo, não houve contestação de sua locação.

Caso 5 – Locação no terreno de uma indústria

Um galpão para depósito deveria ser executado a partir do eixo de uma pequena estrada no terreno de uma indústria, no interior de São Paulo. Ao chegar ao local, o Topógrafo, provavelmente inexperiente e apressado, acompanhado apenas de um Encarregado, inverteu o desenho em 180° e locou a obra no lado oposto ao referido eixo.

O Engenheiro não conferiu a locação e o erro passou. Assim, as fundações, que eram em estacas pré-moldadas, foram cravadas do outro lado da estradinha. O problema foi detectado dias depois pelo Fiscal da indústria, quando apareceu para ver o andamento dos serviços. Ao chegar, ele disse:

– Pessoal, a obra é do outro lado da estrada!

O estaqueamento teve que ser refeito no local correto e as estacas cravadas inicialmente foram perdidas. O aumento nos custos foi considerável e o prazo da obra também não foi cumprido.

Caso 6 – Edifício IPI

Este caso foi relatado em um almoço, no final de 2018, por dois engenheiros amigos, um que vou chamar de Construtor e outro que vou chamar de Projetista.

A brincadeira começou quando o Construtor insinuou que uma obra sua havia tido problemas de locação por causa do projeto elaborado pelo Projetista. Este tinha sido contratado para elaborar o projeto estrutural de dois edifícios num mesmo terreno, ambos retangulares.

As obras foram locadas, as fundações foram executadas e as estruturas estavam em andamento, já no quinto andar, quando descobriram que um dos edifícios estava locado errado. Ao fazer a locação, o pessoal da obra havia girado o edifício em 180°, e, como consequência, a face que deveria estar voltada para o norte estava voltada para o sul, e vice-versa.

Imaginem a encrenca! Você compra um apartamento com os quartos e a sala voltados para a face norte, que recebe sol o ano todo, mas o recebe com os cômodos voltados para a face sul, que nunca recebe sol. O edifício continuou sendo executado como fora locado, pois a correção era praticamente impossível, em virtude dos custos envolvidos.

A conversa parou por aí, uma vez que o assunto tinha sido superado havia muitos anos. Deduzi que o pessoal da obra, em vez de fazer a locação pelo projeto de arquitetura, seguiu o desenho de locação do projeto estrutural, só que invertido em 180°.

Você pode perguntar: como isso ocorreu numa obra que deve ter sido locada por um Topógrafo e tinha, provavelmente, pelo menos um Engenheiro-Residente, um Mestre e talvez alguns encarregados? Pois é, aconteceu.

Imagino que o problema foi minimizado pelo fato de os apartamentos ainda não estarem vendidos quando descobriram o erro. Em sua comercialização, a localização foi definida de acordo com o que tinha sido construído. O assunto seria muito complicado caso as unidades tivessem sido vendidas, pois a Construtora poderia ser acionada junto ao Procon pelos proprietários das unidades.

4.4 Fundações e contenções

Nesta seção, serão abordadas tanto as fundações como as contenções, pois são as primeiras atividades que materializam a obra, envolvem escavações, são feitas muitas vezes em conjunto e se utilizam dos mesmos equipamentos.

4.4.1 Fundações

Como já abordado, deve-se ter o projeto de fundações e o acompanhamento de um Especialista durante sua execução:

* se a fundação for em sapatas ou tubulões, o Especialista deve inspecionar o solo e confirmar a taxa admitida no projeto;
* se for em estacas pré-moldadas, ele deve definir a nega a ser adotada para o estaqueamento;
* já se for em estacas hélice contínua, ele deve confirmar o torque aplicado à ferramenta de escavação, o tipo de solo que sai da esca-

vação em relação à sondagem e, consequentemente, o comprimento das estacas.

Trata-se de um procedimento básico, absolutamente necessário para garantir a qualidade de execução dos serviços e evitar grandes dores de cabeça. De maneira geral, o Especialista faz vistorias periódicas à obra, liberando e registrando as liberações, as quais devem ser cuidadosamente arquivadas.

No caso da fundação em estacas, é preciso realizar um levantamento topográfico de sua posição real após a cravação, tendo em vista que raramente elas são cravadas na posição de projeto em virtude da precisão do processo, que depende dos equipamentos e das condições do solo.

Tive problemas com estacas cravadas em solos moles que ficavam fora de prumo e estacas hélice que foram executadas com deslocamentos sensíveis em relação ao projeto (cerca de até 15 cm do eixo).

O levantamento topográfico posterior à execução deve ser enviado ao Engenheiro Geotécnico para que ele avalie se as eventuais excentricidades estão dentro de tolerâncias aceitáveis.

Mesmo com todos os cuidados mencionados, no entanto, não se tem garantia de que não haverá problemas, como ilustrado no caso a seguir.

Caso 7 – Escola T – Fundações em tubulões

Estávamos iniciando a execução de uma obra para servir de edifício administrativo de uma escola. Era uma edificação térrea, em concreto armado, com área de aproximadamente 400 m².

A partir das sondagens, feitas por uma empresa de renome no mercado, o Projetista de Fundações contratado definiu a solução em tubulões a céu aberto e indicou a cota em que suas bases deveriam ser assentadas.

Contratamos sua escavação, chegamos à cota solicitada e, como "manda o manual", pedimos a presença do Especialista para confirmar a cota de assentamento. No dia seguinte, chegou à obra uma Engenheira enviada pela empresa em que trabalhava o Consultor, que estava em viagem, com um penetrômetro na mão, a fim de liberar o terreno para a concretagem ser executada. O penetrômetro é um instrumento manual que, aplicado no solo, dá uma indicação de sua resistência.

Fiquei ressabiado porque os engenheiros de fundações experientes não utilizam o penetrômetro. A Engenheira desceu nos tubulões e liberou a abertura de bases para a concretagem. Era uma sexta-feira, e eu não fiquei confortável em liberar a abertura de bases porque o Consultor não havia me informado que mandaria a Engenheira, que eu não conhecia, sem nenhuma formalização. Pedi ao Encarregado geral José Simeão que tampasse as aberturas com compensado para não entrar água no caso de chuvas e não encomendei o concreto para o dia seguinte, sábado.

No fim de semana, andando pelo parque que frequentava, encontrei o Engenheiro Paulo, profissional experiente e que era da equipe do Dr. Tamura, consultor das fundações do edifício, e comentei o ocorrido com ele.

Na segunda-feira de manhã, o Engenheiro Paulo chegou à obra com a Engenheira e disse:

– Vim confirmar as cotas de assentamento dos tubulões.

Ele desceu em todos os tubulões, confirmou a capacidade de carga do terreno para a taxa projetada, formalizou a liberação na planta e liberou os serviços. Os poceiros abriram as bases nos tubulões que tinham abertura projetada e os concretamos.

Um ano depois de a obra estar pronta, apareceram trincas nas paredes da edificação. Inicialmente foram levantadas suspeitas sobre a fixação das alvenarias na estrutura, que foram descartadas "de cara". As fissuras indicavam que o problema era de recalques diferenciais nas fundações, apesar de a solução em tubulões até parecer exagerada para as cargas da obra. É fácil?

Contratamos um consultor especializado em patologia, em especial em fissuras, que elaborou um relatório apontando alguns problemas na estrutura de concreto, mas que não explicavam a magnitude do problema. Finalmente, ele e todos os demais envolvidos concordaram que o problema era mesmo das fundações em tubulões.

Após a análise do projeto e das condições das obras, chegamos à seguinte conclusão: os tubulões centrais, que tinham maior carga, possuíam abertura de bases. Os tubulões da periferia, por terem menor carga, não possuíam abertura de bases e a carga deve ter sido resistida apenas pelo atrito lateral no fuste. Na periferia da obra, havia um gramado que recebia toda a água de chuva de uma rua interna. Toda essa água deve ter se infiltrado nos fustes dos tubulões, diminuindo o atrito lateral, e a carga foi para sua ponta. É fato conhecido que, para mobilizar a tensão no solo para resistir à carga, são necessárias deformações maiores na base do tubulão. Esses recalques devem ter sido a causa do aparecimento das trincas nas alvenarias do edifício.

O assunto foi considerado um *erro de engenharia*, que é uma falha que ocorre apesar de todo o conhecimento ter sido aplicado e de todos os cuidados terem sido tomados.

Enquanto estávamos com o Consultor decidindo o que fazer, o Cliente, por sua conta, encomendou um revestimento de papel de parede e o aplicou, cobrindo todas as fissuras e resolvendo (escondendo) o problema. Acho que deu certo, pois nunca mais me perguntaram sobre o assunto.

Caso 8 – Graneleiro da cidade de IP – Recalques na escavação da moega

Tratava-se da construção e instalação de um complexo para receber e armazenar grãos em uma cidade do interior de São Paulo, com capacidade estática de 33.000 t de grãos, no ano de 1975.

As obras compreendiam um graneleiro horizontal, moegas de recepção, prédios para pré-limpeza e limpeza, um silo de expedição e um ramal de desvio ferroviário.

Conforme indicado na Fig. 4.3, o graneleiro era semienterrado, de fundo inclinado, e exigia uma escavação de cerca de 12 m para a execução de uma galeria de concreto armado onde seriam instaladas as correias transportadoras de grãos. Ao executar as escavações, as máquinas de terraplenagem e os caminhões saíam por uma rampa, e aproveitou-se para escavar a moega, que tinha uma profundidade de cerca de 8 m, como mostra a mesma figura.

Concretamos as galerias do graneleiro e da moega de recepção, que também tinha uma correia transportadora, reaterramos suas laterais e fizemos o restante do reaterro na área rampada sob o prédio da limpeza até chegarmos ao nível 00. Foi nesse reaterro que foram executadas as sapatas e os baldrames que apoiavam a estrutura do prédio da limpeza, executado com pilares e vigas pré-fabricadas na obra.

Após a cura do concreto, fizemos a desforma dos rodapés das sapatas e das laterais dos baldrames e os aterramos. A sequência dos trabalhos era a montagem dos pilares pré-fabricados que nelas se apoiavam, como apresentado na Fig. 4.4, quando os serviços foram interrompidos por uma forte chuva de verão, que se prolongou até a noite.

No dia seguinte, ao chegar ao canteiro, fui abordado pelo Mestre da obra, o sr. Jair Gazzola, que foi logo dizendo:

– Doutor, nunca vi uma coisa dessas na minha vida. As sapatas do prédio da limpeza foram "chupadas" pelo terreno!

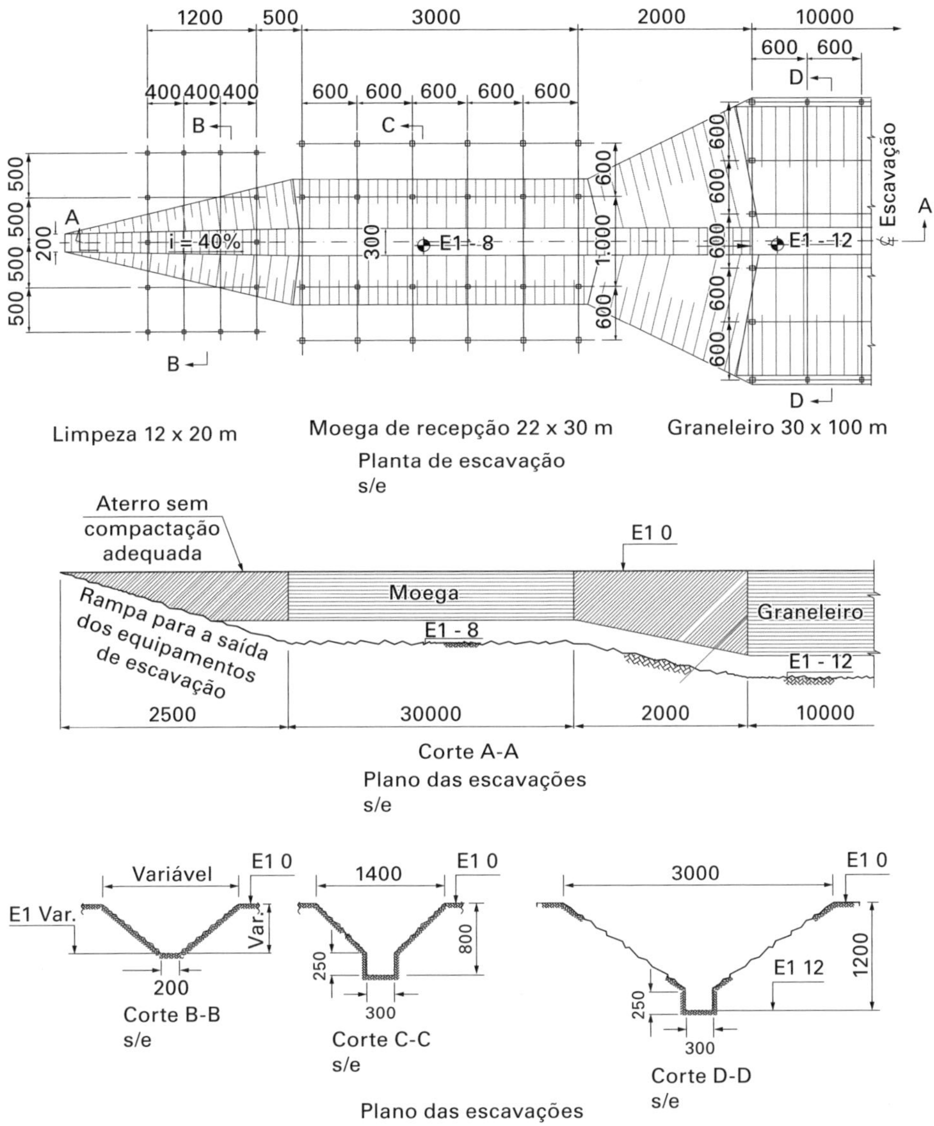

FIG. 4.3 *Desenhos esquemáticos do conjunto*

Fui imediatamente para o local e constatei: as sapatas tinham recalcado cerca de 5 cm a 7 cm, quebrando os baldrames de travamento que as ligavam. Fiquei assustado. Tinha cerca de seis meses de formado e não fazia ideia do que podia ter acontecido. Um abalo sísmico? Totalmente improvável, impossível, naquela região. O que teria sido?

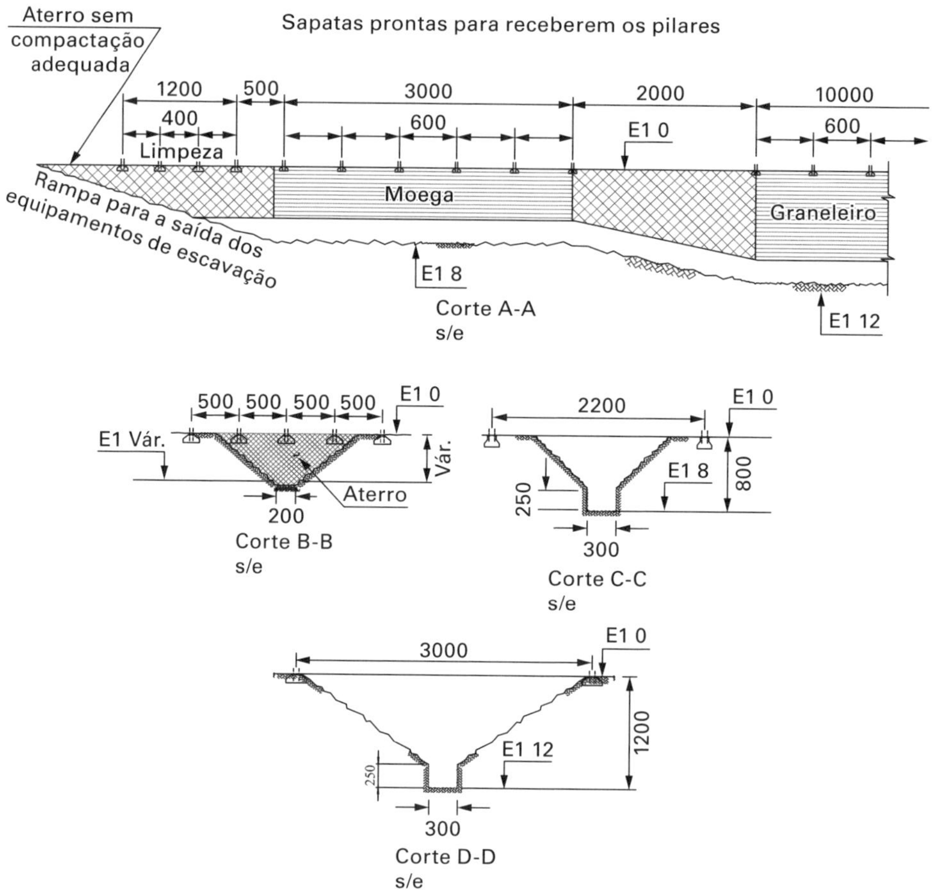

Fig. 4.4 *Desenhos esquemáticos do conjunto dos galpões, graneleiro, moegas e limpeza*

Não tínhamos telefone fixo na obra, que era um pouco afastada da cidade, e ainda estávamos longe da chegada do celular. Subi correndo no meu carro e fui para a estação telefônica da cidade. Pedi a ligação para nossa matriz em São Paulo e, após longos minutos de espera, esbaforido, relatei para nosso Diretor Técnico o que tinha acontecido.

Embora pouco mais velho que eu, era um excelente Engenheiro, com experiência em cálculo estrutural e fundações. Ele não se abalou e me tranquilizou, dizendo:

— Ligue daqui a uma hora.

Uma hora depois liguei novamente, e ele me informou que, no dia seguinte, viria até a obra o Dr. LD, consultor de fundações.

O Dr. LD chegou sozinho, perto do meio-dia, num Galaxie azul, que bebia muita gasolina, após uma viagem de 365 km. Era um homem alto, um pouco acima do peso, começando a ficar calvo, acessível e simpático. Verificou o local, ouviu nossas explicações e pediu que eu fizesse um croquis indicando como as escavações do graneleiro e da moega haviam sido feitas e onde era a rampa de saída dos caminhões. Indiquei o desenho esquemático apresentado nas Figs. 4.3 e 4.4.

Após entender como as escavações tinham sido executadas e observar a área, ele comentou que havia no eixo do edifício uma linha onde os recalques eram mais pronunciados. Perguntou, a seguir, como tínhamos compactado o terreno, e eu expliquei que o reaterro havia sido compactado manualmente na região da escavação da galeria (cerca de 2 m por 2 m) e, a seguir, quando a largura da escavação permitiu, com a escavadeira e os caminhões.

Analisando o croquis que eu havia feito, mostrou que a parte mais profunda da escavação, onde se localizava a galeria, estava bem na direção da linha de maior recalque das sapatas. Solucionou, sem mais, a questão. Não havíamos compactado adequadamente o solo na região do eixo da galeria. Essa compactação deveria ter sido feita com compactadores manuais adequados, não disponíveis nas cidades próximas.

Com a chuva forte, o terreno naquela região havia adensado, provocando, consequentemente, o recalque do terreno onde estavam assentadas as sapatas. "Elementar, meu caro Watson." Para quem sabe, é claro!

Tinha acabado meu sufoco. O caso das sapatas que foram "chupadas" pelo terreno estava esclarecido...

A solução: conforme sugerido pelo consultor, executamos brocas incorporadas às sapatas como reforço.

A Fig. 4.5 apresenta desenhos esquemáticos da obra concluída.

4.4.2 Contenções

As contenções e as escavações, em especial as realizadas em centros urbanos, devem ser muito bem planejadas e executadas. Para que isso ocorra, é preciso ter o projeto e o acompanhamento do Engenheiro Geotécnico.

Envolvem definir as etapas de sua execução, a utilização ou não de tirantes, as etapas das escavações e o local da rampa de acesso provisório para a entrada e a saída das escavadeiras e dos caminhões que irão retirar o solo.

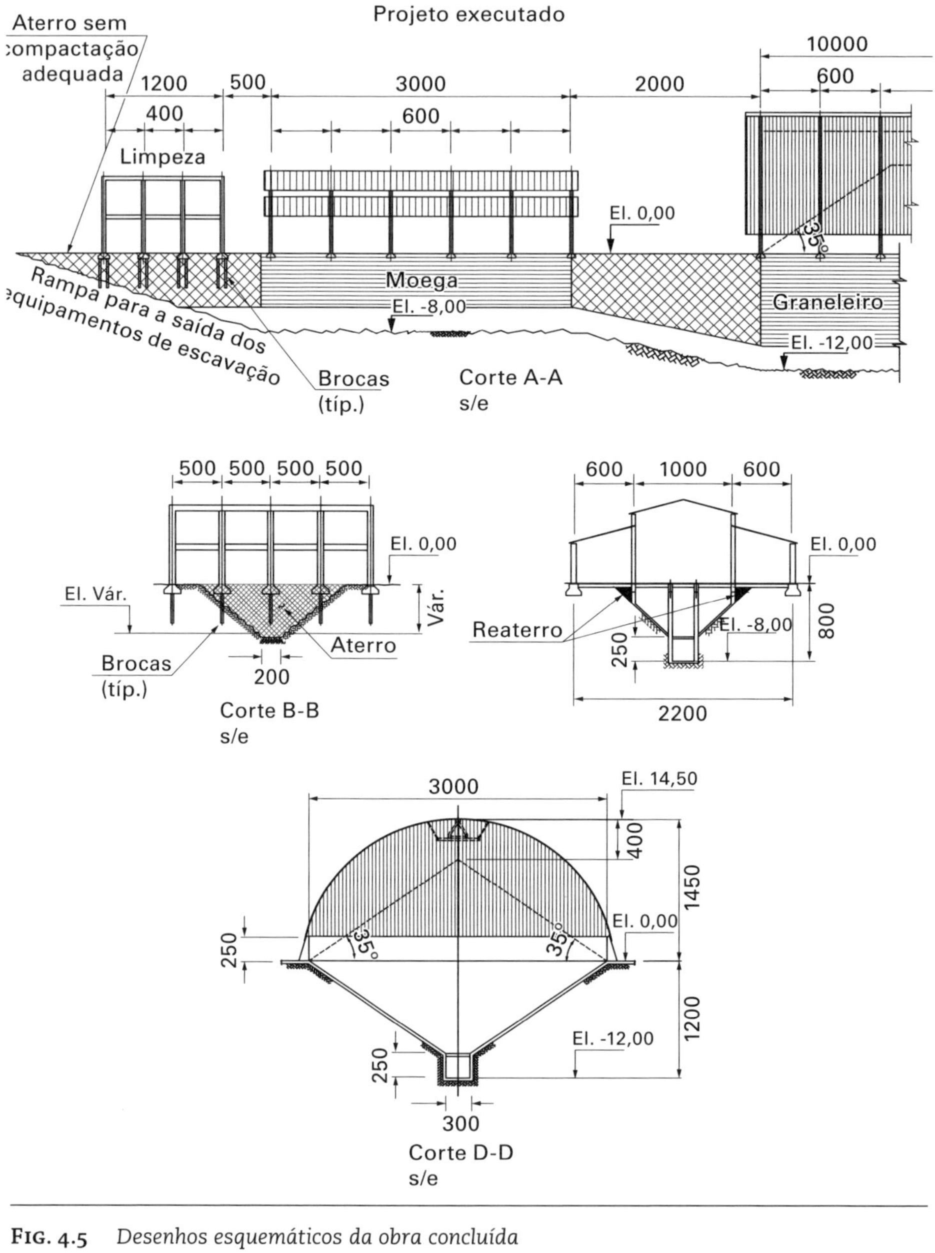

FIG. 4.5 *Desenhos esquemáticos da obra concluída*

As Figs. 4.6 e 4.7 ilustram a escavação do terreno de uma obra, com a indicação da rampa de acesso para os equipamentos.

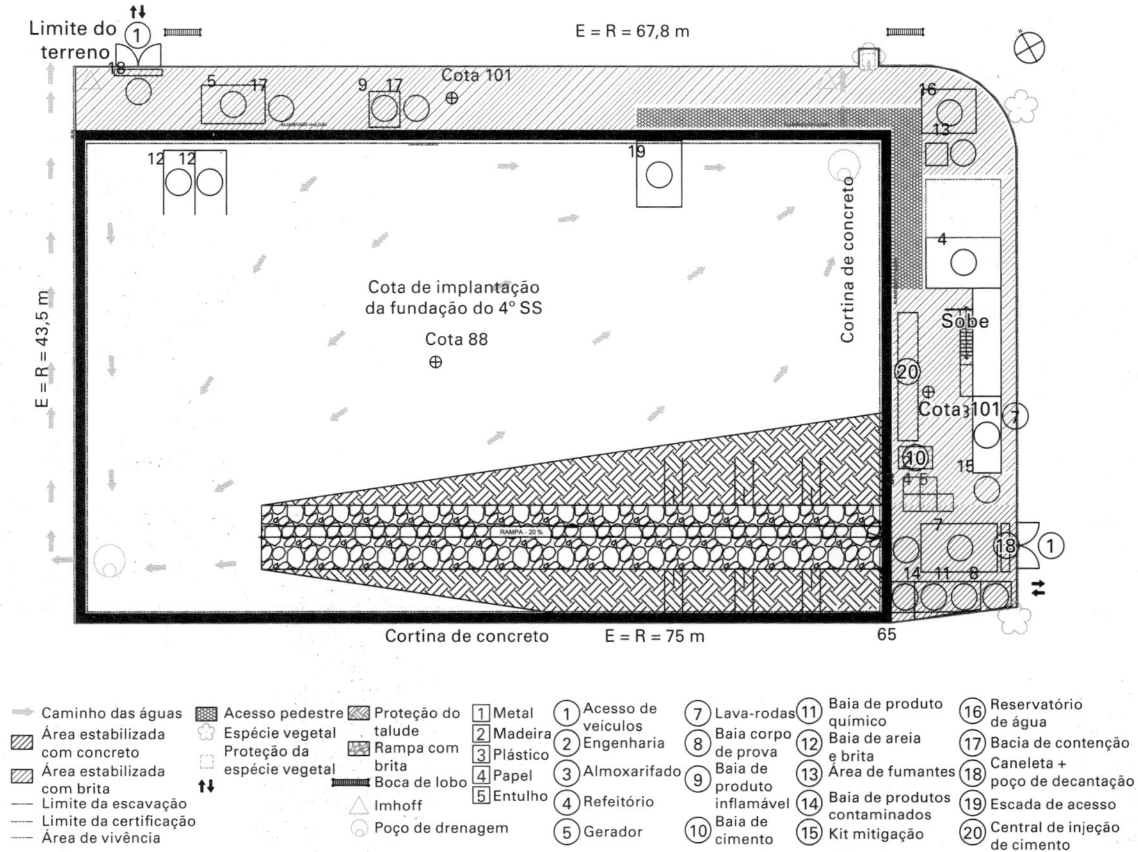

Fig. 4.6 *Planta esquemática de escavação do terreno de uma obra, com a indicação da rampa de acesso para os equipamentos*

FIG. 4.7 *Visão geral da escavação do terreno de uma obra, com a indicação da rampa de acesso para os equipamentos*

Parede diafragma

As Figs. 4.8 e 4.9 apresentam exemplos de contenção em paredes diafragma.

FIG. 4.8 *Visão geral de contenções e de reforço de fundações para a execução de escavações preservando a capela existente, tombada pelo Patrimônio Histórico*

FIG. 4.9 *Visão geral de parede diafragma atirantada e fundação em estaca raiz em execução*

Perfil pranchada

A Fig. 4.10 exibe uma obra com contenção em perfil pranchada.

FIG. 4.10 *Visão geral de uma obra com contenção em perfil pranchada*

Cuidados a serem tomados

Dois cuidados básicos devem ser tomados quando se executa uma obra, principalmente quando as contenções são necessárias: vistoria prévia e seguro.

Vistoria prévia

Trata-se de contratar um profissional, que normalmente é um perito, para proceder a uma vistoria nas construções vizinhas antes do início dos serviços, mapeando e documentando eventuais problemas existentes, tais como:

* fissuras ou trincas nas estruturas, alvenarias e pisos;
* infiltrações em lajes dos pavimentos expostos, em especial no andar térreo;
* locais onde a argamassa se destacou das alvenarias.

A documentação é feita por fotos acompanhadas de um jornal do dia, de forma a registrar a data da vistoria.

A ideia é tomar precauções para evitar que, após a execução dos serviços, um vizinho reclame do aparecimento de danos e queira responsabilizar a obra por eles.

As empresas idôneas não deixam de corrigir os eventuais danos feitos, mas também, obviamente, não querem ser obrigadas a corrigir patologias que já existiam antes do início da obra.

Seguros

Além da vistoria prévia, deve-se contratar uma apólice de seguro, conforme indicado na seção 4.1.

4.5 Estruturas

4.5.1 Estruturas de concreto armado ou protendido

Se a estrutura for executada em concreto armado ou concreto protendido, deve-se estudar o cimbramento, o tipo de formas adequado, o aproveitamento delas e o reescoramento.

Caso o concreto seja aparente, é necessário ter cuidados adicionais, tais como a precisão geométrica das formas, a utilização, quando for o caso, de perfis de alumínio ou de madeira nas juntas de concretagens, e a escolha adequada do tipo de cimento (para evitar mudanças na coloração do concreto), do *slump* (para evitar bicheiras) e do tamanho dos agregados.

O primeiro cuidado que se deve ter na obra, quando chega o caminhão betoneira, é verificar se os dados da nota fiscal estão corretos: o endereço da obra, a resistência e o *slump* solicitado, uma vez que podem ocorrer enganos do motorista quanto ao local exato da entrega do concreto ou em sua especificação. (A nota fiscal pode ser de outra obra, fato que ocorreu comigo algumas vezes...)

Com esse objetivo, na maior parte das obras contrata-se o controle tecnológico do concreto junto a empresas especializadas, com os testes e ensaios listados a seguir:

* *slump test*: teste feito na chegada do concreto à obra para saber se ele tem a consistência encomendada (Fig. 4.11);

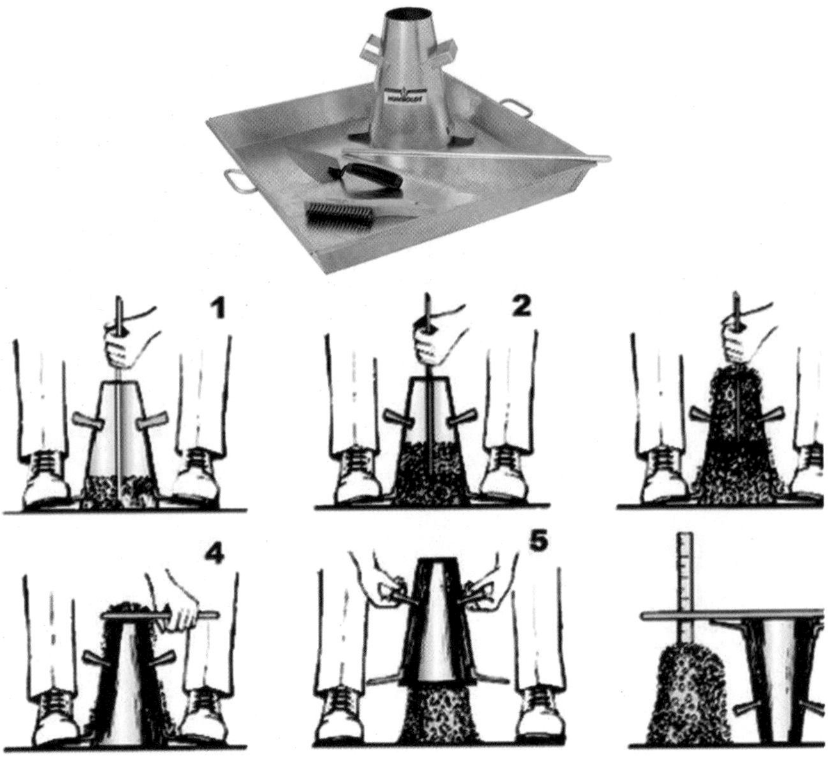

Fig. 4.11 Slump test

- *controle da resistência*: obtido com o rompimento de corpos de prova, geralmente feito aos 3 ou 7 dias e aos 28 dias;
- *controle da deformação*: obtido com o ensaio do módulo de elasticidade.

O controle da resistência do concreto é fundamental, uma vez que é o valor considerado pelo Engenheiro de Estruturas da obra para dimensionar os elementos estruturais e que é indicado nas plantas do projeto estrutural.

Ao solicitar o concreto numa usina de concreto, é preciso ser claro na indicação de sua resistência e do *slump* de lançamento, e a usina deve assegurar que aos 28 dias a resistência seja no mínimo a solicitada.

As Figs. 4.12 e 4.13 mostram, respectivamente, o processo de concretagem por meio de bomba para o lançamento do concreto e uma estrutura em concreto armado em execução.

FIG. 4.12 *Concretagem em execução com utilização de bomba para lançamento do concreto*

FIG. 4.13 *Visão de estrutura em concreto armado em execução*

Caso o pedido feito à usina não seja muito claro e a nota fiscal não seja conferida, pode-se ter um problema sério, conforme relatado no caso a seguir.

CASO 9 – ESTRUTURA – SAPATAS DA ESCOLA Z

Fui designado para ser o Engenheiro-Residente da obra de uma Escola de Engenharia que já estava em andamento. Ela já havia sido iniciada por outro Engenheiro da Construtora em que eu trabalhava, um "senhor" Engenheiro que, embora sênior e com muitas outras atribuições, gostava muito do trabalho de campo.

Ele estava sendo auxiliado, no dia a dia, por um professor de eletricidade da faculdade, que era o preposto do Cliente e que também gostava de "tocar" obra.

Ao chegar ao canteiro, observei que todas as sapatas das fundações da obra já estavam concretadas. No dia seguinte, haveria uma nova concretagem de uma parede de arrimo, e o concreto, da mesma maneira que nas outras concretagens, tinha sido encomendado à usina pelo Professor-Fiscal.

Perguntei ao Mestre da Construtora, o Sr. José Gonçalves, se haviam sido tirados corpos de prova, de acordo com as normas da época, para aferir a resistência do concreto. Diante de sua negativa, solicitei a um laboratório de concreto que fizesse a coleta e a moldagem dos corpos de prova.

No dia seguinte, o caminhão da usina chegou e "bateu" o concreto, e, dentro do escritório da obra, ouvi, pela janela, o motorista do caminhão falar para o moldador dos corpos de prova:

– Oh meu, este concreto não é para ser ensaiado. Ele não tem resistência.

Saí correndo do escritório e pedi para ver a nota fiscal. Ela indicava que o concreto, em vez de ser o estrutural, especificado em projeto, com resistência de 15 MPa (150 kg/cm² na época), era um concreto magro, usado como lastro, com consumo de cimento de 150 kg/m³, completamente inadequado para o uso na estrutura.

Corri a seguir para o escritório do Professor-Fiscal e, aos brados, pedi as notas fiscais das concretagens anteriores. As notas eram todas do concreto magro inadequado, ou seja, todas as sapatas da obra estavam com concreto sem a resistência especificada.

Solução

Fui para nosso escritório, reportei o assunto ao Diretor Técnico da empresa e partimos para resolvê-lo. Tínhamos para nós, claramente, que a pior solução seria a demolição das sapatas concretadas, pelos prejuízos em prazo, em custo e de imagem da faculdade perante seus alunos.

Procuramos, então, o Engenheiro de Estruturas desse projeto, que por acaso (seria mesmo por acaso?) havia sido meu professor de Resistência na Poli e era também professor titular de Concreto da faculdade.

Tínhamos consciência de que dependíamos totalmente da boa vontade dele, como responsável pelo cálculo da estrutura, para conseguirmos uma solução que fosse a menos traumática possível. Em resumo, tínhamos que "cantá-lo".

Ele era descendente de italianos, tido como malcriado, e nos recebeu em sua casa, de má vontade, porque já havia sido informado pelo Professor-Fiscal que tínhamos um problema na obra. Visivelmente contrariado, foi logo perguntando:

– Afinal, o que está ocorrendo?

Vendo o jeito dele, fui direto ao assunto:

– Professor, aconteceu um problema – disse, e rápida e resumidamente lhe expliquei o que havia ocorrido.

– Como uma empresa tradicional como a de vocês comete um erro infantil desses? – esbravejou ele.

Tentando acalmá-lo, explicamos com muita paciência o que havia ocorrido, a boa intenção das pessoas envolvidas, as quais ele conhecia bem, e pedimos sua ajuda para resolver o assunto.

Nesse momento, aconteceu uma mudança em seu semblante. Tendo entendido claramente o que havia acontecido e tendo sido solicitado a colaborar, surgiu o Engenheiro, na melhor acepção do termo, pronto para resolver o assunto. Ufa, tínhamos ganhado o cara!

Ele pegou a planta das sapatas que estava em cima de sua mesa e começou a falar o que o Diretor e eu já imaginávamos.

As sapatas de uma estrutura são peças que transferem a carga dos pilares para o solo, sendo, portanto, peças com grandes volumes de concreto, o que faz com que o concreto delas não seja tão solicitado como o concreto das vigas e dos pilares.

Para evitar a demolição, entretanto, e de acordo com as normas, era necessário que garantíssemos que o concreto lançado tivesse uma resistência de pelo menos 10 MPa, para que fosse considerado estrutural.

Concordamos com ele, e eu providenciei o rompimento de corpos de prova extraídos de uma viga baldrame da obra. O resultado veio com cerca de 11 MPa, o que permitia considerarmos o concreto estrutural. Repassei imediatamente essa informação ao Professor Italiano, que autorizou continuarmos a obra. Ufa!

Apesar de ele ter liberado os trabalhos, providenciamos, por garantia, um reforço estrutural nas sapatas, estudado por nosso Diretor Técnico, com outro Engenheiro de Estruturas que era nosso conhecido, conforme indicado no croquis da Fig. 4.14.

Os reforços foram feitos de modo rápido e discreto e praticamente ninguém ficou sabendo deles, não tendo ocorrido nenhuma repercussão negativa.

Vinte anos depois, fui convidado para dar aulas de Construção nessa mesma faculdade. Ao chegar, observei que a sala designada para a aula era exatamente no edifício onde havia ocorrido esse caso. Então, iniciando uma aula pela primeira vez, na frente dos jovens alunos, lembrei-me em *flashs* do ocorrido, de que estávamos sobre aquelas sapatas reforçadas, e senti saudade das pessoas e daquele tempo...

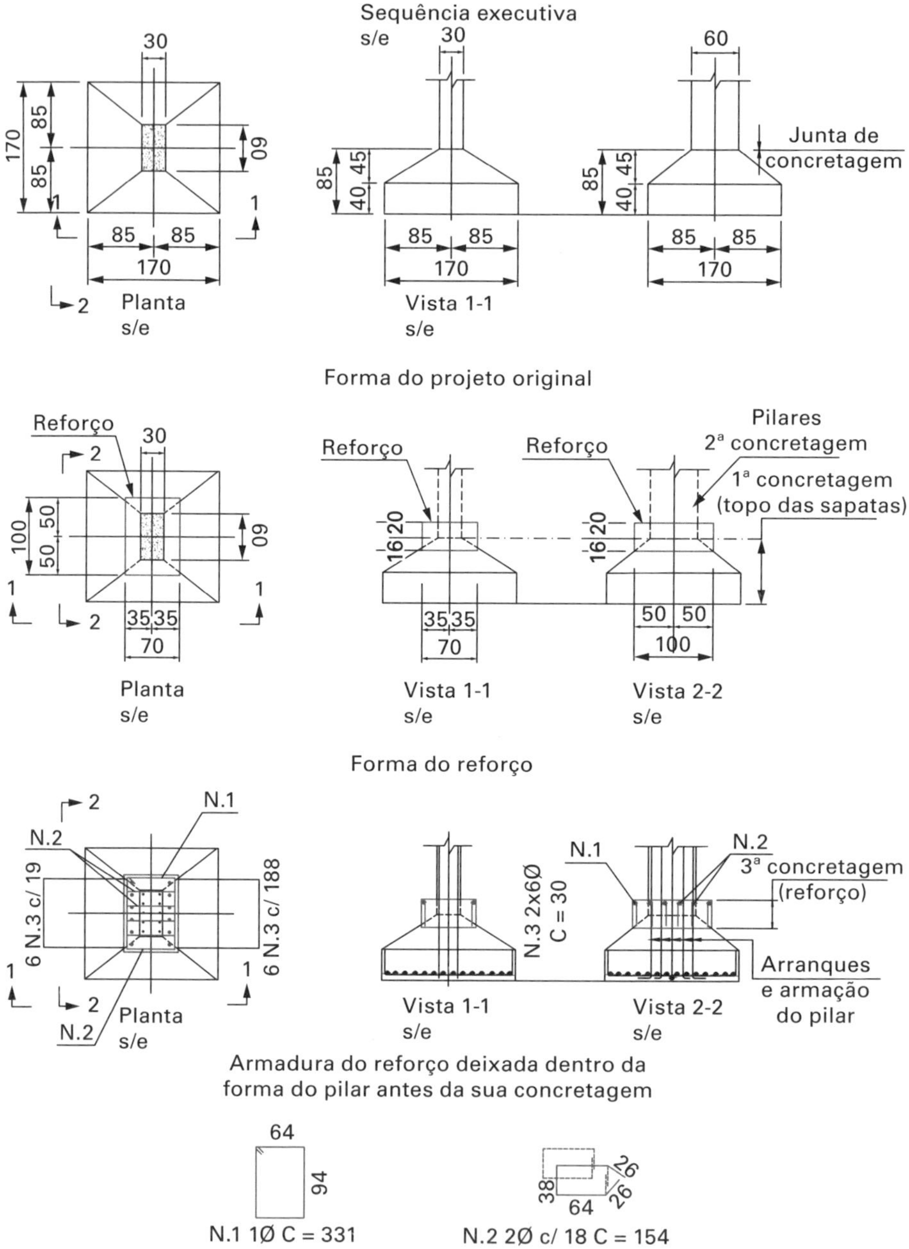

Fig. 4.14 *Desenhos esquemáticos de reforço para sapatas*

4.5.2 Estruturas metálicas

Conforme mencionado na seção 3.5, uma obra pode ser executada com estruturas metálicas. Essas estruturas têm características que podem ser importantes ou até fundamentais, uma vez que:

* sua confecção é feita em fábrica, o que permite um alto grau de controle;
* suas medidas têm precisão maior que as medidas obtidas nas obras de concreto moldadas *in loco*;
* sua montagem pode ser rápida;
* suas peças vencem grandes vãos com dimensões menores que as do concreto;
* em algumas situações, como a inexistência de área para canteiro, são praticamente a única solução possível;
* permitem a obtenção de obras mais leves, com economia no custo das fundações, e, em locais onde o metro quadrado é muito elevado, possibilitam ganho de espaço decorrente da menor dimensão dos pilares metálicos em relação aos de concreto.

Por esses motivos, as estruturas metálicas são muito utilizadas no Brasil na execução de coberturas, lojas, shoppings, concessionárias de veículos, estacionamentos, depósitos, pontes e viadutos. Em outros países, são também muito adotadas na execução de edifícios.

Nesse caso, o ganho de tempo na execução da estrutura metálica deve vir associado a sistemas construtivos industrializados compatíveis, como é feito, por exemplo, nas construções nos Estados Unidos que utilizam painéis pré-fabricados e fechamentos com vidros.

Fiz alguns estudos comparativos para edifícios convencionais de até cinco andares onde o custo da execução da estrutura em concreto armado ficou sempre abaixo do custo para executá-la em estrutura metálica. Os motivos dessa diferença devem ser decorrentes do custo elevado dos perfis metálicos, do **tratamento com pintura intumescente para atender às normas de proteção contra fogo, em geral muito caro,** e dos impostos sobre a fabricação da estrutura.

Além disso, as vantagens de ganho de prazo podem ser diminuídas pela demora na execução de fechamentos e acabamentos da obra, caso estes sejam convencionais, como na execução de alvenarias e revestimentos.

Considero que não temos detalhes de projeto adequados nem mão de obra experiente na execução desses detalhes na interface das peças metálicas com os acabamentos, fato que acarreta fissuras indesejadas. Deveríamos evoluir nesses assuntos para podermos aumentar o número de obras de estruturas metálicas.

A Fig. 4.15 mostra vigas treliçadas metálicas de cobertura em fase final de montagem, ao passo que a Fig. 4.16 exibe a montagem de um edifício em estruturas metálicas.

Fig. 4.15 *Visão geral de vigas treliçadas metálicas de cobertura em fase final de montagem*

Fig. 4.16 *Visão geral de montagem de edifício em estruturas metálicas*

4.5.3 Outras estruturas

Estruturas mistas (de concreto e metálica)

É uma solução que vem sendo usada e tem algumas vantagens. Em geral, a estrutura é composta de pilares e vigas metálicas, seguidas de pré-lajes e capa de concreto armado.

Estruturas em madeira

Executei alguns telhados de madeira há muito tempo, principalmente com peroba-rosa. Esse tipo de madeira, assim como muitos outros, foi ficando escasso e muito caro, o que tem limitado a execução dessa modalidade de obra.

Atualmente ainda existem empresas que trabalham com madeira, em geral de reflorestamento, cultivada para ser utilizada em construções.

Estruturas em alvenaria estrutural

Trata-se do "processo construtivo racionalizado caracterizado pelo uso das paredes como elemento estrutural dos edifícios, dimensionadas através de cálculo racional de confiabilidade determinada" (Franco, 1997).

Em outras palavras, não existem pilares e vigas estruturais, uma vez que o edifício será suportado pela própria alvenaria, sendo a estrutura caracterizada por um sistema do tipo *casca* ou *placas*.

4.6 Vedações ou fechamentos

De maneira geral, os fechamentos tanto externos como internos das obras executadas entre nós são feitos pelas alvenarias, também chamadas de vedações. Elas podem ser executadas com tijolos cerâmicos maciços comuns, blocos cerâmicos ou blocos de concreto, conforme mostrado nas Figs. 4.17 e 4.18.

Há muitos anos, as obras eram executadas somente com tijolos (maciços) comuns feitos em olarias, com dimensões de 5 cm × 10 cm × 20 cm, assentados com argamassas feitas nos canteiros, compostas de cimento, cal e areia, e, muitas vezes, apenas de cal e areia. Com o passar dos anos, os tijolos foram diminuindo de dimensão e passaram a ser fabricados sem cuidados e sem o tempo de cura necessário, perdendo qualidade, o que acarretava muita quebra no transporte e no próprio canteiro.

FIG. 4.17 *Paredes de alvenaria em blocos cerâmicos sendo destacadas*

FIG. 4.18 *Parede de alvenaria em blocos de concreto*

Essa perda de qualidade propiciou o aparecimento dos blocos cerâmicos e dos blocos de concreto vazados, mais leves, que, por sua qualidade e dimensões precisas, passaram a ser usados de forma predominante na execução das obras.

As alvenarias, de maneira geral, não recebiam muita atenção das construtoras em virtude de seu pequeno peso econômico em relação ao valor total da obra. Normalmente eram executadas de acordo com a experiência dos pedreiros, dos mestres ou dos engenheiros, e, consequentemente, não seguiam um padrão.

Na década de 1980, entretanto, algumas construtoras, buscando menores custos e maior qualidade da obra, em conjunto com os fabricantes dos blocos, investiram em uma pesquisa na Escola Politécnica da USP que gerou um avanço no conhecimento e criou padrões para sua execução no canteiro.

A partir daí surgiram empresas que passaram a projetar os panos de alvenarias, sua fixação, as vergas e as contravergas e suas espessuras. Apareceram também empresas de mão de obra que se especializaram em executar as alvenarias e que passaram a subempreitar esses serviços das construtoras, com vantagens de custo e qualidade.

Entre as melhorias, destacam-se:

* menor perda de materiais no canteiro;
* diminuição das patologias, tais como fissuras, trincas etc.;
* menores custos;
* maior qualidade, o que propiciou a diminuição das espessuras dos revestimentos.

4.7 ESQUADRIAS METÁLICAS

Normalmente, as construtoras subcontratam empresas especializadas para a execução desses serviços. Conforme mencionado no Cap. 3, as esquadrias e os vidros devem ser objeto de projeto detalhado do Consultor de Caixilhos e devem ser contratados de uma mesma empresa para manter a responsabilidade sobre o conjunto.

O início de sua montagem deve ocorrer quando os serviços mais pesados já estiverem concluídos, tais como as alvenarias, os revestimentos de paredes e pisos, os forros e as fachadas, uma vez que podem ser facilmente danificadas por impactos ou contaminação por cimento.

Exemplos de caixilhos no sistema unitizado são apresentados na Fig. 4.19.

FIG. 4.19 *Visão geral de caixilhos no sistema unitizado*

4.8 INSTALAÇÕES ELÉTRICAS E HIDRÁULICAS

De maneira geral, as construtoras também subcontratam empresas especializadas, chamadas instaladoras, para a execução desses serviços. É comum que sejam contratadas de uma mesma empresa, mas em determinadas circunstâncias pode ser interessante contratar os diferentes serviços de empresas distintas. Dependendo do projeto, elas podem ser embutidas, como na maior parte dos edifícios residenciais, ou aparentes, como nas indústrias e nos laboratórios.

4.9 AR-CONDICIONADO E SISTEMAS DE SEGURANÇA, ÁUDIO, VÍDEO E MULTIMÍDIA, TELECOMUNICAÇÕES

Geralmente, as construtoras subcontratam empresas especializadas para a execução desses serviços, que devem ser muito bem fiscalizadas pela equipe da Construtora e do Cliente. Dependendo da complexidade desses serviços, podem ser contratados especialistas para verificar os projetos e fiscalizar suas execuções.

As Figs. 4.20 e 4.21 mostram, respectivamente, evaporadoras e condensadoras do sistema de ar condicionado VRF (*variable refrigerant flow* – volume de refrigerante variável).

4.10 Conforto térmico

Conforme mencionado na seção 3.5.12, os *brises-soleils* são elementos colocados externamente aos caixilhos das fachadas dos edifícios para eliminar a incidência direta da radiação solar em seus interiores, de forma a evitar o aumento da temperatura. A Fig. 4.22 apresenta um *brise-soleil* em execução.

4.11 Acabamentos

Os serviços de revestimentos de paredes podem ser iniciados após a conclusão da estrutura, das alvenarias, do contrapiso, dos contramarcos, dos caixilhos e das instalações embutidas nas paredes ou sobre os forros.

Nessa fase, não se deve fugir da sequência conhecida e adequada para que serviços não sejam danificados pela execução dos que vêm na sequência.

Como exemplo, é indicada a seguinte sequência ideal para a execução dos acabamentos de uma sala para laboratórios: estrutura, alvenarias, instalações embutidas nas paredes, revestimentos de paredes, instalações elétricas, hidráulicas e de ar condicionado no teto, instalações embutidas nos contrapisos, contrapisos, esquadrias e vidros, pintura, forros, revestimentos de pisos e divisórias.

Não se deve, por exemplo, executar o piso final antes da execução das instalações embutidas no forro e do próprio forro.

Embora pareça óbvio, nessa fase, que é a final, muitas vezes a obra está atrasada em relação ao prazo de contrato, e a direção técnica, querendo minimizar o atraso, decide tentar "queimar" etapas. De maneira geral, o que ocorre é a perda da qualidade, que gera retrabalho, custos e aumento do prazo da execução. Em resumo: gasta-se mais, não há ganho de prazo e há perda de qualidade.

Na etapa de acabamentos, passei a usar uma frase do Professor Carlos Marmo que ouvi numa aula de Geometria Descritiva, no Curso Anglo, ao

Fig. 4.20 *Evaporadoras tipo cassete do sistema de ar condicionado VRF*

Fig. 4.21 *Condensadoras do sistema de ar condicionado VRF*

Fig. 4.22 Brise-soleil *em execução*

resolver na lousa um problema de projeção de um tetraedro, pensando cada etapa da solução: "Tem que andar devagar para o serviço sair depressa".

4.12 Outros – aquecimento solar, reaproveitamento de água, cenotecnia, paisagismo

Em muitas obras são projetadas, por especialistas em cada área, instalações para aquecimento solar, reaproveitamento de água, cenotecnia e paisagismo, entre outras, com o objetivo de, respectivamente, economizar energia e água, prover recursos para o espetáculo, no caso de teatros, e fornecer o paisagismo externo que complementa a implantação da obra no terreno. Devem ser contratadas logo no início dos projetos e, obviamente, ser integradas a eles.

4.13 Entrega da obra

Quando todos os serviços contratados estiverem prontos, chega o momento da entrega da obra, evento que costuma estar nas cláusulas do contrato entre as partes.

A empresa gerenciadora ou o Fiscal da obra deve, então, fazer uma vistoria meticulosa e produzir uma lista de itens, se existirem, a serem melhorados ou corrigidos. Essa vistoria deve ser feita, de preferência, apenas pelo Gerenciador ou pelo Fiscal da obra.

Estamos falando de detalhes como defeitos pontuais em pisos e paredes, nas pinturas ou nos rejuntes, fissuras, uma junta de dilatação que não ficou bem-feita, uma mancha no concreto aparente, vidros quebrados, lâmpadas queimadas... Não estamos falando de problemas maiores, os quais devem ser corrigidos antes.

Em minha opinião, uma boa fiscalização de obra deve atuar preventivamente em todos os serviços, principalmente no início de cada um deles, para evitar que sejam executados sem qualidade, em grande quantidade, o que torna muito difícil sua correção.

A lista deve ser entregue formalmente para a Construtora, que deverá corrigi-los dentro de um prazo acordado, normalmente de 30 dias.

Concluídos todos os serviços, é realizada uma nova vistoria pela fiscalização, e, se tudo tiver sido feito de forma adequada, a obra é entregue e recebida, com a assinatura de seu recebimento num documento chamado de *termo de entrega*.

4.14 HABITE-SE

Após a conclusão da obra, é preciso regularizá-la junto à Prefeitura do Município, que emite um documento denominado Habite-se.

Para isso, deve-se juntar vários documentos, entre eles o alvará de construção validado, o auto de vistoria do Corpo de Bombeiros (AVCB), a certidão negativa de débito (CND) junto ao Instituto Nacional do Seguro Social (INSS) (imposto federal), a certidão de regularização junto à Prefeitura (ISS – imposto sobre serviços) e o alvará de funcionamento dos elevadores.

Casos 5

A seguir, são apresentados outros casos reais ocorridos ao longo do tempo, em diversas obras, em que eu estava envolvido ou de que tomei conhecimento. Os casos 21 a 24 são de projetos errados.

Caso 10 – Blocos de estacas da escola AA

Fui designado para ser o responsável pela obra de uma escola. Ao estudar os projetos, chamou-me logo a atenção que os pilares de um dos edifícios a serem construídos se apoiavam sobre 14 blocos de uma construção antiga que havia no terreno, com quatro estacas em cada bloco, como mostrado na Fig. 5.1.

A modulação do projeto arquitetônico tinha sido feita para que os pilares caíssem sobre os eixos dos blocos existentes, modulados a cada 8,18 m.

No projeto estrutural, havia uma nota do Calculista dizendo: "A capacidade de carga das estacas existentes deve ser ensaiada e/ou aprovada por Especialista". Em outras palavras, ele se eximia da responsabilidade sobre a solução adotada e transferia a responsabilidade sobre as fundações existentes para a Construtora.

O Fiscal da obra era um Engenheiro sênior, o Dr. Y, que havia sido Diretor de Fiscalização do Departamento de Obras de uma grande empresa multinacional. Perguntei-lhe o que iríamos fazer para verificar a capacidade de carga dos conjuntos blocos-estacas, e ele me respondeu:

– Aqui havia uma fábrica. Se os conjuntos aguentavam uma fábrica, aguentam uma escola.

Quase caí duro com a resposta! Continuei argumentando:

– Não sabemos a carga que havia antes e não temos nenhuma ideia da capacidade de carga dos conjuntos bloco-estacas existentes.

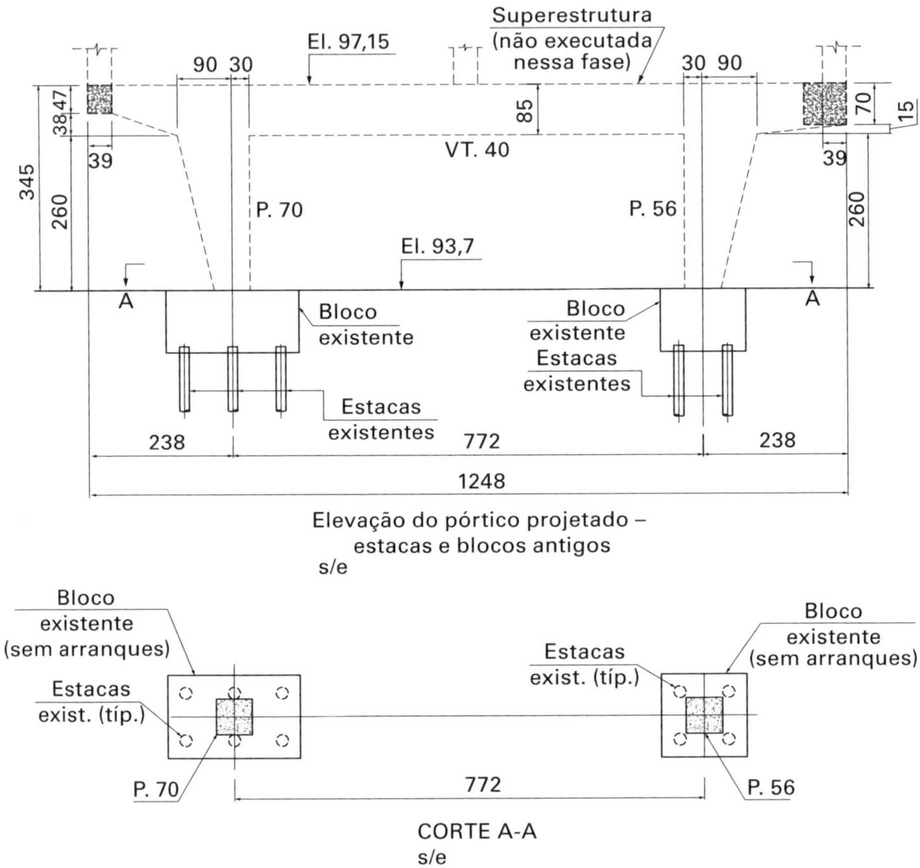

FIG. 5.1 *Planta e vista de blocos e estacas existentes que deveriam ser aproveitados como fundações e infraestrutura da nova obra a ser executada*

– Vamos executar a estrutura, que era um pórtico de concreto aparente com cerca de 12 m de vão [ver Fig. 5.1], e, se começar a recalcar, fazemos um reforço de fundações com estacas de reação tipo mega – ele respondeu.

Essa resposta me assustou mais ainda, uma vez que um pequeno recalque diferencial no pórtico de concreto aparente projetado poderia provocar fissuras impossíveis de corrigir, com efeitos muito negativos para a obra e para a imagem da Construtora junto ao novo Cliente.

Continuando a argumentar, eu disse:

– Dr. Y, estacas de reforço existem para serem usadas em obras que estão com problemas, e não em obras novas!

No entanto, ele continuava irredutível, uma vez que provavelmente era o responsável pela ideia de aproveitar as fundações existentes, e não queria assumir a possibilidade de um erro. Resolvi deixar o assunto mais para a frente, para quando o bate-estacas que havíamos contratado chegasse para cravar outras estacas nas demais edificações projetadas no terreno.

Alguns dias depois, o bate-estacas chegou. Eu havia combinado com o Mestre, Sr. Moacir, para pedir ao operador que recravasse uma estaca antiga que não seria reaproveitada, a qual havíamos preparado fora do conjunto dos blocos de coroamento. O operador posicionou o bate-estacas e iniciou a cravação. Depois de algumas batidas do martelo, a estaca cravou no solo cerca de 20 cm.

Chamei o Dr. Y e mostrei o que havia ocorrido. Nesse momento, percebi que a ficha dele tinha caído. Aproveitei e emendei:

– Vamos chamar o pessoal do Prof. Golombek [da Consultrix, empresa de consultoria de fundações muito conceituada] para resolver a questão?

Ao que ele respondeu:

– Vou chamar a empresa A, que é minha conhecida.

No dia seguinte, o consultor da empresa A chegou, e o Dr. Y explicou o caso. O consultor ouviu pacientemente a ideia de aproveitar os blocos e as estacas da obra antiga e falou a seguir:

– Quem foi o "artista" que deu essa ideia?

O Dr. Y desconversou, e o consultor continuou:

– A única forma de se saber a capacidade de carga do conjunto bloco-estacas é fazer uma prova de carga em cada um deles.

Essa solução era obviamente inviável, em termos de custos e prazo. O Dr. Y ficou mudo.

– O que fazer para não termos que executar as provas de carga? – perguntei.

O consultor respondeu que deveríamos demolir todos os blocos, cravar novas estacas, distantes das antigas, conforme as normas, cortar as estacas existentes abaixo da cota do solo sob os novos blocos a serem projetados, para evitar sua interferência, e, finalmente, concretar os novos blocos a serem calculados (Fig. 5.2).

Todo o trabalho de projeto para economizar nas fundações estava perdido. Não foi nada fácil para o Dr. Y explicar para o Cliente o aumento dos custos devido à correção do projeto...

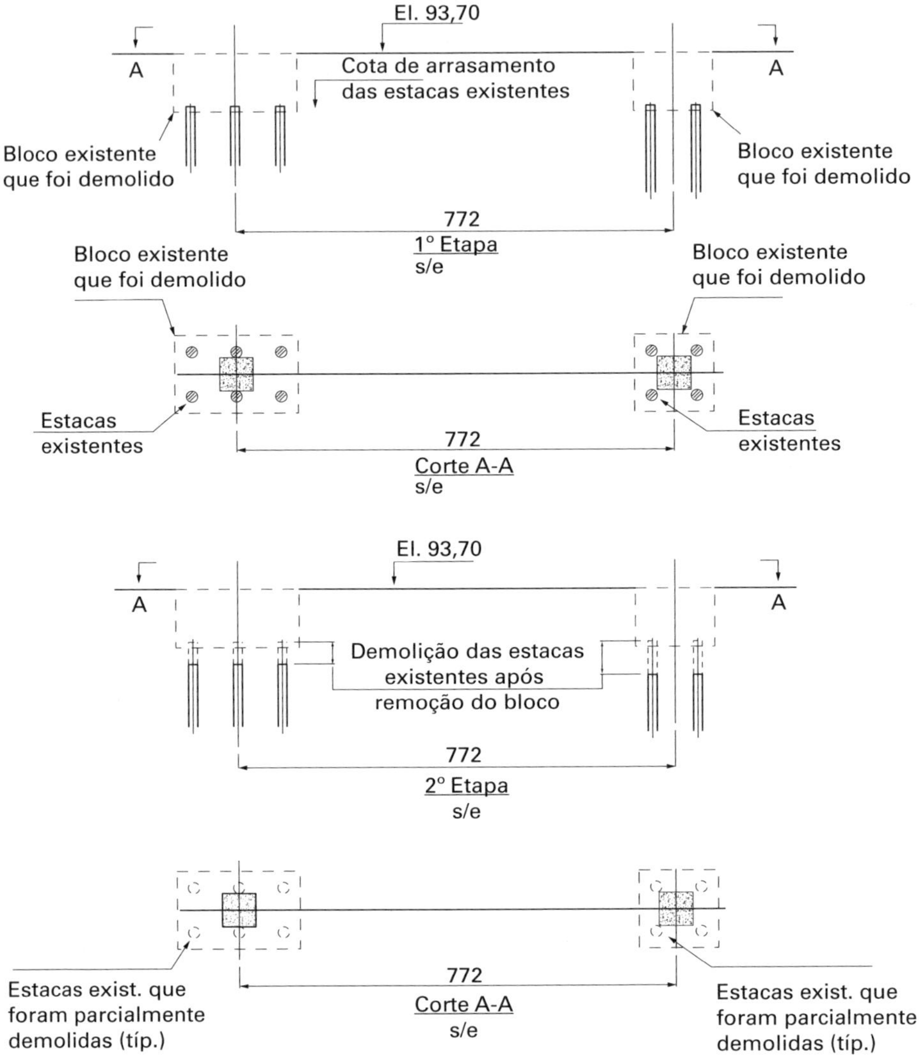

FIG. 5.2 *Demolição dos blocos e arrasamento de estacas existentes abaixo da cota dos novos blocos a serem executados*

A solução foi acatada, os blocos antigos foram demolidos, as estacas antigas foram arrasadas abaixo da cota de fundo dos novos blocos, as novas estacas foram cravadas e os novos blocos foram calculados e executados, como apresentado na Fig. 5.3.

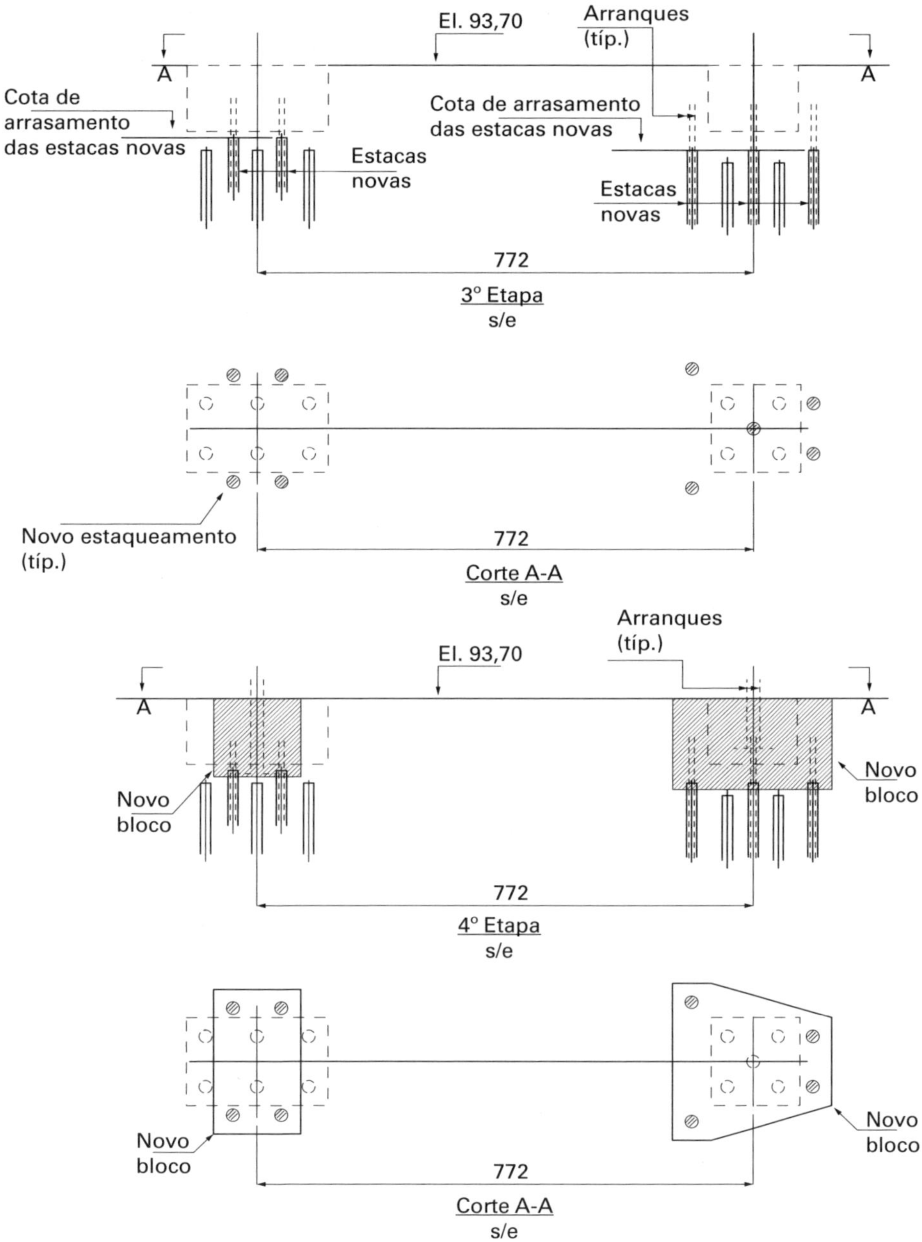

Fig. 5.3 *Planta e vista dos novos blocos e das novas estacas executadas*

A decisão tomada inicialmente de aproveitar as fundações existentes, sem consultar um Especialista em Fundações, com o objetivo de economizar, levou a uma solução trabalhosa e muito mais cara que aquela em que simplesmente fossem abandonadas as referidas fundações (Fig. 5.4). Como diz o ditado, "o barato saiu caro".

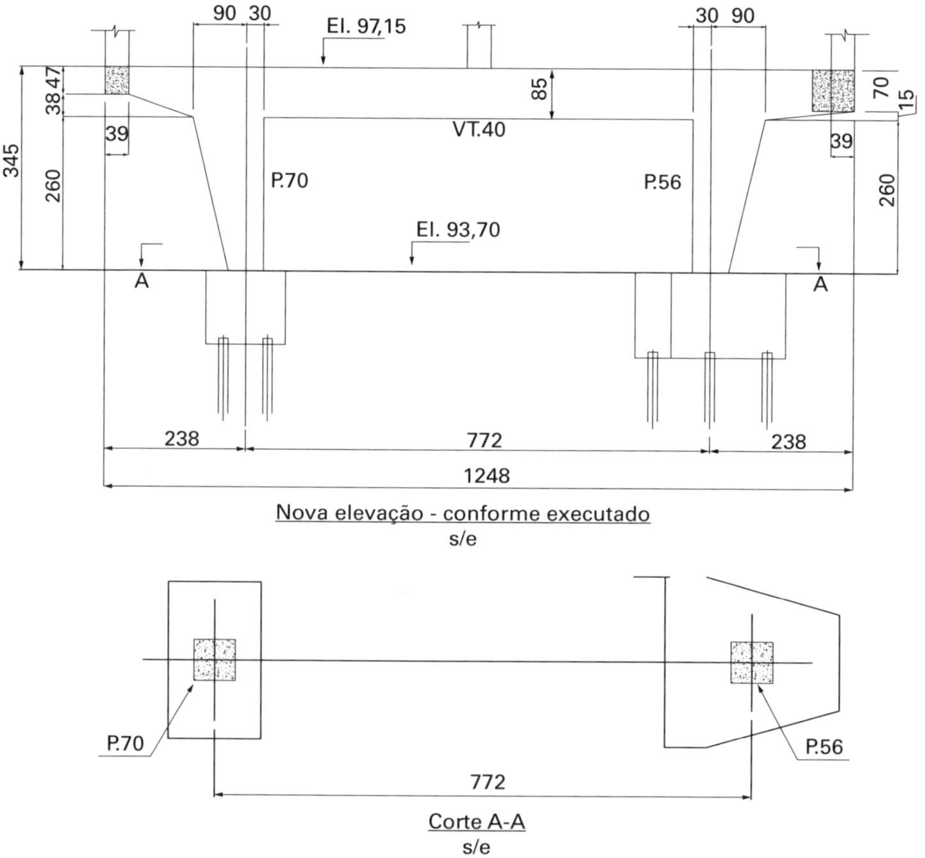

Fig. 5.4 *Vista e planta da solução final executada*

Caso 11 – O problema da comunicação – Obra da KDR

Trabalhei numa empresa que tinha diversas obras em cidades diferentes. Numa determinada época, para diminuir os custos decorrentes de abusos do pessoal, foi necessário diminuir as horas extras trabalhadas.

Nesse sentido, por determinação da diretoria, o departamento pessoal baixou a seguinte ordem: "A partir de hoje, é proibido fazer horas extras em todas as obras". Assim, o horário ficou sendo de segunda a sexta, das 7h às 17h, e sábados, das 7h às 11h.

Nessa época tínhamos, em uma cidade do interior de São Paulo, uma obra que estava em seu final e cujo Encarregado era o Duarte, um homem de 1,90 m de altura, excelente líder.

Como a obra estava no fim, o depósito central, de comum acordo com o Engenheiro responsável pela obra, providenciou um caminhão para ir até o canteiro buscar os equipamentos da empresa: betoneiras, bancas de serra, motores e mangotes vibradores. Era um sábado, e o caminhão se atrasou na saída de São Paulo e chegou ao canteiro às 11h02.

Como o horário de trabalho de sábado era até as 11h, o Duarte não teve dúvida: liberou os funcionários para irem embora, não permitindo que carregassem os equipamentos para o caminhão, dizendo:

– É proibido fazer horas extras.

O caminhão voltou vazio, para desespero dos funcionários de nosso depósito.

Moral da história: as pessoas podem levar as ordens ao pé da letra se não forem feitas ressalvas adequadas...

Em muitas oportunidades, ao dar uma instrução parecida em obras sob meus cuidados diretos, dizia ao Mestre:

– É proibido fazer horas extras. Mas, se estivermos no meio de uma concretagem, se a obra pegar fogo, se o Cliente solicitar alguma providência, você pode e deve atender ao que for necessário, fazendo horas extras, que acertamos depois. Você, que está aqui na ponta, deve tomar a decisão mais acertada.

Caso 12 – Obra da laje do edifício CIC

A Construtora para a qual eu estava prestando serviços recebeu o pedido de uma Cliente que informou que estava vazando água do teto de seu apartamento de luxo, onde morava havia pouco tempo. Ela tinha acionado o síndico e solicitado que a obra no apartamento de cima fosse embargada e só liberada com o aval de um Engenheiro.

Ao mesmo tempo, o Diretor da empresa, a pedido da proprietária do apartamento de cima, pediu que eu fosse até o local e avaliasse o assunto. Dirigi-me ao edifício e subi até o apartamento, que possuía uma grande sala com varanda. No piso da sala, com uma serra de cortar pisos, haviam feito vários sulcos de 10 cm a cada 30 cm, aproximadamente.

De imediato imaginei que a proprietária do apartamento tinha contratado a execução de um assoalho de madeira, e os sulcos serviriam para encaixar o barrote do piso. O funcionário da empresa contratada, provavelmente sem nenhuma orientação e experiência, havia cortado o piso, que ele julgou ser um contrapiso de 5 cm, revestimento usual nos edifícios, para embutir o futuro barrote para o assoalho.

Ocorre que não havia contrapiso. A laje tinha sido acabada no concreto como laje zero com a vibradora de superfície. Ou seja, o "artista" tinha serrado o concreto estrutural da laje com a serra. O vazamento aconteceu porque em algum ponto o corte atravessou toda a laje, e a água usada para resfriar a serra vazou para o andar de baixo.

Observando melhor, dava para perceber a armadura da laje em vários pontos. Uma burrada e tanto!

Prosseguindo a inspeção, fui observar melhor a sacada, que era uma laje em balanço. O corte da serra havia sido feito transversalmente à armadura negativa do balanço, com uma profundidade de 5 cm, e poderia ter atingido as barras da armadura negativa do balanço, o que teria sido um problema enorme, pois a laje da varanda poderia cair. Acontece que, por sorte, a armadura negativa estava abaixo da posição correta (que deveria ser a 2 cm ou 3 cm da superfície) e não tinha sido atingida, evitando um problema maior (a deformação da laje), conforme apresentado na Fig. 5.5.

A correção do problema foi dada por um Especialista em Patologia. Preenchemos as aberturas feitas com graute, recompondo a laje original.

Caso 13 – Estrutura – Viga da obra da BW

Estávamos construindo um galpão em concreto armado para uma indústria no ABCD, a mesma obra usada como exemplo na seção 4.3.

O galpão tinha 19 m de largura por 112,5 m, modulação de 7,5 m entre os pilares e seria coberto com telhas de concreto pré-moldadas protendidas. Em sua parte final, o vão aumentava para 19 m.

A viga de cobertura nesse vão final era uma viga calha, conforme desenhos esquemáticos da Fig. 5.6.

O ano era 1979, e nessa época o controle de qualidade do concreto era feito em função do volume total, e por isso não moldávamos corpos de prova para o controle da resistência do concreto de todos os caminhões. Dessa

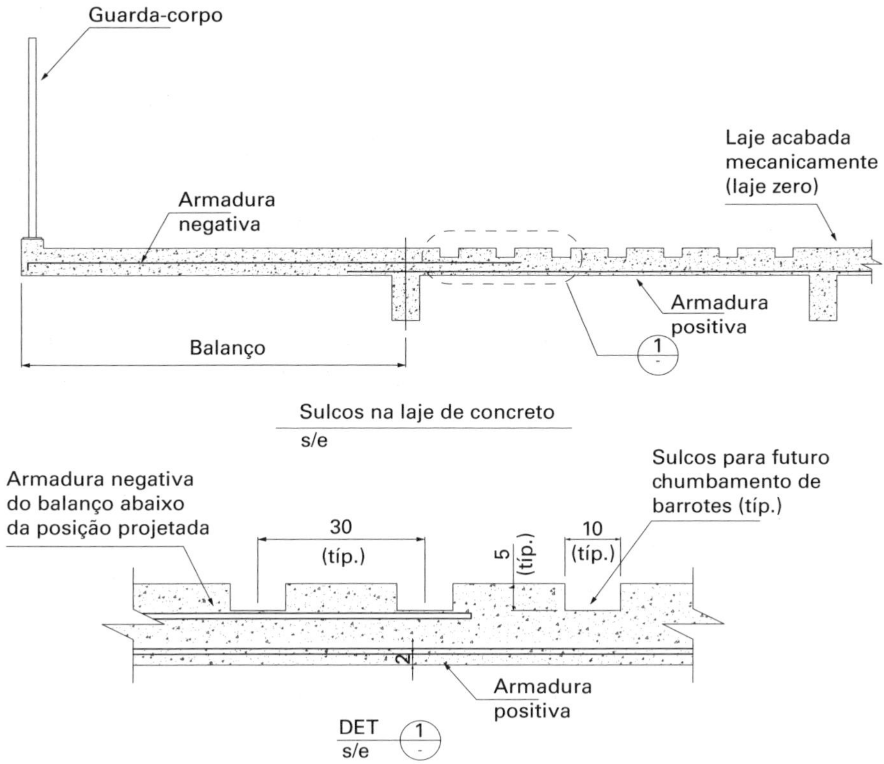

Fig. 5.5 *Desenhos esquemáticos dos cortes feitos na laje de concreto*

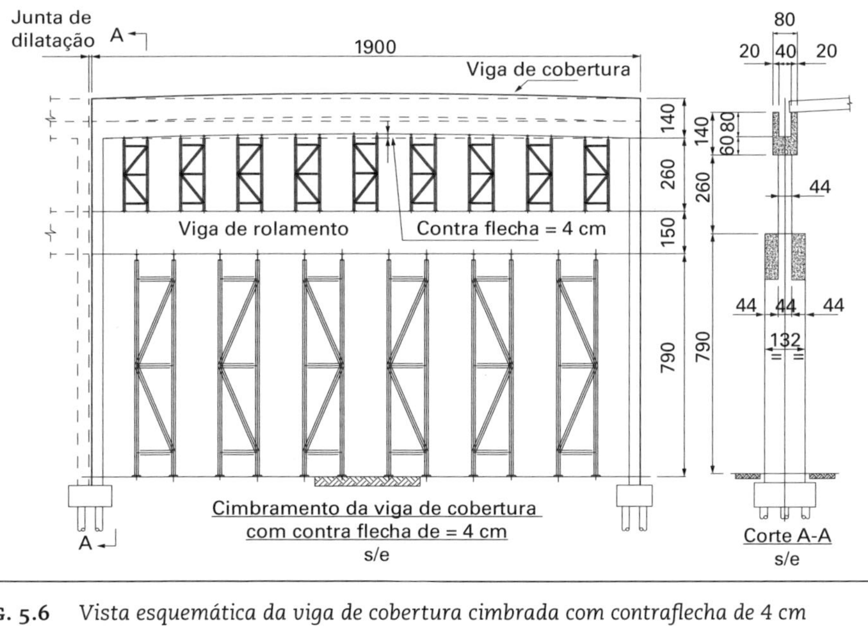

Fig. 5.6 *Vista esquemática da viga de cobertura cimbrada com contraflecha de 4 cm*

maneira, nessa concretagem, ocorrida em 25 de janeiro de 1980, feriado em São Paulo, não moldamos corpos de prova.

Havíamos executado a forma da viga com uma contraflecha de cerca de 4 cm, no meio do vão, conforme o projeto indicava. A concretagem foi executada e a montagem das telhas de concreto protendido iniciou dois dias depois, logo após a retirada das formas laterais. A viga, portanto, ainda estava cimbrada quando foi carregada com as telhas da cobertura.

Passados 20 dias, o Fiscal da obra, Sr. Manoel da Silva, excelente Mestre de Obras, chegou na porta do escritório e disse, com seu sotaque:

– Ô Roberrrrto, você não vai descimbrar a viga calha, não? Se não estiver boa agora, não vai ficar nunca.

Confesso que estava com certo receio de desformá-la. Queria esperar até os 28 dias para garantir a cura. O receio tinha certo fundamento. Os resultados do rompimento dos corpos de prova do concreto das vigas das pontes rolantes que estavam embaixo da viga calha, fornecidos pela mesma concreteira, tinham vindo abaixo da resistência solicitada, de 15 MPa.

Cutucado, porém, pelo Sr. Manoel, que entendia muito de obra e a quem eu também respeitava muito, chamei o Mestre da obra, o Sr. Moacir, e o liberei para descimbrar a viga. Uma hora depois, o Moacir voltou e falou:

– Doutor, a viga desceu!

Respondi:

– Reescore a viga o mais rápido possível.

Ele e os carpinteiros rapidamente reescoraram a viga com o cimbramento metálico. Subi pelo andaime até a viga, e os danos eram visíveis. Ela tinha fletido cerca de 4 cm no meio do vão, o que dava uma deformação total de cerca de 8 cm, contando com a contraflecha. Havia fissurado exatamente como se vê nos livros.

A fiscalização não nos poupou. Depois de muita conversa, contratamos o pessoal do Instituto de Pesquisas Tecnológicas (IPT), que extraiu corpos de prova da viga e fez os ensaios de rompimento. Os resultados foram de aproximadamente 11 MPa, abaixo do solicitado no projeto, 15 MPa. A baixa resistência do concreto era a principal causa da deformação ocorrida.

Analisando o caso com os engenheiros do IPT, aprendi algumas lições que ajudavam a esclarecer o ocorrido além da baixa resistência do concreto:

- o prazo de cura havia sido menor que o devido;
- a viga havia sido carregada com a carga das telhas pré-moldadas de concreto;

* a seção comprimida da viga era pequena e seu fundo era muito pesado (ver croquis da Fig. 5.6);

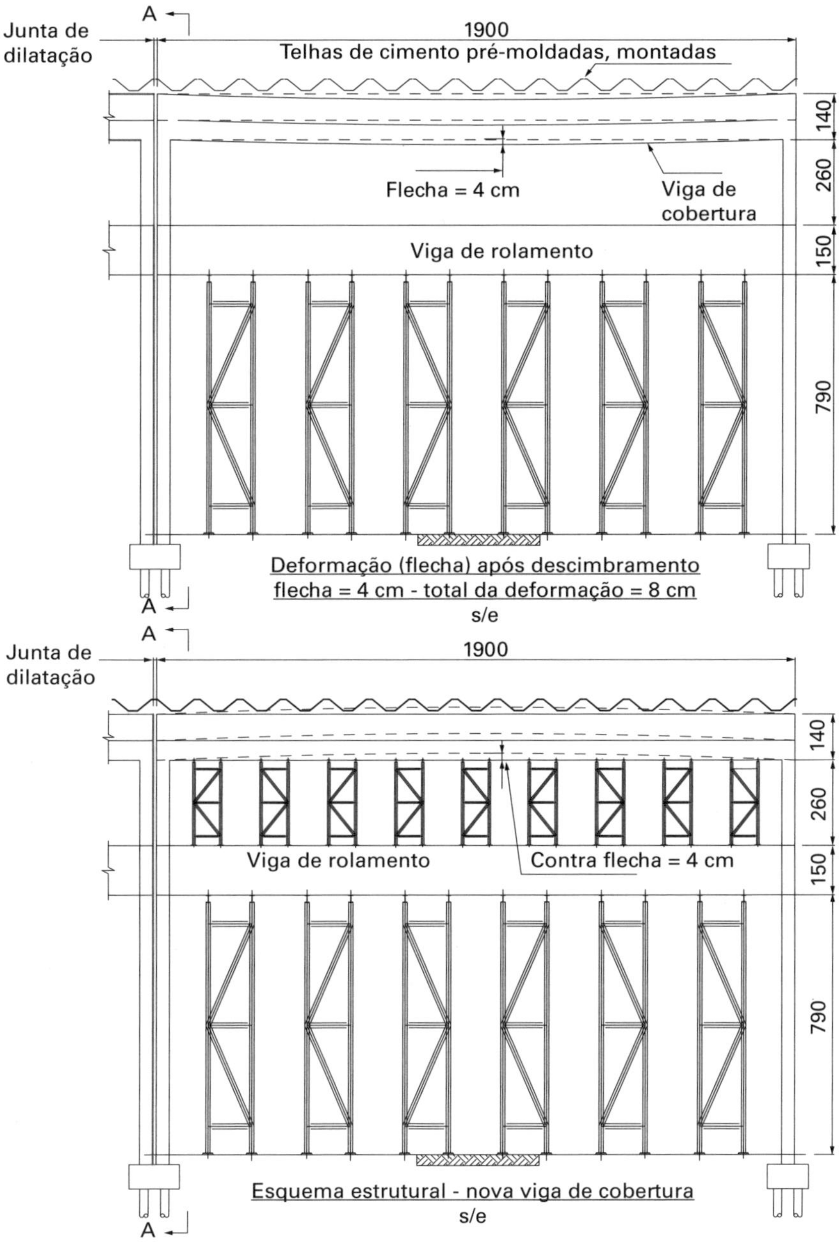

Fig. 5.7 *Vistas da viga depois de descimbrada, com a deformação (flecha), e novamente concretada*

* a desforma deveria ter sido feita mais devagar, desapertando os forcados em intervalos maiores de tempo, de forma a evitar a provável aceleração da viga, quando o concreto fissurou e transferiu a carga para as armaduras.

A solução foi, então, demolir a viga e refazê-la.

Dizem que aprendemos mais com os problemas do que com o que dá certo. Esse foi um problema com que aprendi muito. Seguem as lições que tirei:

* moldar sempre corpos de prova de todos os caminhões, providência que nunca mais deixei de fazer;
* não descimbrar sem saber o resultado da ruptura dos corpos de prova;
* em caso de grandes vãos, tomar cuidados adicionais ao fazer o descimbramento;
* esperar o tempo de cura adequado.

Esse aprendizado evitou problemas posteriores que tivemos em outras obras, onde o concreto ficou com resistência inferior à solicitada.

Caso 14 – Estrutura – Armadura da moega da obra de CM

No ano de 1975, estávamos construindo as obras de uma unidade de recebimento, estocagem e expedição de granéis em uma cidade do interior de São Paulo, constituída por um graneleiro com capacidade estática para 33.000 t de grãos, moegas de recepção, silos de expedição e prédios para laboratório, limpeza e pré-limpeza.

Eu me formei em 1974 e, embora tivesse feito um ótimo curso na Poli e um estágio em estruturas na conceituada empresa Figueiredo Ferraz, onde havia aprendido bastante, ainda era inexperiente.

Pela primeira vez, eu era o responsável por uma obra e estava conhecendo, na prática, os desenhos que compõem um projeto: a arquitetura, a estrutura, as instalações e o projeto de montagem de equipamentos.

Sendo orientado a distância pelo Diretor da empresa, que morava em outra cidade, com muitas dificuldades de comunicação estudei os projetos, fiz um cronograma inicial que ficou longe de ser cumprido, fazia a encomenda de materiais e acompanhava os trabalhos com o Mestre, mas sem nada muito sistemático.

Os serviços foram iniciados pelas escavações do graneleiro e das moegas de recepção, conforme indicado nos desenhos esquemáticos do Caso 8. Eram duas obras com projetos iguais sendo executadas em cidades próximas, a cerca de 120 km de distância, defasadas no prazo em três meses.

Eu combinava os procedimentos com o Mestre, Sr. Mario Guedes, conferia a geometria e as medidas e via as peças de concreto, os pilares, as vigas e as lajes serem armadas, acreditando que o Encarregado de Armação, Sr. Luiz Russo, era o responsável por esse serviço e capaz de executá-lo.

A parte enterrada das moegas foi executada, os reaterros foram feitos, e, nos topos dos pilares, estavam para ser concretados os cálices para receber pilares pré-moldados, conforme os desenhos esquemáticos da Fig. 5.8, quando resolvi conferir as armaduras.

Comecei por um pilar de 40 cm × 40 cm, conforme indicado nos desenhos esquemáticos da Fig. 5.9. Achei-o no desenho e vi que deveria ter 12 barras de diâmetro 3/4" (20 mm) e uma seção de aço de 37,8 cm^2; descobri que ele tinha 12 barras de 5/8" (16 mm) e seção de 24,0 cm^2.

Tomei um susto! Gelei! O pilar, concretado desde 8 m para baixo, estava com uma armadura equivalente a 63% da área de aço projetada. Por um momento, fiquei sem saber o que fazer.

Conversei com o Mestre, e ele não tinha também muito o que falar. O Encarregado tinha se enganado, o Mestre não havia feito a conferência e o pilar estava armado errado e concretado.

Os projetos tinham sido elaborados sob a supervisão do Arquiteto Fernando Craydi em escritórios de Porto Alegre. Procurei e achei, nos desenhos do projeto de concreto, o telefone do escritório que havia projetado a estrutura da obra. Naquela época, estávamos longe de ter um celular ou internet.

Peguei os desenhos e fui para a central telefônica de uma cidade maior, a cerca de 6 km da obra. Era assim que fazíamos para telefonar para outras cidades. Solicitei a ligação para a telefonista e esperei, apreensivo, por cerca de 40 minutos, me culpando por não ter conferido os desenhos, até que a ligação fosse finalmente completada.

Consegui que o Engenheiro Estrutural indicado como responsável no desenho fosse chamado e contei a ele o que havia ocorrido. Ele saiu um pouco da linha, deve ter pedido os desenhos, ouvi de longe suas conversas com alguém que devia estar próximo, e então voltou ao telefone:

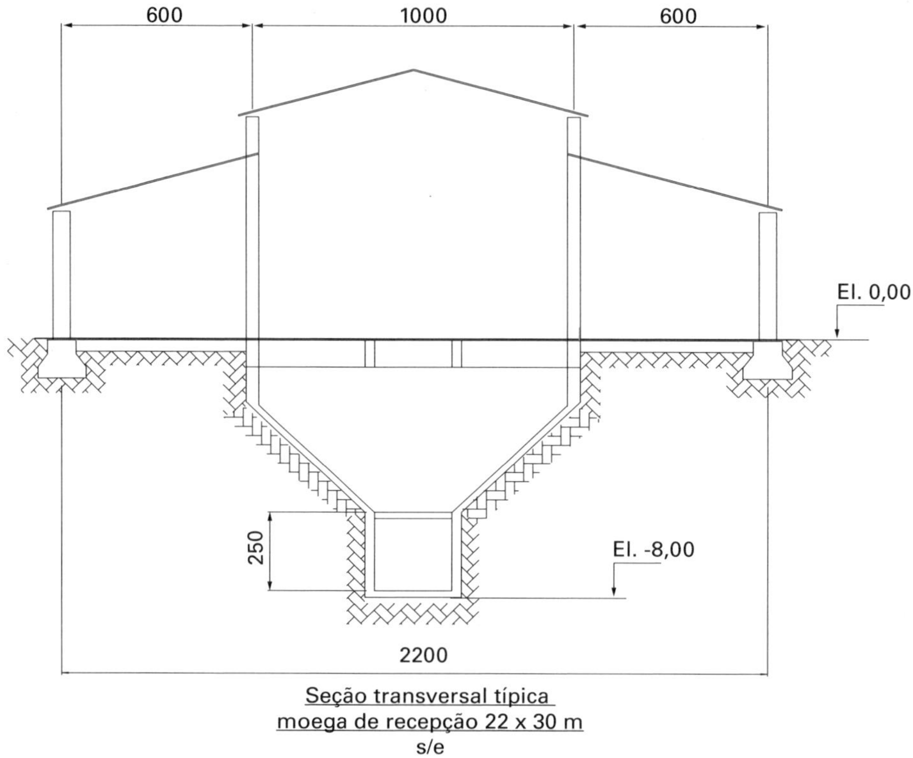

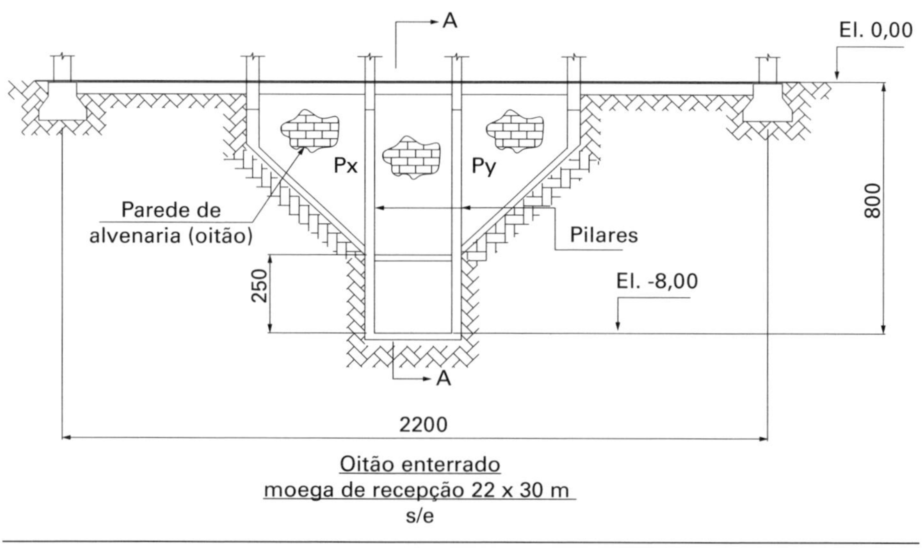

Fig. 5.8 *Corte esquemático do edifício e vista da parede enterrada de extremidade (oitão), que recebe o empuxo do terreno*

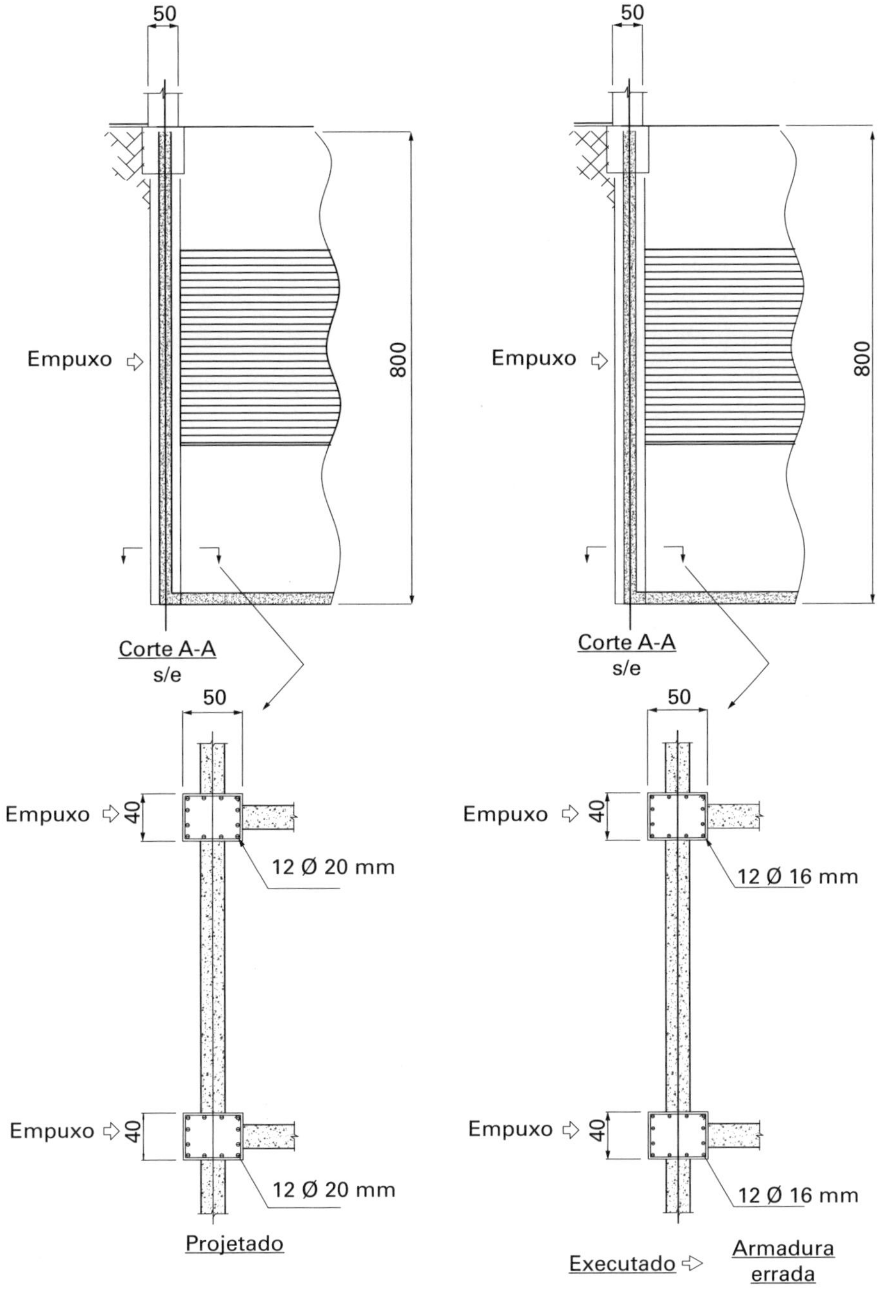

Fig. 5.9 *Detalhes dos pilares enterrados, sujeitos ao empuxo do solo, conforme o projetado e o executado*

– Vocês compactaram bem o aterro da parede da moega onde este pilar está? – perguntou.

– Sim, o aterro foi muito bem compactado – respondi.

– Então não deve haver problema. Este pilar foi dimensionado para trabalhar principalmente à flexão, para reagir aos esforços devidos ao empuxo do terreno. Se o aterro está bem-feito, então não há necessidade de se preocupar – ele disse.

Tirei um peso das costas. Respirei aliviado. Tinha escapado daquela encrenca. Naquele momento, prometi a mim mesmo que em todas as obras em que eu fosse o responsável iria conferir todos os desenhos de armadura, e foi o que fiz por toda a minha vida profissional. Nessa atividade, aprendi muito, detectei diversos problemas, os quais informei aos engenheiros estruturais, que os corrigiram e me agradeceram.

Os encarregados de armação sabiam que eu faria a conferência e caprichavam no trabalho. É interessante observar que, quando o Encarregado sabe que você vai conferir, ele raramente erra. Se você deixar as coisas soltas, quando aleatoriamente for conferir provavelmente quase sempre vai encontrar erros.

Hoje, quando estou num edifício em que fui o responsável pela obra, ao passar a mão num pilar ou observar uma viga, tenho a certeza de que um dia estive próximo a ele e conferi sua armadura, e, invariavelmente, fico feliz e com a sensação de ter feito meu trabalho e ter, provavelmente, evitado boas dores de cabeça...

Caso 15 – Estrutura – Cura da laje protendida da biblioteca

Trabalhei muitos anos em uma Construtora, onde comecei como Engenheiro-Residente, passei a Coordenador e depois fui promovido a Diretor. Nela, cresci profissionalmente e ajudei muito na formação dos encarregados e mestres. Era uma tradicional e excelente empresa, com ótima engenharia e com procedimentos bem definidos e conhecidos; quando o Engenheiro dava instruções para o Mestre ou o Encarregado, estes entendiam o que deveriam fazer, e as informações chegavam corretamente na ponta dos serviços. Havia uma boa comunicação entre todos.

No ano 2000, em consequência de mais uma crise econômica no país, fui desligado do quadro de funcionários, juntamente com toda a engenharia da empresa. Fui, então, convidado por um Diretor de outra empresa, na qual havia sido responsável pela execução de vários edifícios, para executar uma obra nova, e, para isso, montei uma pequena empresa.

A obra era um edifício destinado a ser a biblioteca de uma escola. A obra tinha cerca de 2.000 m² de área construída e estava encaixada numa pequena área que sobrara livre no terreno do *campus*. O projeto arquitetônico indicava uma laje com vão livre de aproximadamente 20 m x 20 m e projetada em concreto protendido.

Era a primeira obra que executaria com minha própria empresa, a primeira obra em que colocaria a placa de Responsável Técnico com meu nome. Eu estava superanimado, querendo fazer uma obra perfeita. Para isso, contratei uma boa subempreiteira de mão de obra. A equipe técnica que formei para a obra era mínima: o Dono, Sr. Manolo, o seu Mestre de Obras, o proposto do cliente, um Eletricista da escola designado para trabalhar comigo, a fim de ajudar nas compras e no recebimento de materiais, e eu.

A obra foi iniciada. Executamos as contenções, as fundações e as lajes do segundo e do primeiro subsolo e a laje do térreo em concreto armado. Tínhamos que executar, na sequência, a laje do primeiro pavimento, que possuía 25 cm de espessura, em concreto protendido, com sobrecarga de 600 kg por metro quadrado, uma vez que, conforme mencionado anteriormente, estava projetada para ser uma biblioteca.

Gastamos quatro semanas para executar o cimbramento e as formas, concretar os pilares e executar as armações passivas, as bainhas e a montagem dos cabos de protensão. O *fck* do concreto especificado no projeto era de 30 MPa, e o módulo de elasticidade, de 22 GPa, valores naquela época bem arrojados. A concretagem foi executada com sucesso numa quinta-feira, véspera de um feriado na sexta-feira, e não trabalhávamos aos sábados.

Recomendei ao Mestre da obra a necessidade de fazer a cura do concreto nos dias seguintes, para evitar a retração do concreto em decorrência das reações do cimento. Esse procedimento era muito conhecido e estava totalmente incorporado nas concretagens que eram feitas na Construtora em que eu havia trabalhado.

Ao instruí-lo, reiterei o que já havia sido feito nas lajes dos andares térreo e do subsolo:

– No dia seguinte ao da concretagem, a superfície da laje deve ser molhada e coberta com lona plástica preta para manter o concreto hidratado e garantir adequadamente sua cura.

O Mestre e o Dono da subempreiteira me asseguraram que destacariam um funcionário para trabalhar no feriado, no sábado e no domingo, para molhar a laje. Fui embora para casa, tranquilo, pensando na folga do feriado prolongado.

No dia seguinte, feriado, acordei e, sem nenhuma obrigação, fiquei com vontade de passar na obra para dar uma olhada. Chamei meu filho caçula, que na época tinha 9 anos, para ir junto e fomos até lá. Pedi autorização para o guarda da escola para entrarmos no *campus*, e ele, me reconhecendo, prontamente permitiu.

Andamos pelo pátio da escola, vazio, e chegamos ao local da edificação. Era um dia de outono, com calor, muito seco, e o sol estava brilhando num céu azul. Olhei para a laje, que, conforme combinado, estava coberta com a lona preta, o que me deu uma ponta de satisfação. Estava com uma máquina fotográfica (não, ainda não havia o *smartphone*) e comecei a tirar fotos da obra e de meu filho. Subi numa pequena escada, para meu filho tirar uma foto minha, e, olhando de novo para a laje, senti um desconforto.

A lona preta estava muito arrumada, bem esticada, e havia várias poças de água *sobre* ela. Suspeitei que alguma coisa estava errada. Ergui, imediatamente, a ponta de uma faixa da lona e... Surpresa! Como eu desconfiava, a superfície da laje estava seca. Fiquei sabendo, depois, que no dia seguinte ao da concretagem, logo cedinho, o funcionário destacado tinha colocado a lona *sobre* a superfície do concreto e depois disso esguichado água *sobre* a lona, providência que ele tinha entendido que deveria fazer.

Acostumado com os procedimentos e os bons conhecimentos dos funcionários da empresa em que havia trabalhado, não imaginei que um erro desses pudesse acontecer. O funcionário destacado, sem nenhum treinamento e, portanto, sem nenhum conhecimento sobre como fazer a cura do concreto, tinha errado feio.

Observei que a superfície do concreto estava exalando forte calor, uma vez que a reação do cimento estava em pleno andamento, sem a água necessária. Corri até o alojamento, chamei o funcionário e disse a ele para abrir a torneira, tirando a lona, enquanto eu, com a mangueira, jogava água sobre a laje. O plástico preto, em algumas áreas, chegava a estar grudado no concreto.

Ficamos lá um bom tempo, até que conseguimos molhar toda a superfície e mesmo criar em alguns pontos uma camada de água. Depois disso, disse a ele:

– Agora, depois de molhar bem a laje, você coloca a lona sobre o concreto.

Ir à obra nesse feriado foi sorte ou...? Se aquela laje com 25 cm de espessura e concreto de 30 MPa, com o tempo seco, sol e calor, ficasse sem água na sexta, no sábado e no domingo, provavelmente não teria adquirido a resistência adequada e teria fissurado, criando um problema e um prejuízo enormes que eu, começando minha empresa, não teria como assumir. Graças a Deus fui até a obra, percebi o problema e consegui evitá-lo.

Dizem que os bons goleiros têm que ter sorte. Pelo jeito, os engenheiros também...

Caso 16 – Estrutura – Armadura de pilares

Tive problemas em três obras, em épocas distintas, quanto ao mesmo assunto, e acredito que esse detalhe de armadura deve ter sido feito diferente do projetado em muitas outras obras.

Trata-se dos ganchos utilizados nos pilares em conjunto com os estribos para impedir a flambagem das barras longitudinais. Esses ganchos podem ser projetados de duas maneiras:

* de uma barra longitudinal para outra, conforme a Fig. 5.10, quando cada um deles trava duas barras longitudinais;
* envolvendo o estribo quando ele trava além da barra que está em sua direção até duas barras a seu lado, desde que estejam a uma distância de até 20 diâmetros (do diâmetro do estribo) a partir do canto do pilar onde está o estribo ou de outro gancho de travamento.

Obra 1 FX – Os ganchos não foram projetados

Estávamos para concretar os pilares de um edifício de 12 andares quando, ao olhar o desenho de armadura projetado pelo Engenheiro Estrutural, observei que havia vários pilares com cerca de 80 cm a 1,20 m que não tinham os ganchos mencionados nem estribos duplos ou triplos. O projeto, portanto, não seguia a norma.

Os pilares estavam fechados e prontos para serem concretados. A falta desse gancho havia passado despercebida pelos dois engenheiros, pelo Residente da Construtora e também pelo Fiscal.

Comentei o assunto por telefone com o Diretor Técnico da Construtora, que pediu que registrássemos no diário de obra e fizéssemos a concretagem programada para evitar a perda de prazo que ocorreria se fôssemos abrir as formas dos pilares para colocar os ganchos.

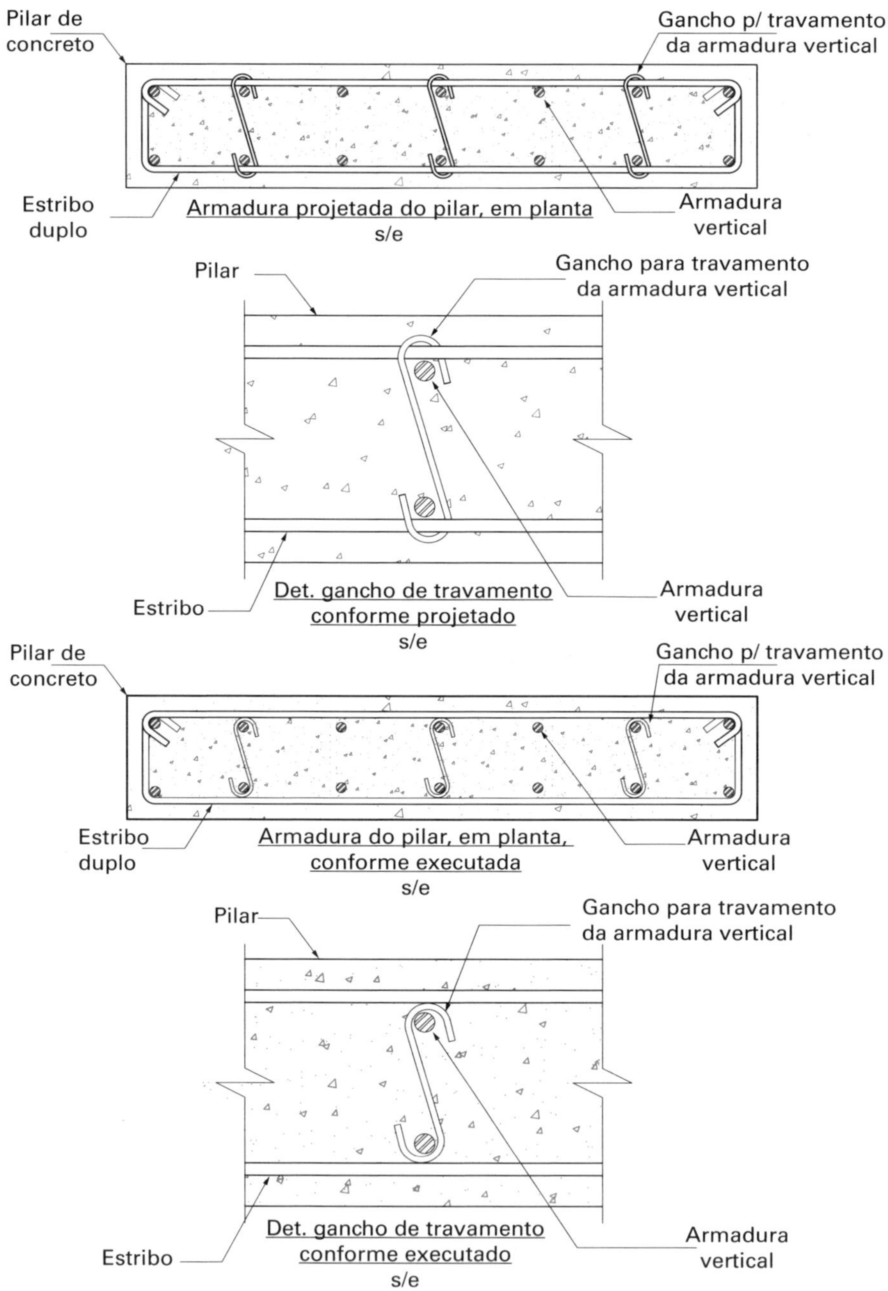

Fig. 5.10 *Detalhes de colocação de ganchos para impedir a flambagem das barras longitudinais dos pilares*

A ideia era avisar o Engenheiro Estrutural da obra para corrigir os desenhos, o que foi feito. Para nosso espanto, entretanto, ele não se preocupou com o assunto, não pediu reforço algum para os pilares do térreo – que ficaram, assim, fora de norma – e não corrigiu os desenhos dos pilares que seguiam. A partir do primeiro andar, colocamos os ganchos por nossa conta, de forma a atender à norma.

A obra foi entregue e não deve ter havido problemas, pois não fomos avisados de nada.

Obra 2 JF – O Engenheiro-Residente mandou tirar os ganchos

Fiscalizei a obra de um edifício para um Cliente. O Engenheiro-Residente era pleno, já havia executado muitos edifícios e era muito experiente, portanto, nesse tipo de obras verticais.

Passei na obra num sábado de manhã, sem avisar, e os carpinteiros estavam fechando os pilares do andar térreo, que tinham dimensões de cerca de 40 cm × 140 cm. Olhei os desenhos de armadura e observei que em alguns pilares não estavam sendo colocados os ganchos do mesmo detalhe. Mostrei ao Engenheiro que faltavam os ganchos de travamento, e ele falou que ainda iriam colocá-los.

Perguntei-lhe, então, se nos pilares que já estavam fechados com a forma haviam sido colocados os ganchos, e ele me garantiu que sim, mas sem convicção. Desconfiado, pedi que mandasse abrir as formas de um dos pilares para eu verificar. Tiraram uma das faces da forma, e os ganchos não estavam lá.

Questionei o Engenheiro sobre o motivo de não terem colocado os ganchos que estavam projetados, e ele falou que tinha instruído o Encarregado de Armação para tirá-los porque atrapalhavam a concretagem, já que não permitiam que o mangote vibrador descesse até o fundo dos pilares.

Disse a ele que não poderia ter feito isso, expliquei-lhe a função dos ganchos e perguntei se nos pilares dos três subsolos abaixo ele também tinha mandado aboli-los. Já convencido do erro, ele confessou que sim e ficou muito chateado.

Combinamos, então, de ele levar o caso para o Diretor da Construtora e pedir um parecer do Engenheiro Estrutural sobre o assunto, o que foi feito. O Engenheiro Estrutural procurou um consultor renomado em concreto, que emitiu um parecer liberando, sem qualquer ressalva ou reforço, os pilares já concretados sem os referidos ganchos. A obra seguiu e foi entregue.

Obra 3 BB – Os ganchos foram colocados sem abraçar o estribo, ao contrário do que pedia o projeto

Era um edifício de seis andares para a instalação de uma biblioteca. As lajes eram de concreto protendido e estavam apoiadas em vigas nas bordas.

Já estávamos no primeiro pavimento quando o Engenheiro Estrutural, numa visita à obra, observou que os ganchos de alguns pilares não abraçavam o estribo conforme ele havia projetado, tendo sido colocados, portanto, de forma errada.

Cumpre observar que não havia nenhum detalhe que auxiliasse o Encarregado de Armação e o Engenheiro da obra, que era eu, a montar a armadura corretamente. Eu conferia pessoalmente e com muito cuidado toda armação e, apesar de ter tido os dois problemas anteriores, não havia percebido o erro. Abrimos todos os pilares e corrigimos todos os ganchos.

Havia ainda o problema dos pilares dos andares de baixo, que já tinham sido concretados. De novo, o Engenheiro Estrutural procurou o mesmo consultor mencionado anteriormente, que analisou o assunto e também liberou esses pilares sem nenhum reforço.

Fiquei novamente aliviado, mas também intrigado, uma vez que nesses três casos, em obras projetadas por três engenheiros estruturais diferentes, os detalhes não seguiram a norma ou o projeto, e mesmo assim não houve a necessidade de nenhum reforço.

Conversando com um amigo e ótimo Engenheiro Estrutural, ele me explicou que quase não existem explicações teóricas sobre o assunto, mas simplesmente regras empíricas. Enfim, o Projetista da Estrutura, em casos-limites extremos, após a análise teórica das tensões que solicitam barras comprimidas, poderia dispensar a utilização dos tais ganchos, a seu critério. E completou dizendo que um bom Projetista, todavia, na concepção do projeto, deve se ater às recomendações da norma vigente. Ah, entendi...

Talvez seja por casos como este que dizem por aí que “o concreto é o melhor amigo do Engenheiro Civil”.

Caso 17 – Alvenarias – Muros da obra El

A obra como um todo era um galpão para armazenar sucata de plásticos de fios, com apenas oito pilares que apoiavam a cobertura, constituída por uma estrutura espacial de alumínio de uma empresa chamada Alusud.

A sucata era empilhada formando grandes montes, que eram contidos lateralmente por paredes de alvenaria de 2,0 m de altura, as quais, consequentemente, recebiam o empuxo da pilha.

O Projetista da Estrutura projetou uma parede de alvenaria de blocos de concreto com dimensões 19 cm × 19 cm × 39 cm, com fundações em brocas, unidas por um baldrame, conforme indicado na Fig. 5.11. A ligação da alvenaria com o baldrame foi feita da seguinte maneira: foram deixados arranques a cada 2,0 m que eram complementados por ferros de 2,5 m que ficavam concretados dentro dos blocos.

Quem supervisionava os serviços era um Mestre de Obras recém-contratado na empresa que gostava de tomar umas e outras e que, por causa disso, foi demitido no meio desse serviço.

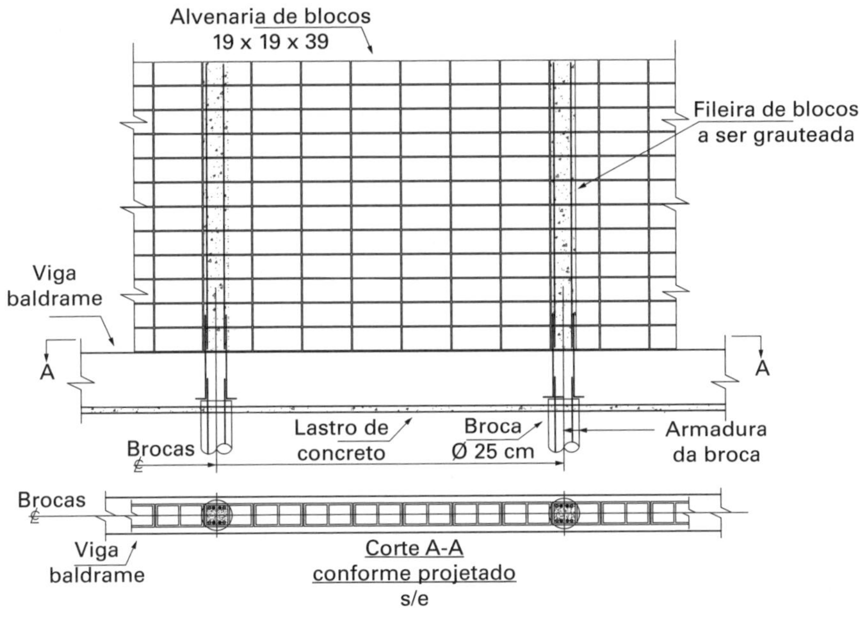

Fig. 5.11 *Desenho esquemático do projeto para executar a parede*

A obra foi entregue. Um ano depois, recebi uma ligação de uma pessoa da fábrica dizendo que o muro executado tinha caído. O diretor técnico e eu fomos para o local ver o que havia ocorrido.

Observando o que restou do muro, detectamos a causa. As barras longitudinais dos pilaretes das paredes estruturais haviam sido colocadas, acreditem, fora da posição onde tinham sido deixados os arranques, como pode ser visto na Fig. 5.12. Então, as paredes ficaram soltas, a menos da ligação dos arranques que tinham 40 cm de projeção.

Como é que esse erro havia passado por mim, pelo Mestre e até por algum Carpinteiro ou Pedreiro, que poderia ter falado que estávamos

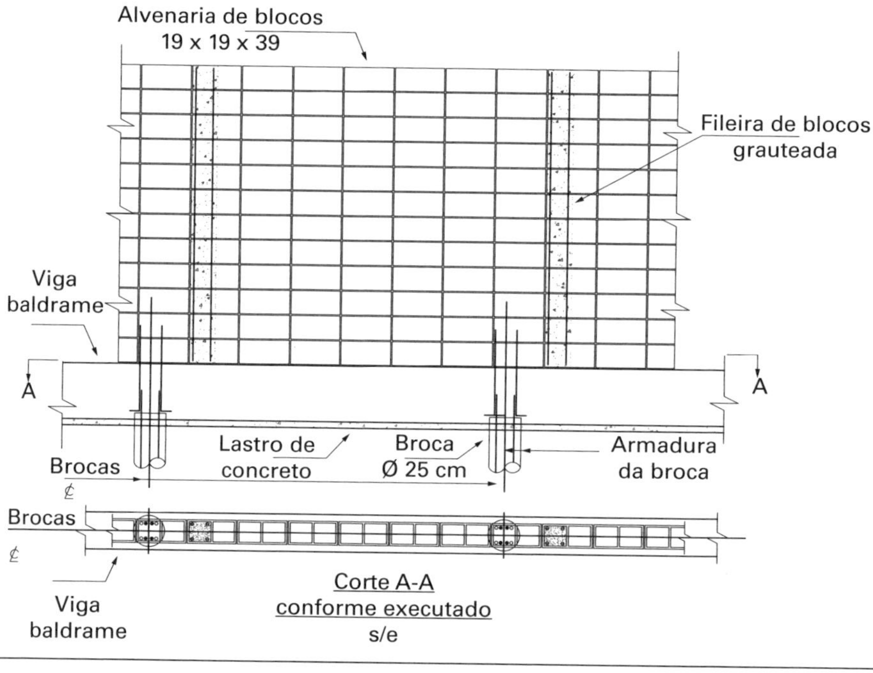

Fig. 5.12 *Desenho esquemático da parede conforme executada (errada)*

concretando os pilaretes sem ligar sua armadura por trespasse nos arranques existentes e, portanto, na fundação? Pois é, passou por todos.

A partir dessa experiência, nunca mais deixei executarem esse tipo de solução. Quando preciso fazer esse tipo de alvenaria estrutural, em vez de concretar os pilares com a armadura dentro dos blocos, prefiro subir a parede, deixando um espaço de um pilarete entre os blocos, e, a seguir, colocar duas tábuas amarradas que servem de forma para concretar os pilaretes.

Dessa maneira, ao conferir a armadura, tenho certeza de que as barras longitudinais dos pilaretes estarão na posição dos arranques.

Caso 18 – Revestimentos – Caso das pastilhas

Estávamos construindo, em 1986, um edifício que seria revestido externamente com pastilhas coladas.

Esse tipo de revestimento deve ser comprado de uma só vez porque, mesmo com a especificação correta, a cor das pastilhas nunca é a mesma quando se compram lotes distintos, ou seja, fabricados em momentos diferentes. Os fabricantes falam que, no cozimento nos fornos, a cor varia de acordo com cada fornada. Todos nós da Construtora sabíamos do fato.

Combinamos de iniciar os trabalhos de revestimento pelas fachadas dos fundos para podermos avaliar a qualidade da mão de obra numa região menos visível. A qualidade dos serviços da empreiteira de colocação foi horrível e tivemos que mandá-la embora, contratar outra, retirar e refazer uma área considerável de pastilhas, o que ocasionou a perda de muito material e de tempo. Além disso, precisamos fazer uma nova encomenda de pastilhas para substituir as perdidas.

Quando estávamos no meio do revestimento das fachadas da frente, fomos chamados às pressas pela fiscalização e pelo proprietário, que haviam mandado parar os serviços. O motivo é que se percebia, claramente, olhando para a fachada, a mudança de tonalidade entre as pastilhas compradas da primeira vez e da segunda vez. O que fazer? Arrancar toda a pastilha já executada seria um enorme prejuízo e atrasaria o término dos serviços mais ainda. A solução foi dada pelo Diretor Técnico da empresa e está indicada a seguir.

As pastilhas vinham em placas coladas em papel especial de cerca de 60 cm x 60 cm que eram coladas nas paredes após a aplicação de um material especial e, a seguir, retirava-se o papel.

Recolhemos uma quantidade considerável de pastilhas que haviam sido retiradas das fachadas dos fundos. Contratamos, então, um pessoal que fazia o serviço de colar pastilhas na obra para aproveitar as pastilhas recuperadas. Fizemos algumas contas e passamos uma receita para os coladores:

* colar uma quantidade de placas com 90% de pastilhas da primeira compra e 10% da segunda alternadamente;
* a seguir, colar na proporção de 80% da primeira compra e 20% da segunda compra;

* e, então, colar na proporção de 70% e 30%, e assim sucessivamente até chegarmos aos 100% de pastilhas da segunda compra.

As placas foram coladas na sequência de colagem e formaram um *dégradé* com excelente resultado, pois praticamente não se percebia a mudança de tom de uma encomenda para a outra. O Cliente aprovou e, ufa, respiramos aliviados. Havíamos saído daquela encrenca...

Caso 19 – Instalações – *Sprinkler* da obra JT

Estávamos construindo um edifício com três subsolos e 12 andares para uma escola, com cerca de 12.000 m² de área. Os projetos foram elaborados e aprovados pela Prefeitura, e o alvará de construção foi emitido.

Conforme as regras do Corpo de Bombeiros da época, o projeto de incêndio passou pela análise da corporação e foi considerado adequado, uma vez que a aprovação final seria feita na vistoria quando da entrega da obra, ocasião em que seria emitido o auto de vistoria do Corpo de Bombeiros (AVCB). A obra ficou pronta, a vistoria foi feita pelo oficial encarregado e o AVCB foi emitido. Uma vitória...

O Habite-se da edificação foi, então, solicitado e, para nosso espanto, uma área da Prefeitura que responde pela aprovação dos sistemas de segurança questionou a inexistência de *sprinklers* nos andares, apesar da aprovação do projeto pelo Corpo de Bombeiros sem eles.

A obra estava concluída, não havia reserva de água para o sistema, sendo muito difícil, senão impossível, fazer a referida instalação sem enormes atrasos e custos. Tivemos que contratar um consultor e elaborar a defesa da solução, apoiados pelo pessoal do Corpo de Bombeiros, para que a Prefeitura liberasse o Habite-se, fato que ocorreu depois de algum tempo e muita expectativa.

Como lição, aprendemos que nessa área de aprovações é necessário exaurir todas as possibilidades, desconfiar de tudo e ainda torcer para que não surjam problemas futuros.

Caso 20 – A criatividade usada para garantir a entrega no prazo das fachadas de um edifício

Em fevereiro de 1999, por acaso (será mesmo? Alguém já disse que nada é por acaso), fui convidado pelo Professor José Predebon, da Escola Superior de Propaganda e Marketing (ESPM), a participar de um curso sobre criatividade.

Engenheiro de formação, fora despertado para o assunto pela leitura de seu livro *Criatividade: abrindo o lado inovador da mente* e me considerava bem pouco criativo.

Logo na primeira aula, lembro-me de ter gostado das novas ideias e da forma diferente de enxergar as coisas. Entre essas ideias, chamou-me a atenção a possibilidade, colocada pelo Professor, de problemas em geral poderem ser resolvidos não de forma racional (convencional), e sim pelo que ele chamava de *abertura dos sentidos*.

Questionei-o bastante em classe e, ouvindo sua argumentação, comecei a me convencer de que os diversos enfoques apresentados tinham lógica. O Professor chegou a exemplificar o caso de um problema de engenharia resolvido com essas técnicas. Na realidade, algumas daquelas ideias fragmentadas já haviam me ocorrido em algumas ocasiões, ou eu me lembrava de tê-las ouvido de alguém ao longo do tempo.

O *workshop* foi concluído e a vida continuou. Alguns meses depois, em agosto de 1999, eu estava com um problema profissional que vinha se arrastando sem solução. Estávamos executando a laje do sétimo pavimento de um edifício para uma escola composto de três subsolos e 12 andares.

Por motivos diversos, a obra estava atrasada e tínhamos o compromisso de entregá-la para o início das aulas, em fevereiro do ano de 2000. Tínhamos pela frente a execução da estrutura de mais cinco pavimentos e do ático (casas de máquinas dos elevadores e do ar-condicionado e caixas-d'água), bem como de metade das alvenarias de fechamento, instalações, revestimentos e acabamentos finais, a serem concluídos num prazo de seis meses.

Esse prazo estava comprometido, uma vez que, pelo sistema tradicional de construção de edifícios verticais, quando a laje de cobertura fosse concretada, nela seriam fixadas vigas metálicas onde seriam presos os balancins para os operários revestirem as fachadas externas do edifício, conforme mostrado na Fig. 5.13.

Por esse método construtivo, a execução do revestimento das fachadas demoraria um tempo considerável pela dificuldade dos serviços e, sobretudo, devido ao tempo necessário para a movimentação dos balancins, feita manualmente pelos operários. Além disso, a fixação dos balancins e demais atividades na laje de cobertura impediriam a execução de sua impermeabilização, dos pisos e dos revestimentos das paredes da cobertura, e, consequentemente, a instalação dos equipamentos de ar condicionado e a conclusão da casa de máquinas dos elevadores.

Fig. 5.13 *Balancins com operários revestindo as fachadas externas do edifício*

Dessa forma, o revestimento das fachadas, muito bem tocado com o sistema tradicional de balancins mencionado, deveria durar pelo menos dois meses e estaríamos no início de janeiro de 2000, em plena época de chuvas, com apenas um mês para concluir as etapas finais da obra, o que seria praticamente impossível.

Eu já havia passado por esse problema em dois outros prédios e não via nenhuma saída. Precisava encontrar uma solução não convencional, que não conhecia, para poder fazer ao mesmo tempo os revestimentos da fachada, se possível em prazo menor que dois meses, e os serviços da cobertura (a impermeabilização das lajes, os pisos, os revestimentos e as instalações).

Lembrei-me, então, do *workshop* e resolvi fazer um teste para ver se conseguia resolver o assunto praticando aquelas ideias novas que havia aprendido. De acordo com os ensinamentos do curso de criatividade, fixei a vontade ou a necessidade da solução do problema e procurei ficar com a mente aberta e alerta e ver o que acontecia.

Passei também a praticar algumas técnicas simples que o Professor havia comentado na aula, no sentido de abrir minha mente. Entre elas, estavam as recomendações de não pensar o tempo todo no problema, sair dos ambientes de trabalho, andar por caminhos diferentes, deixar os pensamentos fluírem.

Desse modo, passei a tentar me desligar do problema indo embora mais cedo no período da tarde e, na hora do almoço, saindo para andar e espairecer em parques, no clube, sempre mudando de caminho e buscando olhar a paisagem, o pôr do sol...

Algumas semanas depois, ao voltar de carro de uma dessas incursões para a obra, em um caminho diferente do habitual, ao passar por uma esquina, reparei na obra de uma conceituada Construtora e num equipamento que não conhecia sendo utilizado para a execução da fachada do edifício. Era uma espécie de elevador fixado externamente ao edifício, com amplas plataformas que subiam e desciam e onde trabalhavam os operários. Esse equipamento substituía os balancins convencionais e era a solução para meu problema, como pode ser visto na Fig. 5.14.

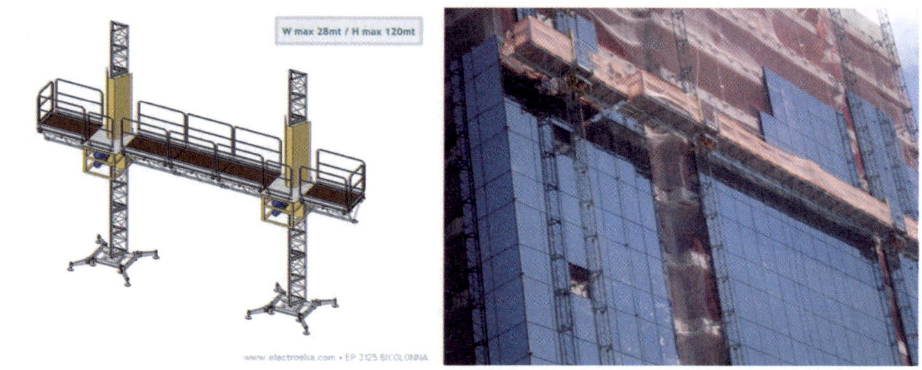

FIG. 5.14 *Plataforma Aliclimber 3100*

Diversas coincidências ocorreram a partir desse momento (será que alguém estava me ajudando?). Ainda surpreso com a novidade, vi atravessando a rua um antigo empreiteiro que conhecia havia muitos anos e que fizera diversas obras comigo. Parado no sinal, chamei-o e perguntei:

– Oh, Mané, de quem é este equipamento utilizado na fachada?

– É da empresa RH. Eu estou fazendo o serviço! – ele respondeu.

O sinal abriu e eu me despedi. Os pensamentos voavam. Eu alugava havia alguns anos equipamentos da RH em obras minhas e me lembrava de um Engenheiro que me atendia. Como era o nome dele? Tadachi! Eu sabia que o Tadachi tinha saído da RH para uma empresa concorrente, mas, por falta de outro nome, chegando ao escritório da obra liguei para a empresa e perguntei para a recepcionista:

– Por favor, o Engenheiro Tadachi?

Alguns momentos depois, para minha surpresa, entra o Tadachi na linha:

– Como vai, Corrêa? Há quanto tempo!

– Como vai você? Por onde tem andado? – perguntei.

– Estive nos últimos anos trabalhando numa concorrente da RH, mas há duas semanas voltei, convidado para ser o Gerente de uma área nova da companhia.

Fui direto ao assunto:

– Vi um equipamento novo para a execução de fachadas na obra tal.

A resposta do Tadachi foi surpreendente:

– Voltei para cá para cuidar deste equipamento. É o carro-chefe da minha área. Do que você precisa?

Era tudo o que eu queria ouvir. Na manhã seguinte, o Tadachi foi até a obra e, numa reunião com o Engenheiro-Residente, definimos como, onde e quando o equipamento deveria ser montado para atender a nosso prazo. O Tadachi se comprometeu a reservá-lo e disponibilizá-lo na data prevista.

Ainda havia um último passo a ser dado. O custo desse aluguel era cerca de seis vezes o valor para a execução no sistema de balancins convencional, previsto no orçamento. A obra estava sendo executada por administração, e, nesse tipo de contrato, conforme mencionado nas seções anteriores, esse aumento de custos deveria ser arcado pelo Cliente.

Agendei uma reunião com a diretoria da Escola, explanei o assunto e apresentei o aumento de custos. A resposta do Diretor-presidente, o "dono da obra", personagem fundamental sobre o qual vou comentar no Cap. 6, foi objetiva:

– Precisamos da obra pronta no prazo. Estamos de acordo com o aditivo de custos. Toque para a frente.

O equipamento chegou na data combinada e foi rapidamente montado. Contratamos o empreiteiro Mané, que trouxe pessoal já acostumado a trabalhar nesse sistema, para executar o revestimento.

Os serviços correram muito bem. No dia 20 de dezembro, as fachadas e as impermeabilizações das coberturas estavam concluídas, e as instalações e os acabamentos internos e externos estavam em pleno andamento. Havíamos recuperado o prazo da obra.

No dia 22 de fevereiro de 2000, às 19h30, os alunos foram chegando e, conforme planejado três anos antes, foram iniciadas as aulas.

Caso 21 – Fundações da residência MGV

A Construtora em que trabalhava me designou para executar uma garagem para automóveis anexa a uma residência. O proprietário dessa residência havia comprado um terreno contíguo e contratado o projeto de uma garagem para seus carros.

Recebi o projeto estrutural já com a indicação das fundações em sapatas diretas, conforme mostrado nos croquis da Fig. 5.15. O terreno era bem inclinado para trás e havia uma casa na rua paralela, situada em nível inferior.

Na primeira vez que fui ao local, cheguei até o muro de divisa de alvenaria dos fundos, para onde o terreno era inclinado, e olhei para a casa de baixo. O telhado dela estava no nível do piso do terreno onde eu estava.

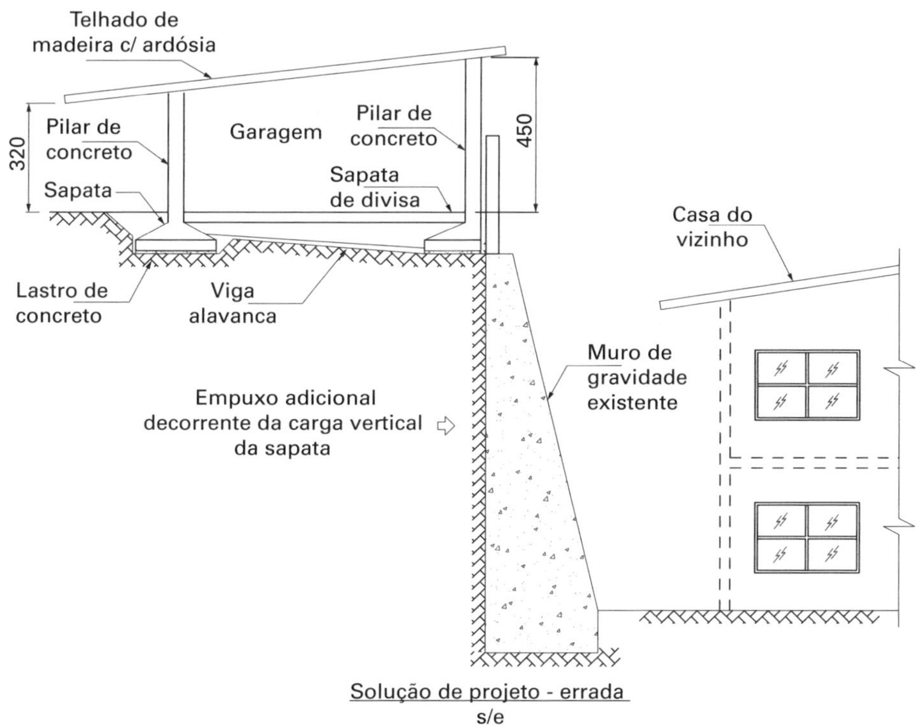

Fig. 5.15 *Croquis do projeto da garagem*

Constatei, então, que havia um muro de arrimo de cerca de 8 m na divisa dos dois terrenos, e o projeto da garagem assentava as sapatas próximo ao topo do muro, conforme o croquis.

Pelo projeto, a carga das sapatas produziria empuxo no muro de arrimo, o que não poderia, de maneira nenhuma, ser feito sem verificar se este teria capacidade para suportá-lo. Era uma solução de projeto evidentemente suspeita.

O projeto de fundações em sapatas diretas era de uma empresa de consultoria muito conceituada. Liguei para ela e pedi a presença de um de seus engenheiros na obra.

O Engenheiro chegou e, após olhar o projeto, disse:

– Peço desculpas, o projeto está errado. Não sabíamos que havia o desnível entre o terreno de apoio e o do vizinho. Deveríamos ter pedido, antes de elaborar o projeto, o levantamento planialtimétrico dos vizinhos.

O projeto foi refeito sendo utilizados tubulões a céu aberto, de forma a transferir as cargas abaixo das fundações do muro de arrimo, o que resolveu o problema, conforme mostrado no croquis da Fig. 5.16.

Caso 22 – Laboratório de motores IT

Fui designado pela empresa em que trabalhava para implantar uma obra destinada a ser um laboratório de uma grande montadora de veículos. O local da edificação era um terreno dentro de uma antiga fazenda de café, no interior de São Paulo.

Chegando ao local, como o canteiro ainda estava sendo construído, pedi ao preposto da empresa que me arrumasse um local para estudar os projetos. Ele me encaminhou para a antiga sede da fazenda, onde me conduziu para a sala de estar. A mesa de trabalho era uma peça antiga de madeira muito bonita e bem conservada. Lembro que limpei bem os desenhos para evitar riscar a mesa, que tinha um brilho muito bonito.

Comecei pelo projeto de estrutura. A obra era um galpão com pilares de concreto sobre estacas e cobertura composta de tesouras metálicas. Tinha cerca de 6 m de altura de parede, com pilares a cada 6 m e vão de cerca de 25 m.

Ao abrir os primeiros desenhos, observei que as estacas das fundações estavam locadas de forma esquisita.

Nesse tipo de construção, o esforço predominante é o vento, como apresentado no desenho esquemático da Fig. 5.17.

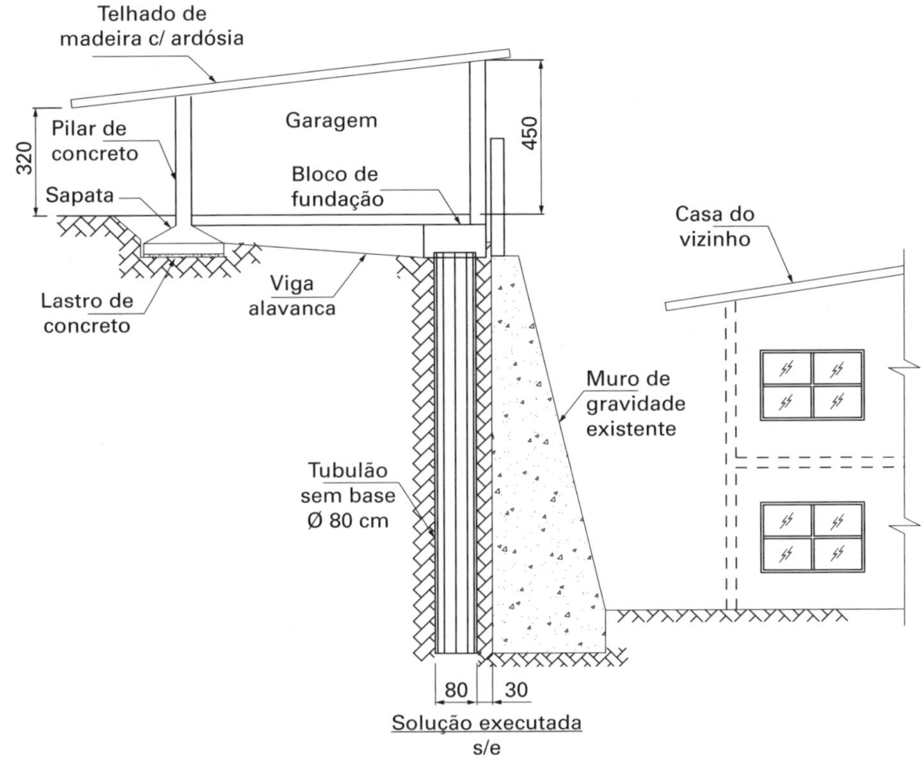

Fig. 5.16 *Croquis do projeto da garagem utilizando tubulões a céu aberto*

As estacas devem resistir às forças normais decorrentes tanto da carga vertical do pilar como do momento fletor atuante na base da coluna e também aos esforços horizontais decorrentes da ação do vento, devendo ser locadas na direção transversal do galpão, conforme indicado na mesma figura. Ocorre que essas estacas estavam locadas na direção longitudinal da estrutura, não podendo, portanto, resistir aos esforços do vento.

Peguei os desenhos e fui para nosso escritório em São Paulo. Mostrei-os ao Diretor, que de pronto concordou comigo. Analisando melhor os demais desenhos, outros problemas ficaram evidentes em outras partes do galpão, cujos projetos haviam sido feitos internamente, pelos arquitetos e engenheiros da montadora.

Entramos em contato com a engenharia da empresa e marcamos uma reunião com os responsáveis pelos projetos. Mostramos o problema com muito tato para evitar "detonar" esses profissionais.

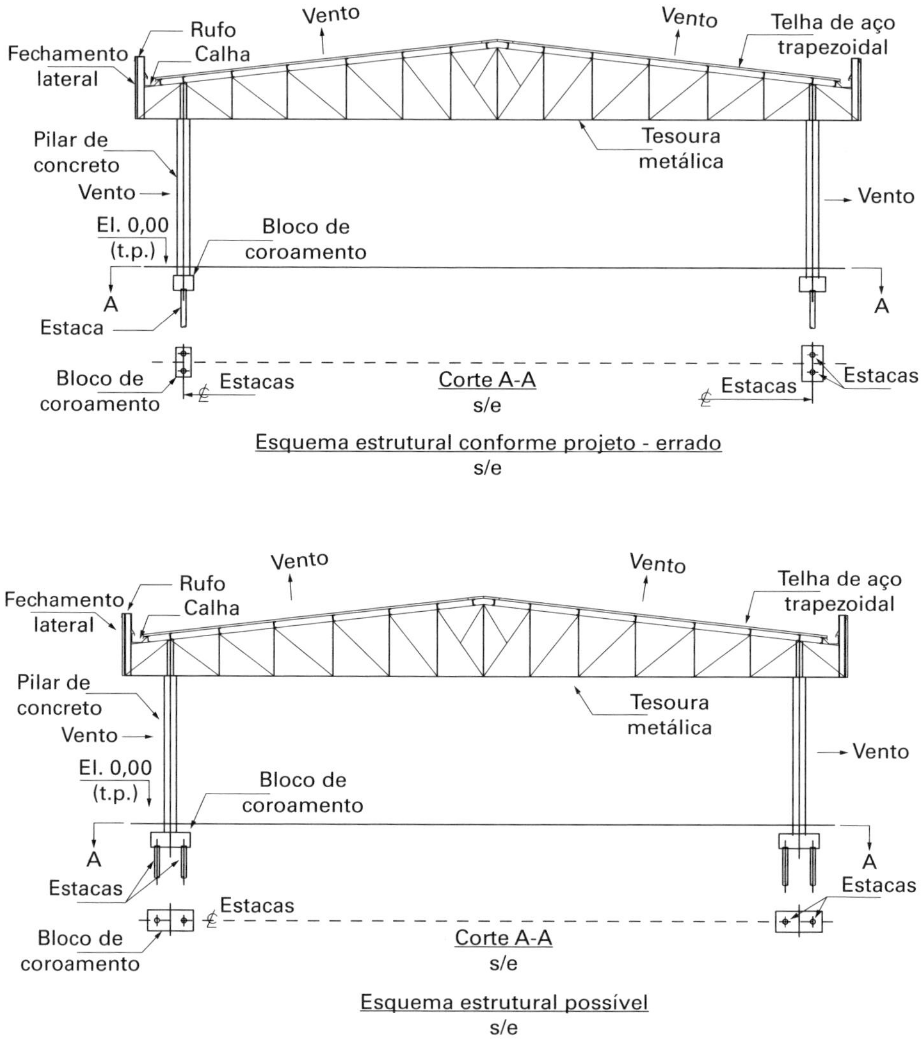

Fig. 5.17 *Desenhos esquemáticos da solução projetada (errada) e da solução correta*

Eles entenderam perfeitamente o problema e concordaram que o projeto estava errado, e, como resultado, a obra foi totalmente reprojetada por um Engenheiro Estrutural externo, nosso conhecido.

Nessa revisão, as fundações passaram a ser diretas, com economia substancial nesse item, conforme o desenho esquemático da Fig. 5.18, e a estrutura foi totalmente modificada.

Lição: os projetos devem ser muito bem analisados pela engenharia da Construtora, pois é a última chance de erros serem detectados e corrigidos com pouco impacto nos custos.

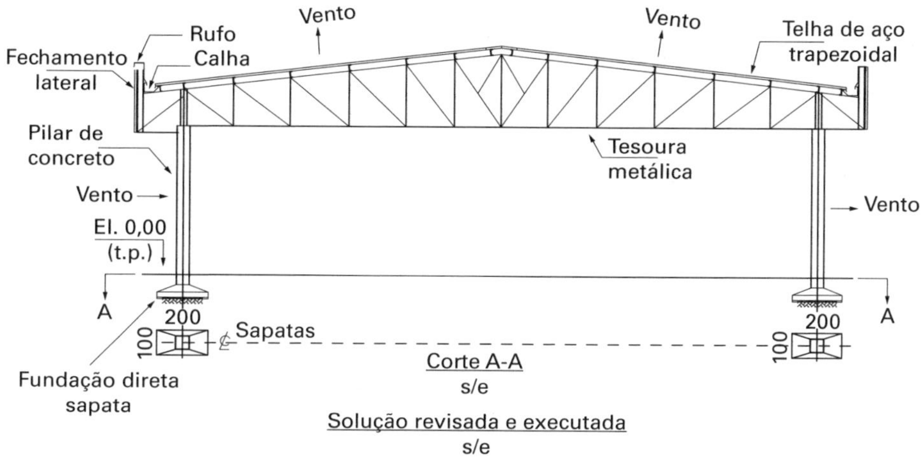

Fig. 5.18 *Solução reprojetada em sapatas diretas (executada)*

Caso 23 – Fundações em tubulões – Obra de BR

Estávamos gerenciando a reforma de um hospital em uma cidade do interior de São Paulo. Nessa reforma, estava incluída a execução de uma nova torre em alvenaria armada para abrigar três novos elevadores para o transporte de macas.

As fundações dessa torre foram projetadas em tubulões a céu aberto pelo Engenheiro Estrutural. Os engenheiros da Construtora contratada conseguiram as sondagens do local, as quais indicavam que o terreno era constituído por areia e com o lençol freático a cerca de 2 m abaixo da superfície do terreno. Como os tubulões iam até uma profundidade de 8 m, a solução não era exequível, uma vez que, ao escavar o fuste, haveria infiltração de água e o consequente desmoronamento das paredes (ver o croquis da Fig. 5.19). A solução estava evidentemente errada.

Fui atrás de resolver o assunto. Liguei para o Engenheiro Estrutural e marquei uma reunião com ele. Assim que começamos a conversar, perguntei por que havia projetado as fundações em tubulões, em areia, abaixo do

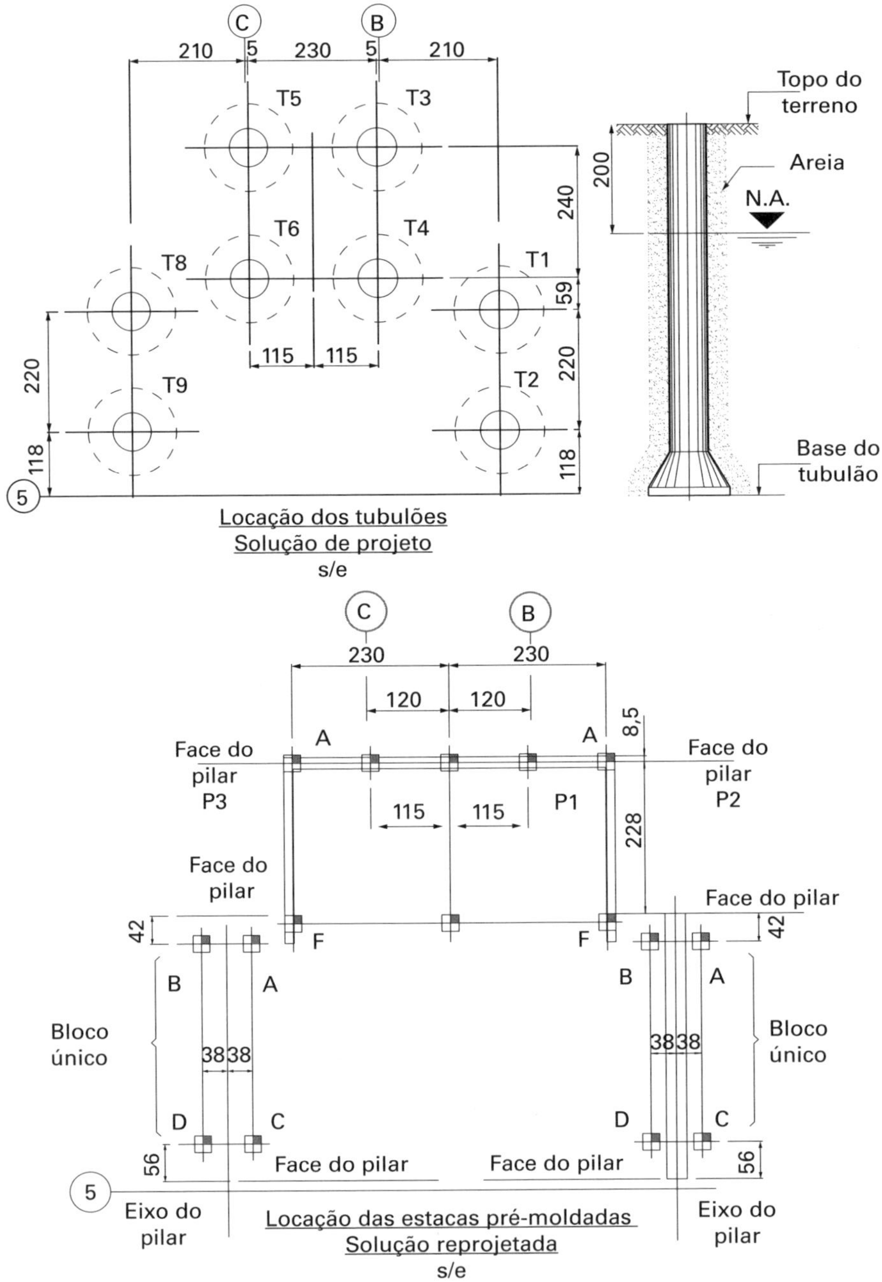

FIG. 5.19 *Desenhos esquemáticos da solução projetada em tubulões (errada) e da solução reprojetada em estacas pré-moldadas (executada)*

nível do lençol freático. Ele respondeu que não tivera acesso às sondagens e que havia sido informado (por quem?) que as fundações do edifício eram em tubulões, solução que ele também adotou.

É brincadeira? Como um Engenheiro de Estrutura decide o tipo de fundação sem ter as sondagens? Como quem contrata, coordena e recebe o projeto aceita essa situação?

Para resolver a questão, como manda o manual, solicitei a ele os esforços nas fundações, consegui as sondagens no terreno e contratei um consultor de fundações, que as reprojetou, mudando a solução de tubulões a céu aberto para estacas pré-moldadas, que foram executadas.

Nesse caso, a experiência dos engenheiros envolvidos na construção evitou o provável problema que ocorreria ao escavar os tubulões naquele terreno.

Para variar, a Construtora solicitou aditivo de custos, pois já havia adquirido a armadura projetada para os tubulões, que não foi utilizada. Somente esse custo direto adicional teria pago, com folga, as sondagens novas adicionais e a consultoria especializada, evitando o trabalho de corrigir o projeto e o consequente atraso na execução do serviço.

Caso 24 – Fundações em hélice contínua

A Construtora na qual eu prestava serviços foi contratada para executar um edifício de escritórios em São Paulo.

No terreno vizinho da esquerda havia um prédio antigo que chegava até a divisa, com três andares e altura da ordem de 10 m, como pode ser visto no desenho esquemático da Fig. 5.20.

O subsolo local era formado por uma delgada camada de aterro seguida de uma argila orgânica preta muito mole, conforme a sondagem SP01 (Fig. 5.21), e só a partir dos 10,0 m se encontrava solo com melhores características.

Esse prédio contíguo à obra talvez estivesse apoiado sobre estacas de madeira, solução usada em obras mais antigas, que provavelmente já deveriam estar degradadas.

Alguns dias antes de iniciarmos a execução das estacas, o Diretor Técnico da empresa passou na obra e, observando o edifício antigo e preocupado com a execução das estacas, teve a ideia de pedir ao Engenheiro-Residente que fizesse um levantamento de seu prumo.

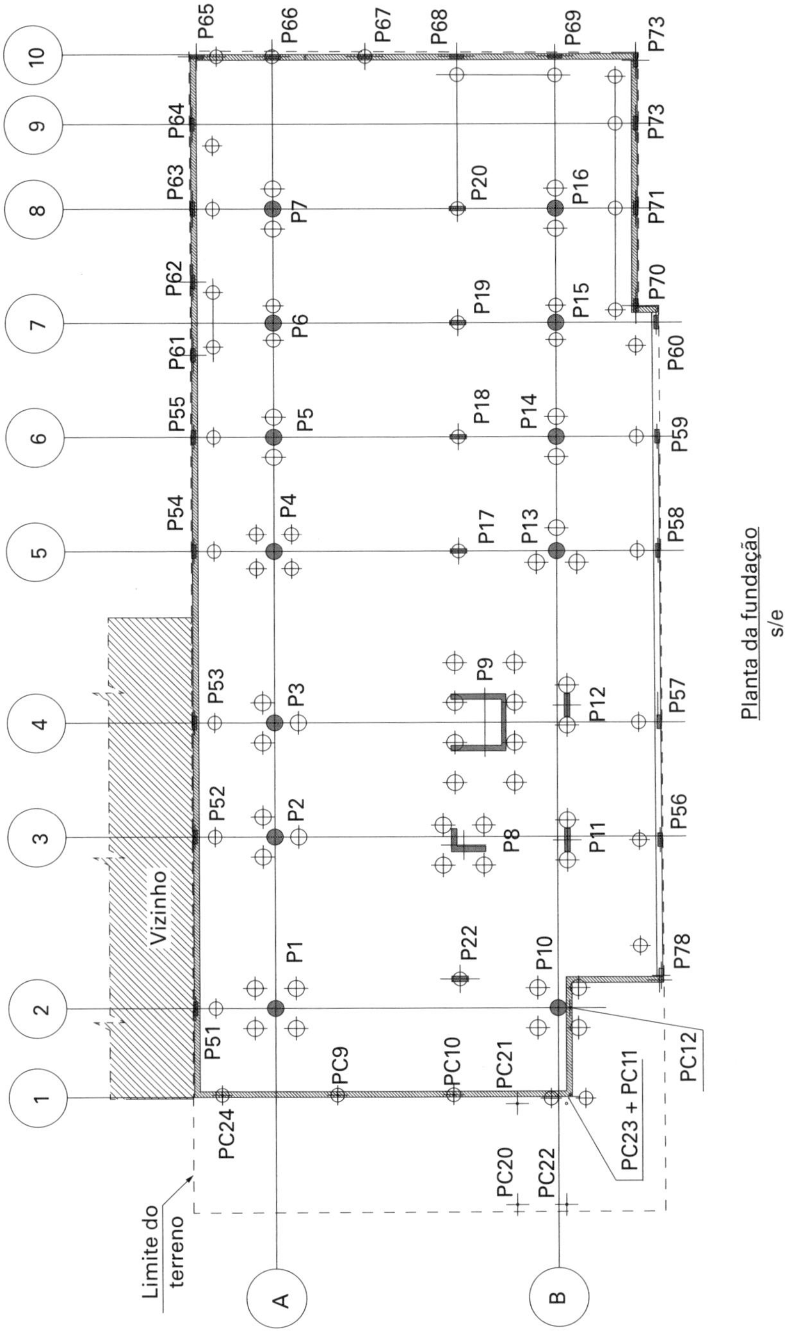

Fig. 5.20 *Planta esquemática do edifício a ser executado próximo ao antigo prédio vizinho*

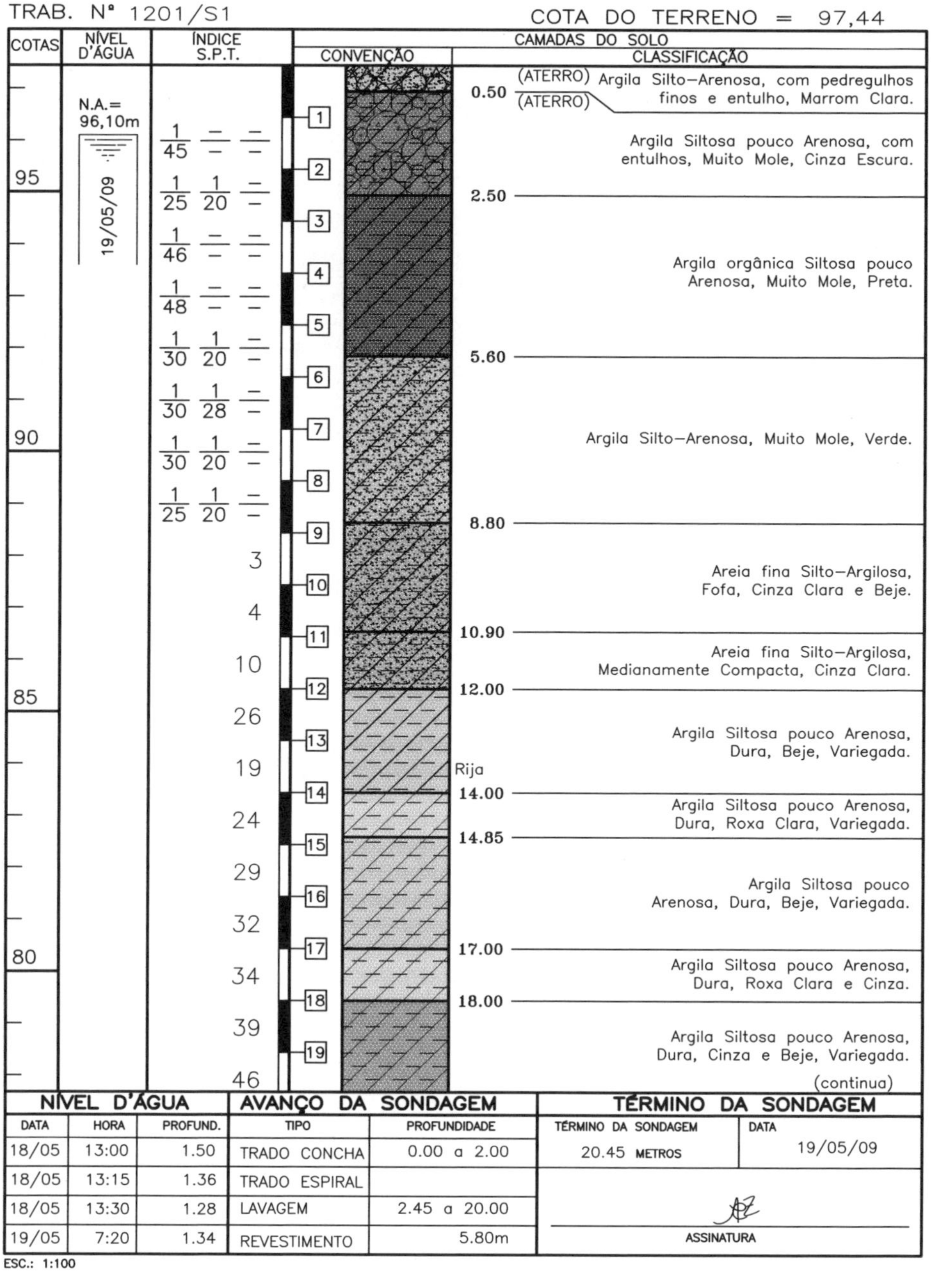

Fig. 5.21 *Sondagem SP01*

O levantamento, realizado em três prumadas, mostrou que o edifício antigo já estava desaprumado para dentro de nossa obra de 2 cm a 3 cm, o que nos deixou ainda mais preocupados com a eventual influência da execução de nossa obra nesse vizinho. A providência foi fundamental, como o leitor pode verificar a seguir.

As fundações do novo edifício estavam projetadas em estacas tipo hélice contínua com diâmetros, em sua maior parte, de 90 cm. Esse tipo de estaca pode ser executado abaixo do lençol freático porque o trado que perfura o terreno só é retirado quando o concreto é injetado e ele fica sempre com o solo preenchendo o espaço entre as aletas. Assim, é o próprio solo dentro do trado que mantém o furo estável.

Alguns dias depois, o estaqueamento, que havia sido iniciado pelo outro lado da obra, começou a ser feito próximo ao edifício antigo. A obra tinha deixado os fios de arame que indicavam o prumo para fazermos o acompanhamento. Na terceira estaca, em execução próxima ao edifício antigo, o Engenheiro-Residente percebeu que o prédio estava se mexendo, aumentando o desaprumo para dentro de nosso terreno para cerca de 4 cm. Interrompeu imediatamente a execução do estaqueamento e me avisou no escritório.

Liguei para a empresa responsável pelo projeto e pelo acompanhamento das fundações. Expliquei o caso para o responsável, que, para meu total espanto, disse não ter nada a ver com o assunto, uma vez que havia recomendado ao Incorporador que fosse executada, antes do início dos trabalhos, uma camada de rachão na superfície do terreno, providência que achamos desnecessária e não fizemos.

Estava evidente que o problema não era na camada superficial, e sim nas camadas mais profundas, de maneira que a colocação do rachão não o teria evitado.

Isso ocorreu já às 20h e a encrenca ficou para o dia seguinte. Pela manhã, o Diretor me ligou dizendo que não havia dormido direito, preocupado com o assunto, tendo em vista a omissão da empresa de consultoria contratada pela Incorporadora, que tinha projetado as fundações e era responsável por seu acompanhamento.

– Quem pode resolver este problema? – ele me perguntou.

– Quem pode nos dar uma solução rápida e segura é o Engenheiro MC, que era há muito tempo o nosso Consultor – respondi. – Quer que eu ligue para ele?

– Deixa que eu ligo – ele retrucou.

Depois fiquei sabendo que ele havia ligado para o Consultor, que foi imediatamente para a obra encontrá-lo. De cara, tranquilizou o Diretor e o Engenheiro-Residente dizendo que não existia risco iminente de um problema maior, o que já era um grande alívio. Em seguida, diagnosticou que o projeto talvez não fosse o mais adequado para as condições de subsolo local, tendo em vista questões executivas.

O trado contínuo desse tipo de estaca é, na verdade, um transportador de solo. Se ele for girado no sentido anti-horário, o solo que está dentro do trado irá descer, podendo contaminar o concreto que está sendo injetado. Se for girado no sentido horário, poderá fazer com que o solo entre as aletas do trado suba, havendo, nesse caso, o risco de criarem-se vazios entre as aletas, que podem ser preenchidos com solo mole do terreno. Assim, para que a estaca fique bem executada, a técnica correta é tirar o trado do terreno sem girá-lo.

Ocorre que, em estacas de grande diâmetro, a força de extração do trado, que está cheio de solo, é de alto valor não só pelo peso do solo, mas também pelo atrito com as paredes do furo; para minimizar esse atrito, o operador pode adotar o artifício de começar a girar o trado.

Como já dito, o projeto previa o uso de estacas de 90 cm de diâmetro e estava sendo adotado o procedimento de rodar o trado para aliviar o atrito e, assim, conseguir sacá-lo. Com isso, estava sendo removido do subsolo não só o solo correspondente ao furo a ser concretado para a formação da estaca, mas também um certo volume de solo mole que estava sendo extrudado para dentro das aletas do trado.

O problema foi então contornado com a substituição das estacas de 90 cm por um maior número de estacas de 70 cm, pois, com esse menor diâmetro, o equipamento não precisava rodar o trado para extraí-lo do terreno.

A Fig. 5.22 mostra plantas do estaqueamento projetado (não adequado) e daquele reprojetado (executado).

O estaqueamento prosseguiu com o novo projeto sem que o edifício antigo se movimentasse mais, e nosso amigo Consultor, que prontamente havia nos atendido e resolvido o problema, acabou nem cobrando por seu trabalho. O Diretor Técnico, uma semana depois, mandou-lhe uma caixa de uísque Black Label.

É muito bom ter amigos que entendem do ofício e nos socorrem na hora que precisamos.

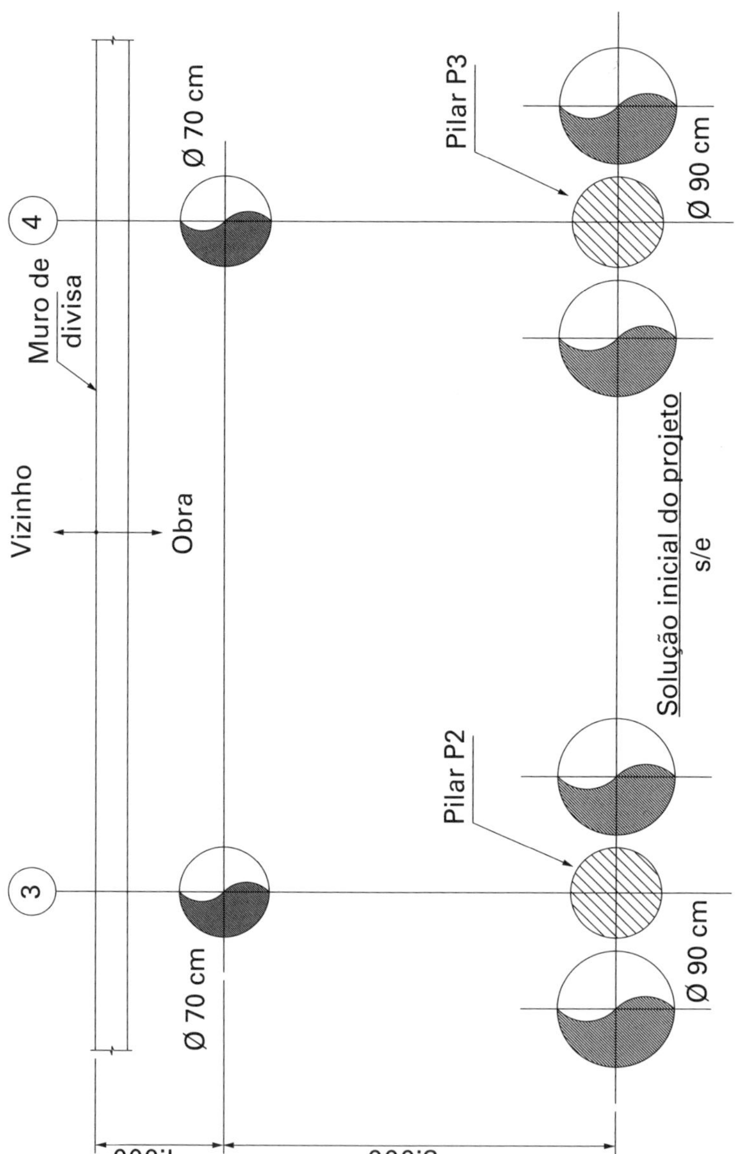

Fig. 5.22 *Plantas do estaqueamento projetado (não adequado) e do estaqueamento reprojetado (executado)*

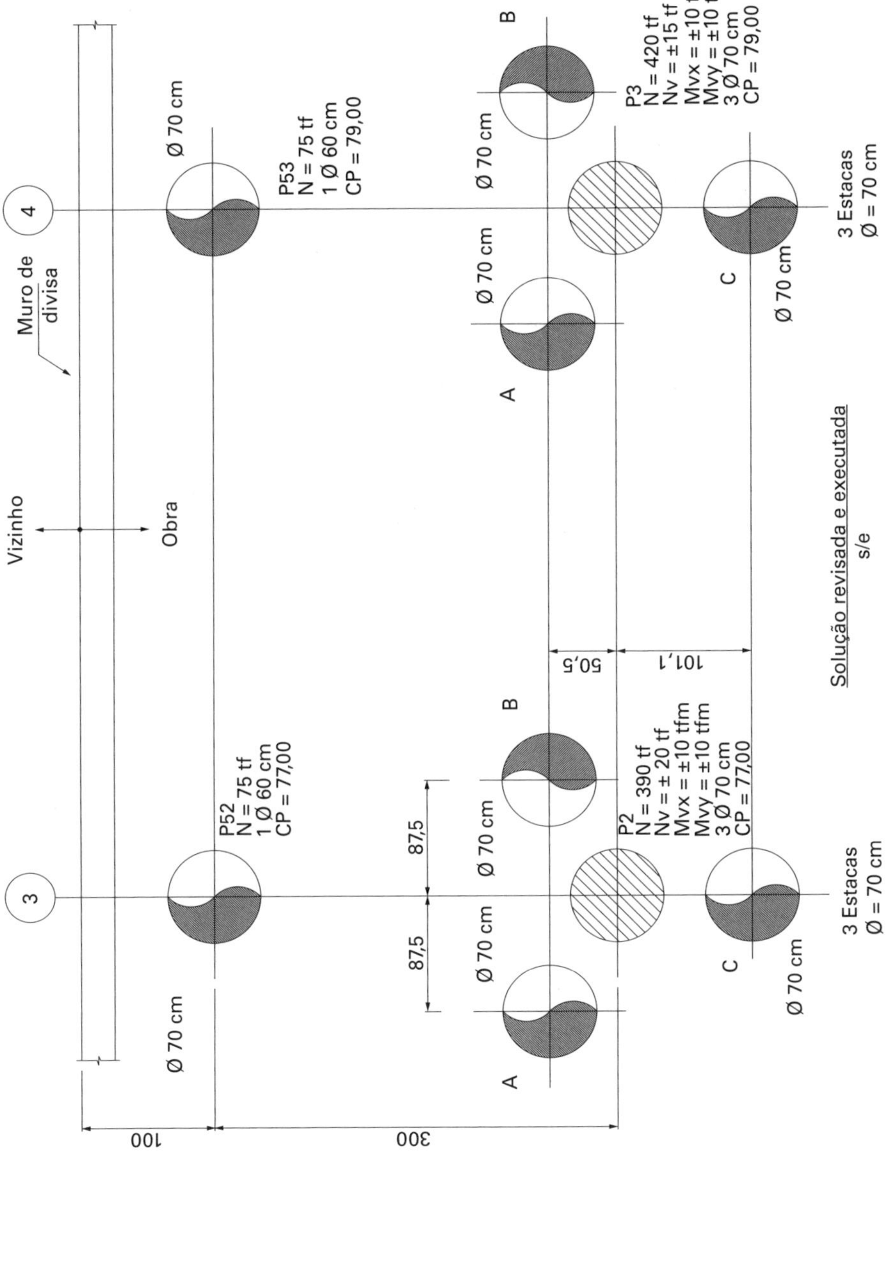

Fig. 5.22 *(continuação)*

6 Por que alguns empreendimentos dão certo e outros não?

6.1 Importância da formação da equipe

Quando iniciamos um empreendimento, são reunidas empresas e pessoas que trabalharão em conjunto por um bom espaço de tempo. Desse modo, é fundamental que esse grupo de pessoas atue de maneira harmoniosa, para que o empreendimento tenha sucesso.

Como conseguir isso? Como criar uma equipe de colaboradores partindo de grupos heterogêneos com interesses diversos? Como aglutinar as pessoas em torno de um objetivo? Vou tentar responder a essas questões a seguir.

De maneira geral, conforme mencionado anteriormente, temos as seguintes empresas ou instituições envolvidas no processo:

- o Cliente;
- o Arquiteto e os demais projetistas;
- a Gerenciadora;
- a Construtora.

Essas empresas devem, então, designar os respectivos responsáveis, que irão trabalhar em conjunto e, portanto, conviver pelo tempo de duração do projeto e da obra.

6.1.1 Cliente

Na área de prestação de serviços em que atuo, temos quase sempre como Cliente uma empresa ou instituição que contrata os serviços, e, muitas vezes, a obra é executada dentro de um local em plena atividade, como uma indústria ou um *campus* de universidade.

Esse Cliente deve, então, nomear o responsável pelo contato com os demais participantes. Deve ser uma pessoa que entenda o mínimo sobre o assunto e com poderes da organização para falar por ela.

Sua atuação é fundamental para informar aos demais departamentos da empresa o que vai ocorrer e as áreas que serão afetadas pela obra, combinar como será a sequência de execução dos serviços e como serão as mudanças, e antecipar os prováveis pontos de atrito que poderão surgir no decorrer dos trabalhos, de forma a evitar que prejudiquem as atividades da instituição.

6.1.2 Arquiteto – escritório de arquitetura

O Arquiteto é a figura-chave de um projeto, uma vez que é responsável por sua concepção e detalhamento e, muitas vezes, pela coordenação e compatibilização dos demais projetos.

O projeto de arquitetura deve prevalecer sobre todos os demais. Assim, quando surgem dúvidas, a arquitetura deve ser respeitada sempre, devendo o Arquiteto ser consultado, caso as soluções dos demais projetos impliquem alterações na arquitetura.

6.1.3 Projetistas

São os demais participantes do projeto que elaboram os projetos complementares – projetistas das fundações, da estrutura, das instalações e dos sistemas –, os quais, normalmente, indicam um responsável para resolver eventuais questões que apareçam no projeto e no decorrer da obra. O ideal é que todos os projetos estejam prontos antes de a obra ser iniciada.

Quando comecei a trabalhar, executei muitas obras sem nenhum contato com o Arquiteto e os demais projetistas. Nelas, recebia todos os projetos e a obra era executada praticamente sem interação com seus autores, o que é o ideal.

A partir dos anos 1990, os projetos foram piorando e chegando aos poucos ao canteiro, o que exigia muitas conversas com os projetistas. A partir de 2010, participei de obras onde a situação piorou mais ainda. Nesses trabalhos, o Arquiteto, em geral responsável por seu projeto e pela compatibilização dos demais projetos, ou um representante seu, era contratado para ir à obra periodicamente a fim de "dar uma assistência técnica".

Ocorre que o Arquiteto e o Cliente iam evoluindo nas soluções, mudavam os projetos e, obviamente, atrapalhavam o andamento dos serviços. Essa é a pior situação para o Construtor. Em alguns casos, trabalhando já como Gerenciador, argumentei fortemente com os envolvidos de forma a não aceitarem a presença sistemática do Arquiteto na obra para evitar mudanças que dificultavam seu andamento. *Afinal, a obra precisa do projeto pronto.*

6.1.4 Gerenciador

Analogamente, o Gerenciador deve designar um profissional competente e experiente para gerenciar todos os demais envolvidos. Deve ser um bom comunicador e negociador, assim como deve saber ouvir e gostar de trabalhar em equipe, pois será decisivo para as providências fluírem de maneira adequada.

6.1.5 Construtora

A Construtora, por sua vez, deve indicar o Gerente de Contrato ou Coordenador e a direção técnica da obra.

O Gerente de Contrato/Coordenador é, em geral, um Engenheiro pleno que coordena a equipe técnica da obra, fazendo sua ligação com o escritório central de sua empresa. Normalmente, é esse profissional que vistoria a obra, orientando técnica e administrativamente o Engenheiro-Residente, auxiliando nas compras e contratações das subempreiteiras e acompanhando os controles de custos, prazos e qualidade.

A direção técnica da obra é composta pelo Engenheiro-Residente e sua equipe: engenheiros auxiliares, mestre, encarregados, administrativos, técnicos de segurança e almoxarifes.

Temos, então, um grupo que começa na fase de projetos com cerca de dez pessoas e passa para aproximadamente 20 pessoas, numa obra de porte médio, quando ela se desenvolve. São profissionais de empresas e interesses diferentes que precisam trabalhar juntos para que o empreendimento flua com qualidade, conforme mencionado anteriormente.

Na minha opinião, as condições fundamentais para que esse grupo seja produtivo, eficiente e eficaz são as relacionadas a seguir:

- deve haver boa intenção em todos os participantes;
- os integrantes da equipe devem ser competentes, ter experiência e saber o que tem que ser feito;
- as funções de cada um deles devem ser claras e muito bem definidas.

Com essas três condições satisfeitas, já temos meio caminho andado.

O ponto a seguir, na minha opinião, é que o Gerenciador seja hábil e consiga harmonizar os interesses de todos no sentido de alcançar o objetivo, que é o produto final, a obra.

Esse profissional deve, assim, ser capaz de trabalhar para fazer fluir corretamente a comunicação entre todos, agilizar decisões, criar alternativas e auxiliar nas correções e eventuais mudanças nos projetos, orçamentos e aditivos. De forma ideal, ele deve criar um ambiente de colaboração e fazer com que todos os participantes "remem para o mesmo lado", como se diz.

Além dessas considerações, observei, ainda, que o sucesso de uma obra depende também da figura de seu dono final, que pode ser o Proprietário, o Diretor ou o Gerente, que vai receber e utilizar a futura edificação. Nas palavras de um deles, com quem aprendi muito e fiquei amigo, ele é o "Dono do Sonho". Da mesma forma que é consenso o fato de muitas organizações terem uma cultura que espelha o exemplo de seu fundador ou executivo principal, acredito que o sucesso de uma obra também dependa muito desta figura: seu dono final.

O comportamento deste determina o comportamento dos envolvidos. Um dono chato desmotiva a equipe, ao passo que um dono inspirador e inclusivo motiva a equipe a superar os desafios ou problemas que normalmente surgem. Conheci esses dois tipos, e a diferença no desempenho foi nítida.

O dono, em geral, fica a uma certa distância, para dar espaço para seu representante atuar, mas acompanha e está presente em todo o processo. Ele possui, no mínimo, as seguintes características:

- é bem-intencionado e íntegro;
- tem um excelente relacionamento interpessoal;
- tem vontade de realizar.

Esses bons clientes apresentam, evidentemente, estilos diferentes, mas todos têm as referidas qualidades pessoais. Tratam igualmente todos os envolvidos, procuram manter um bom ambiente de trabalho, cobram, mas entendem as dificuldades que surgem, conforme mencionado no Cap. 1.

Esse Cliente, motivando toda a equipe, que tende a se comportar com seu jeito, faz com que todos tenham presente, ao participar de uma obra, que ela é o que há de mais importante e deve estar acima dos desejos, vontades ou vaidades de cada um dos participantes.

Uma equipe harmonizada, competente e eficaz começa, portanto, com um Cliente final bem-intencionado, justo, empático e que sabe o que quer.

Em inúmeras situações em que houve a necessidade da atuação desses donos, em geral quando ocorreram problemas de atrasos no cronograma, aumento do orçamento, fiscalizações de órgãos públicos, falência de empresas subcontratadas e erros no recolhimento de impostos, presenciei sua atuação sábia, generosa, compreensiva, empática e inteligente. Relato uma delas no Caso 25.

Caso 25 – Escola TM

Um executivo com quem eu havia trabalhado ficou sócio de um casal mais velho, proprietário de uma escola conceituada, numa nova unidade a ser implantada em uma cidade próxima a São Paulo, onde era sua sede.

Decidiram, então, buscar investidores para fazer um contrato tipo *built to suit*, ou construído sob medida, para a construção dos edifícios em que instalariam a nova unidade.

Nessa modalidade de contrato, uma empresa que precisa de um edifício para exercer suas atividades e não pode ou não quer imobilizar capital procura um grupo de investidores para financiar a construção, comprometendo-se a alugá-lo por um período de tempo.

Por meio de um Engenheiro conhecido, conseguiram montar esse grupo de investidores e fizeram o contrato. O acordo, em resumo, era que o valor total investido seria remunerado por um período de 20 anos por um aluguel mensal equivalente a 1,2% do valor investido no terreno e na construção, valor este estimado, inicialmente, em R$ 10.000.000,00. O prazo previsto para a execução da obra era de 12 meses.

O grupo contratou a Construtora que havia elaborado o orçamento para executar a obra por administração, e seus donos ficaram também sócios como cotistas investidores, como pessoas físicas.

Então, o Executivo me contratou para fiscalizar a obra, que já tinha sido iniciada. Analisei o orçamento da construção e imediatamente identifiquei que estava subestimado e que a obra iria custar pelo menos 20% mais. O Executivo não ficou surpreso, dizendo que já esperava esse aumento, o qual estava dentro de sua previsão.

Passei, assim, a me ocupar com a fiscalização dos serviços e percebi que muitos erros estavam sendo cometidos pela pressa de entregar a obra, uma vez que o interesse dos investidores era concluí-la o mais rápido possível para passar a receber o valor do aluguel e, consequentemente, recuperar o investimento feito.

Tentei de todas as maneiras melhorar a qualidade dos serviços, sem sucesso, pois o Coordenador da obra, que era sócio da Construtora e também investidor, não me ouvia e se justificava dizendo que a obra não era de meu Cliente, e sim dos investidores, dos quais ele fazia parte.

Intensifiquei minha atuação, cobrando tanto o Coordenador como o Engenheiro-Residente, que era bem fraco, por mais qualidade na obra em reuniões como a relatada no Cap. 2. Outra providência que tomei foi solicitar um orçamento atualizado, conforme indicado no mesmo capítulo.

Após algum tempo, a Construtora apresentou o orçamento atualizado, com quase 20% a mais do que havia sido calculado, obrigando os investidores a aumentar sua contribuição. Houve algumas reclamações, mas o aporte foi absorvido por eles e pela escola, que teria que pagar um valor de aluguel maior.

Apesar de meu esforço e da substituição do Engenheiro e do Mestre, a obra continuou sendo tocada sem cuidados e a falta de qualidade dos serviços continuou. Quando faltavam poucos meses para sua conclusão, surgiu outro problema. A Construtora apresentou outro orçamento, subindo novamente seu valor, dessa vez em mais 15%. Nessa altura, o "mundo caiu".

O Executivo informou que não iria pagar a diferença de aluguel que ocorreria, pois estava fora do que a escola poderia arcar, e contratou um Perito para auditar a qualidade e os desperdícios da obra, já prevendo uma disputa judicial.

Os investidores que não eram sócios da Construtora informaram que não iriam aportar mais dinheiro, e a Construtora também contratou um Perito para fazer sua auditoria, esperando a possível contenda.

A briga estava armada.

Os dois lados contrataram advogados, e o Executivo ficou sabendo que o grupo estava oferecendo a edificação para outra escola. Cartas registradas com ameaças veladas foram trocadas entre os envolvidos.

Havia ali dois problemas de origem:

* o fato de o primeiro orçamento ter sido feito sem que todos os projetos estivessem concluídos e, assim, ter sido subestimado;
* o fato de haver um conflito de interesses que misturava as coisas, uma vez que os proprietários da Construtora eram também sócios como investidores.

Como a obra era por administração, quanto mais ela custasse, mais a Construtora ganharia, o que gerava a desconfiança de que ela havia subavaliado o orçamento para viabilizar o negócio. A escola, por outro lado, sentia-se prejudicada, pois, à medida que o custo aumentava, o aluguel a ser pago também subia, tendendo a inviabilizar seu negócio.

Foi marcada, então, uma reunião com a presença de todos, o Executivo e a dona da escola, os sócios da Construtora, os outros investidores, os advogados e eu. Avisaram que o Sr. Dono chegaria depois, pois havia ido a um hospital. Não estava bem de saúde.

A reunião começou tensa, com discussões e ameaças de todos os lados e o risco de tudo ir para a Justiça aumentando, o que, como sabemos, é o pior caminho, já que "é melhor um mau acordo do que uma boa demanda", como diz o ditado.

A situação estava cada vez pior quando o Dono Sênior da escola chegou numa cadeira de rodas. Todos ficaram em silêncio, respeitando a situação e a presença dele. O advogado da escola, muito hábil e articulado, deu-lhe um resumo do que estava ocorrendo.

Após ouvir toda a explanação em silêncio, ele disse, com voz pausada e calma e num tom conciliador:

– Senhores, todas as obras ficam mais caras que o orçamento. O Engenheiro e os investidores que ele reuniu confiaram e investiram na nossa escola desde o início, e não vamos nunca esquecer isso. O caminho é buscarmos uma solução, e não um conflito, onde todos sairemos perdendo. Tenho confiança de que vocês encontrarão um caminho.

Em seguida, retirou-se da sala. Houve um silêncio. Todos ficaram tocados pela serenidade e visão clara do Sr. Dono, e os ânimos se acalmaram.

A situação era clara: caso a obra, ainda não concluída, fosse para a Justiça, o processo poderia levar anos, a escola não teria como se instalar, os investidores ficariam com seu dinheiro imobilizado e sem retorno, e a Construtora seria responsabilizada pelos aumentos de custos.

Os envolvidos, então, começaram a buscar alternativas para sair do impasse, e estava claro que todos deveriam ceder para chegar a um acordo.

A solução, que antes parecia distante, foi encontrada milagrosamente naquela mesma noite, com todos cedendo: a Construtora abriu mão de seus honorários sobre o novo adicional, os investidores concordaram em aportar o dinheiro que faltava e o aumento do aluguel da escola ficou de ser calculado sobre 50% do que fosse gasto a mais em relação ao segundo aditivo.

Alguns meses depois, a escola foi inaugurada e iniciou suas atividades, sempre pagando religiosamente o aluguel aos investidores e funcionando muito bem.

Esse é um exemplo da importância da atuação do dono num empreendimento, alguém que enxergue o todo e que ajuda para que tudo dê certo.

7 Conclusões

7.1 Importância da ética na carreira do profissional

Além das qualidades listadas no perfil do Engenheiro, considero que ser ético e correto é fundamental para a vida do profissional, pois, como diz outro velho ditado: "Se o malandro soubesse o quanto é bom ser honesto, seria honesto de malandragem".

Dessa maneira, se posso dar um conselho para aqueles que estão começando sua vida profissional, conselho este também dado para meus filhos e para meus poucos alunos, é que sejam éticos, corretos, honestos.

Nesse sentido, caso sinta alguma dúvida, uma maneira simples de saber se você está sendo honesto é perguntando-se se todos os envolvidos podem saber de suas decisões e atitudes, sem questioná-las.

Os cânones da ética dos engenheiros são apresentados no Anexo D.

7.2 Recomendações aos engenheiros recém-formados e sugestões para o futuro

Conforme mencionamos, a carreira de um Engenheiro Civil pode ser bem longa. Não é difícil encontrarmos engenheiros com 40, 50 anos de trabalho e ainda atuando.

Assim, um Engenheiro recém-formado deve imaginar que poderá trabalhar por muitos anos. Deve, consequentemente, procurar continuar estudando e trabalhando com dedicação para atualizar seus conhecimentos e ampliar sua área de atuação.

O estudo pode ser feito individualmente ou em cursos de pós-graduação, que podem agregar conhecimentos teóricos importantes para a evolução do profissional.

Considero, no entanto, que, na profissão de Engenheiro e provavelmente em muitas outras, a experiência que vem do trabalho é a que garante o aprendizado.

Faço essa afirmação com segurança, pois, além de trabalhar, estudei bastante: fiz mestrado em Engenharia e MBA em Marketing e dei aulas na Escola de Engenharia Mauá, onde visitei com os alunos muitas obras em execução, tais como metrô, túneis, pontes, viadutos, barragens e edifícios, atividades que me mantiveram informado e atualizado sobre os métodos e as técnicas construtivas.

Apesar disso, constato, depois desses muitos anos, que trabalhar com cuidado e afinco é a melhor forma de adquirir, às vezes a duras penas, o conhecimento.

Os problemas de toda ordem e sua solução encontrados no dia a dia – de projetos, técnicos, de pessoal, de greves, de fiscalizações dos órgãos públicos, de erros que inevitavelmente ocorrem (afinal, "só não erra quem não faz") – são fundamentais para o aprendizado.

Em outras palavras, na minha opinião, nessa profissão *nada supera a experiência da execução.*

Dessa forma, uma recomendação final: assumam a responsabilidade decorrente da função, dediquem-se ao trabalho, sejam éticos, aprendam com os acertos e com os erros, evoluam sempre.

A Anexo

Roteiro básico para elaborar um orçamento analítico

Vamos elaborar o orçamento de uma edificação para abrigar um gerador, conforme o projeto apresentado nas Figs. 3.29 e 3.30.

A.1 Considerações gerais

A fundação será direta, com sapatas, e as escavações, inclusive dos baldrames, deverão ser feitas com 30 cm de folga nas laterais para que se possa executar e retirar as formas. As paredes terão blocos aparentes de concreto e serão executadas depois de a estrutura ter sido concluída e desformada.

A partir de uma pesquisa de mercado em julho de 2018, chegamos aos valores relacionados a seguir.

Salários com os encargos já considerados

* *carpinteiro, pedreiro, armador*: R$ 13,31/hora;
* *servente*: R$ 10,95/hora.

Considerar a jornada normal de trabalho, ou seja, de oito horas por dia, de segunda a sexta-feira, e quatro horas aos sábados.

Preço dos materiais

* *cimento*: R$ 18,99/saco de 50 kg;
* *areia*: R$ 69,00/m³;
* *pedra 1 e 2*: R$ 69,00/m³;
* *argamassa industrializada (massa pronta)*: R$ 15,00/saco de 50 kg;
* *pontalete bruto 3ª*: R$ 1.134,00/dz de 50,4 m;
* *tábua bruta 3ª 2,5 cm × 30 cm*: R$ 694,76/dz de 15,12 m²;
* *chapa de compensado plastificado 18 mm*: R$ 268,00/chapa 1,22 m × 2,44 m, *e* = 18 mm;

- *prego 15 × 15, 17 × 21 ou 18 × 24*: R$ 8,00/kg;
- *aço CA 50*: R$ 6,21/kg;
- *arame recozido 18*: R$ 8,00/kg;
- *bloco de 14 × 19 × 39*: R$ 2,00/un;
- *concreto 30 MPa usinado brita 1 e 2* slump 6: R$ 282,91/m^3;
- *concreto 30 MPa usinado brita* 1 slump 10: R$ 380,00/m^3.

Considerar ainda:

- prazo da obra de três meses;
- instalação do canteiro por R$ 2.000,00;
- taxa de aço de 90 kg/m^3 de concreto para a fundação e 110 kg/m^3 de concreto para a estrutura;
- administração local:
  - um Encarregado em tempo integral – salário de R$ 6.500,00/mês;
  - um Engenheiro em tempo parcial (um quarto de mês) – salário de R$ 10.000,00/mês;
- leis sociais de 70% sobre salários da administração local;
- verba para pequenas despesas de R$ 800,00/mês;
- administração geral e impostos de 4,5% sobre o custo direto;
- eventuais e benefício de 11% sobre o custo direto.

A.2 Elaboração da planilha

O primeiro passo de um orçamento é a elaboração de uma planilha preliminar (Fig. A.1). Trata-se da descrição mais detalhada possível dos serviços que deverão ser executados e de sua unidade.

A.3 Levantamento de quantidades

O passo seguinte é o cálculo das quantidades dos serviços a serem executados.

A seguir, serão detalhadas as operações para calcular as quantidades que compõem cada item da planilha.

A.3.1 Locação da obra (item 2 da planilha)

$$A = (4,31 + 2,00 + 2,00) \times (12,98 + 2,00 + 2,00)$$
$$A = 8,31 \times 16,98 = 141,10\ m^2$$

CASA DO GERADOR
PLANILHA DE CUSTO
SÃO PAULO - SP **31/07/18**

CÓDIGO	ESPECIFICAÇÃO DE SERVIÇOS	UN	QUANT.	VLR. UNIT.	VLR. TOTAL
1	**IMPLANTAÇÃO DO CANTEIRO**				
	Mobilização e desmobilização do canteiro de obras	vb			
	Caçamba para remoção de terra ou entulho	vg			
2	**LOCAÇÃO DA OBRA**				
	Locação da obra	m2			
3	**FUNDAÇÕES**				
3.1	SAPATAS				
	Escavação	m3			
	Remoção de terra até a caçamba	m3			
	Lastro de concreto magro	m2			
	Forma	m2			
	Aço CA 50 - admitindo 90 kg por m3 de concreto	kg			
	Concreto fck = 30 MPa brita 1 e brita 2 *slump* convencional (6 cm) e lançamento manual	m3			
	Reaterro	m3			
4	**INFRAESTRUTURA**				
4.1	BALDRAMES				
	Escavação manual	m3			
	Remoção de terra até a caçamba	m3			
	Lastro de concreto magro	m2			
	Forma	m2			
	Aço CA 50 - admitindo 90 kg por m3 de concreto	kg			
	Concreto fck = 30 MPa *slump* convencional (6 cm) e lançamento manual	m3			
	Reaterro	m3			
4.2	BASE DO GERADOR				
	Escavação manual	m3			
	Remoção de terra até a caçamba	m3			
	Lastro de concreto magro	m2			
	Forma	m2			
	Aço CA 50 - admitindo 90 kg por m3 de concreto	kg			
	Concreto fck = 30 MPa brita 1 e brita 2 *slump* convencional (6 cm) e lançamento manual	m3			
	Reaterro	m3			
5	**SUPERESTRUTURA**				
	PILARES, VIGAS E LAJES				
	Forma com compensado plastificado 18 mm com pouco reaproveitamento	m2			
	Cimbramento (A,B,C,D)	m2			
	Aço CA 50 - admitindo 110 kg por m3 de concreto	kg			
	Concreto fck = 30 MPa brita 1 *slump* bombeável (10 cm) e lançamento com bomba	m3			
6	**IMPERMEABILIZAÇÃO**				
	Argamassa com adição de Vedacit e pintura com Neutrol para baldrames	m2			
	Sistema com manta asfáltica Classe IV, espessura 4 mm, para laje de cobertura	m2			
	Regularização da laje para impermeabilização	m2			
	Proteção mecânica sobre camada separadora com tela de reforço	m2			

FIG. A.1 *Planilha inicial de todos os serviços a serem executados*

7	**ALVENARIAS**				
	Alvenaria de embasamento com tijolo comum de 1/2 vez h = 30 cm	m2			
	Parede em bloco de concreto aparente, 14 x 19 x 39 cm, com junta em amarração	m2			
8	**PISOS**				
	Preparo do terreno e compactação	m2			
	Lastro de concreto magro	m2			
	Piso de concreto armado fck= 30 MPa, e = 10 cm com lona plástica, tela Telcon Q92 e acabamento mecânico da superfície	m2			
9	**ESQUADRIAS**				
	Porta acústica 3,00 x 2,60	vb			
10	**TRATAMENTO DE CONCRETO E PINTURAS**				
	Latex acrílico sobre bloco aparente	m2			
	Tratamento do concreto aparente e aplicação de verniz PU	m2			
	Esmalte sobre porta acústica	m2			
11	**LIMPEZA**				
	Limpeza final da obra	m2			
	TOTAL				

FIG. A.1 *(continuação)*

A.3.2 FUNDAÇÕES (ITEM 3 DA PLANILHA)

As fundações serão compostas de quatro sapatas diretas S1 e quatro sapatas diretas S2 (Fig. A.2).

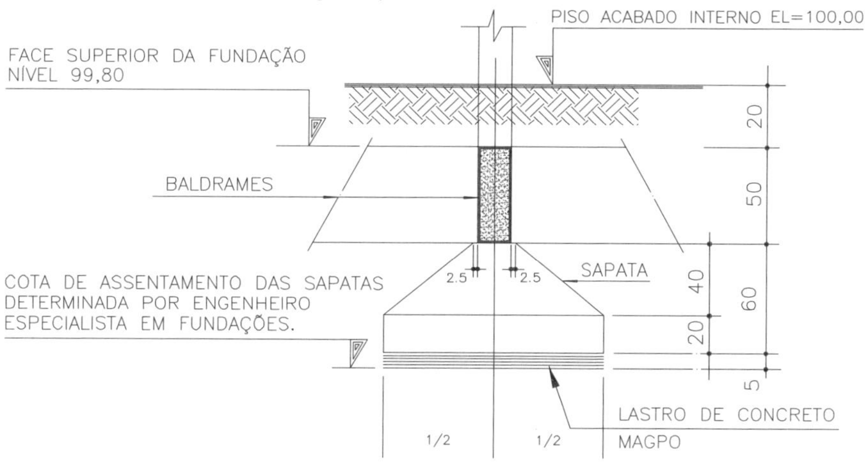

FIG. A.2 *Elevação genérica das sapatas S1 e S2*

Escavação das sapatas

Para executarmos as formas, escavamos o terreno com uma folga de 30 cm de cada lado das sapatas.

As Figs. A.3 e A.4 ilustram as plantas das sapatas S1 e S2.

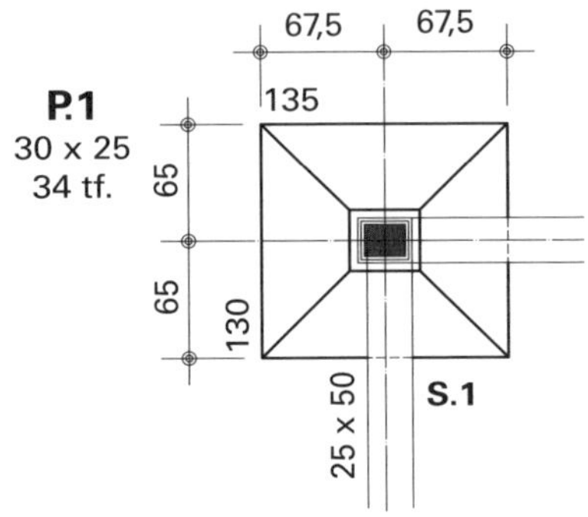

Fig. A.3 *Planta da sapata S1*

$$VescavS1 = S \cdot h \cdot Quant$$

$$VescavS1 = \{[(0{,}30 + 1{,}35 + 0{,}30) \times (0{,}30 + 1{,}30 + 0{,}30)] \cdot h\} \cdot Quant$$

$$VescavS1 = \{[(1{,}95 \times 1{,}90) \times 1{,}35] \times 4\}$$

$$VescavS1 = 20{,}01 \text{ m}^3$$

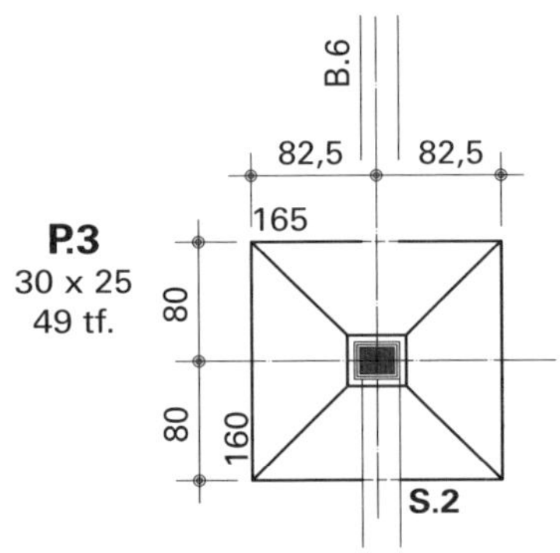

Fig. A.4 *Planta da sapata S2*

$$VescavS2 = S \cdot h \cdot Quant$$

$$VescavS2 = \{[(0{,}30 + 1{,}65 + 0{,}30) \times (0{,}30 + 1{,}60 + 0{,}30)] \cdot h\} \cdot Quant$$

$$VescavS2 = \{[(2{,}25 \times 2{,}20) \times 1{,}35] \times 4\}$$

$$VescavS2 = 26{,}73 \text{ m}^3$$

$$Vescav = VescavS1 + VescavS2$$

$$Vescav = 20{,}01 + 26{,}73$$

$$Vescav = 46{,}8 \text{ m}^3$$

Lastro de concreto magro das sapatas

A = área do lastro de concreto magro das sapatas

$$A = (4 \cdot Asapata1) + (4 \cdot Asapata2)$$

$$A = [4 \times (1,35 \times 1,30)] + [4 \times (1,65 \times 1,60)]$$

$$A = 17,6\ m^2$$

Forma das sapatas

Para o cálculo da forma, devemos considerar somente a forma do rodapé, com altura de 20 cm mais o lastro de concreto magro de 5 cm, totalizando 25 cm.

A = área de forma

A = perímetro da sapata S1 · 4 + perímetro da sapata S2 · 4

$$A = \{[(1,35 + 1,30) \times 2] \times 0,25 + [(1,65 + 1,60) \times 2] \times 0,25\} \times 4$$

$$A = 11,80\ m^2$$

Concreto das sapatas

V = volume das sapatas = VS1 + VS2

Para o cálculo do volume de concreto, inicialmente vamos separar a sapata em duas peças, sendo uma o prisma de base retangular e a outra um tronco de pirâmide de base retangular. Portanto, o volume das sapatas S1 será:

VS1 = volume do prisma + volume do tronco de pirâmide retangular

$$VS1 = \left\{\left[(\text{área da } S \cdot h) \cdot Q\right] + \left[\frac{hp}{3} \times (S + s + \sqrt{S \cdot s})\right] \cdot Q\right\}$$

em que:

S = área da base do prisma;

h = altura do prisma;

Q = quantidade de sapatas;

hp = altura do tronco de pirâmide;

s = área da base menor do tronco de pirâmide;

S = área da base maior do tronco de pirâmide = área da base do prisma.

$$VS1 = \{[(1{,}35 \times 1{,}30 \times 0{,}20) \times 4] + [0{,}40/3 \times ((0{,}35 \times 0{,}30) + (\sqrt{(1{,}35 \times 1{,}30) \times (0{,}35 \times 0{,}30)}) + (1{,}35 \times 1{,}30))]\} \times 4$$

$$VS1 = \{(0{,}35) + [(0{,}40/3) \times (1{,}76 + 0{,}11 + 0{,}19)]\} \times 4$$

$$VS1 = (0{,}35 + 0{,}27) \times 4$$

$$VS1 = 0{,}62 \times 4$$

$$VS1 = 2{,}50 \text{ m}^3$$

Para a sapata S2, temos:

VS2 = volume do prisma + volume do tronco de pirâmide retangular

$$VS2 = \left\{\left[(\text{área da } S \cdot h) \cdot Q\right] + \left[\frac{hp}{3} \times (S + s + \sqrt{S \cdot s})\right] \cdot Q\right\}$$

em que:

S = área da base do prisma da S2;

h = altura do prisma;

Q = quantidade de sapatas;

hp = altura do tronco de pirâmide;

s = área da base menor do tronco de pirâmide;

S = área da base maior do tronco de pirâmide = área da base do prisma.

$$VS2 = \{[(1{,}65 \times 1{,}60 \times 0{,}20) \times 4] + [0{,}40/3 \times ((1{,}65 \times 1{,}60) + (0{,}35 \times 0{,}30) + (\sqrt{(1{,}65 \times 1{,}60) \times (0{,}35 \times 0{,}30)}) +)]\} \times 4$$

$$VS2 = \{(0{,}53) + [(0{,}40/3) \times (2{,}64 + 0{,}11 + 0{,}54)]\} \times 4$$

$$VS2 = (0{,}53 + 0{,}44) \times 4$$

$$VS2 = 0{,}97 \times 4$$

$$VS2 = 3{,}90 \text{ m}^3$$

Portanto:

$$V = VS1 + VS2$$

$$V = 2{,}50 + 3{,}90$$

$$V = 6{,}40 \text{ m}^3$$

Remoção de terra proveniente da escavação das sapatas

É o mesmo volume de concreto das sapatas, considerando o empolamento de 30%:

$$Vrem = Vc + 30\%$$

em que:
Vrem = volume de remoção;
Vc = volume de concreto.

Portanto:

$$Vrem = 6{,}40 \times 1{,}30$$
$$Vrem = 8{,}32\ m^3$$

Armação das sapatas

Como foi adotado que a armação será de 90 kg de aço para cada metro cúbico de concreto, temos:

$$A = Vc \cdot 90\ kg/m^3$$
$$A = 6{,}40 \times 90$$
$$A = 576\ kg$$

Reaterro das sapatas

É a diferença entre o volume de escavação e o volume de concreto das sapatas, considerando também o empolamento de 30%:

$$Vrea = (Vesc - Vc) + 30\%$$

em que:
Vrea = volume de reaterro;
Vc = volume de concreto.

Portanto:

$$Vrea = (46{,}80 - 6{,}40) \times 1{,}30$$
$$Vrea = 52{,}52\ m^3$$

A.3.3 Infraestrutura (item 4 da planilha)

Dividiremos esta seção em baldrames e base do gerador.

A infraestrutura do prédio é composta de baldrames B1 a B9, todos com seção de 25 cm × 50 cm, como pode ser conferido no desenho de formas (Fig. 3.29).

Escavação dos baldrames

Para executarmos as formas, escavamos o terreno com uma folga de 30 cm de cada lado dos baldrames. O topo dos baldrames está 20 cm abaixo da cota do terreno natural (100,00).

A escavação deve contemplar espessura suficiente para fazer o lastro de concreto sob o baldrame. Portanto, a altura total de escavação é $h = 5 + 50 + 20 = 75$ cm.

A seguir, é apresentada a memória de cálculo de cada baldrame.

$$Vescav\ baldrames = \begin{matrix} VescavB1 + VescavB2 + VescavB3 + VescavB4 + VescavB5 + \\ VescavB6 + VescavB7 + VescavB8 + VescavB9 \end{matrix}$$

Como os baldrames B1 e B3 são iguais, temos:

$$VescavB1 \text{ e } B3 = L \cdot b \cdot h$$

em que:

L = comprimento descontando a escavação das sapatas;

b = largura da escavação com acréscimo de 30 cm para cada lado;

h = altura da escavação = altura do baldrame + espessura do lastro + diferença entre a cota do terreno e a cota do topo do baldrame.

$$VescavB1 \text{ e } B3 = [(4{,}31 - 0{,}975 - 0{,}975) \times (0{,}25 + 0{,}30 + 0{,}30) \times (0{,}20 + 0{,}50 + 0{,}05)] \times 2$$
$$VescavB1 \text{ e } B3 = 3{,}0 \text{ m}^3$$

A seguir, apresenta-se o cálculo do volume de escavação dos demais baldrames:

$$VescavB2 = [(4{,}31 - 1{,}125 - 1{,}125) \times (0{,}25 + 0{,}30 + 0{,}30) \times (0{,}20 + 0{,}50 + 0{,}05)]$$
$$VescavB2 = 1{,}3 \text{ m}^3$$

$$VescavB4 + B5 + B6 + B7 + B8 + B9$$
$$VescavB4 + B5 + B6 + B7 + B8 + B9 = \begin{bmatrix} (12{,}98 - 0{,}95 - 1{,}10 - 1{,}10 - 1{,}10 - 1{,}10 \\ - 0{,}95) \times (0{,}25 + 0{,}30 + 0{,}30) \times (0{,}20 + \\ 0{,}50 + 0{,}05) \end{bmatrix} \times 2$$
$$VescavB4 + B5 + B6 + B7 + B8 + B9 = 8{,}5 \text{ m}^3$$

$$Vtotal \text{ de escavação dos baldrames} = 3{,}0 + 1{,}3 + 8{,}5 = 12{,}8 \text{ m}^3$$

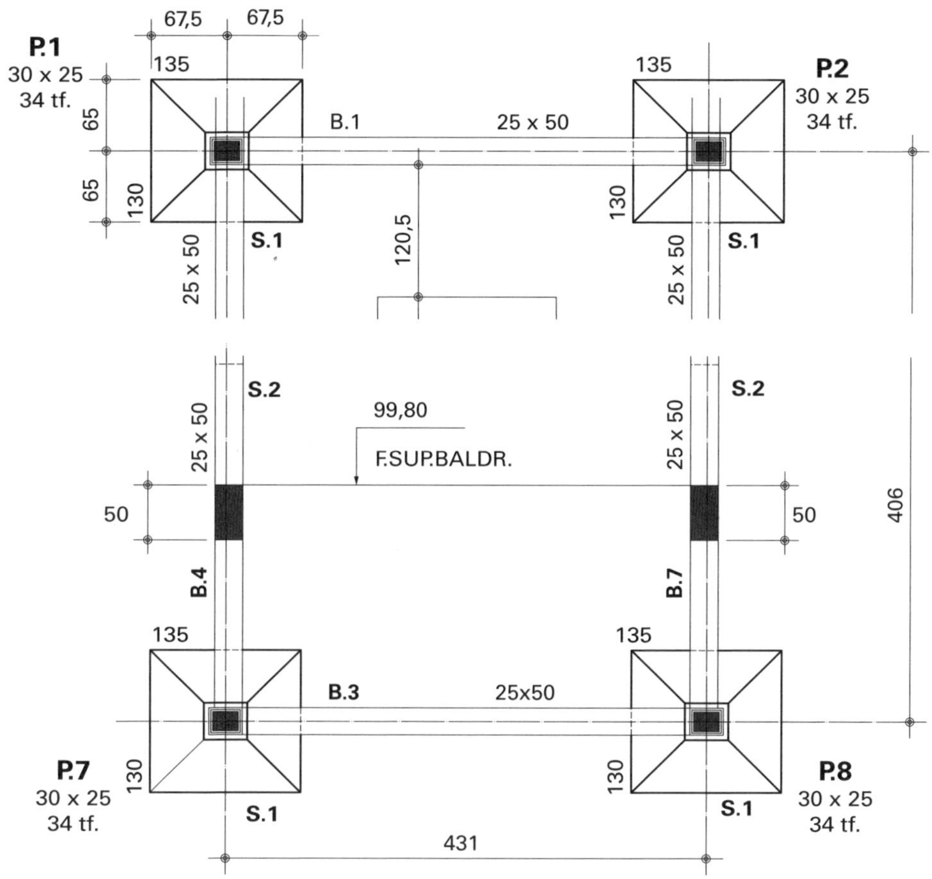

Fig. A.5 *Planta dos baldrames*

Lastro de concreto magro dos baldrames

$$A = \text{área do lastro de concreto magro dos baldrames}$$
$$A = Alastro\ B1 + B2 + B3 + B4 + B5 + B6 + B7 + B8 + B9$$
$$A = [(4{,}01 \times 3) + (4{,}21 \times 4) + (3{,}81 \times 2) \times 0{,}25$$
$$A = 9{,}1\ m^2$$

Volume de concreto dos baldrames

$$V = \text{volume do concreto dos baldrames}$$
$$V = Vbaldrames\ B1 + B2 + B3 + B4 + B5 + B6 + B7 + B8 + B9$$
$$V = (4{,}01 + 4{,}01 + 4{,}01 + (3{,}81 + 4{,}21 + 4{,}21) \times 2) \times 0{,}25 \times 0{,}50$$
$$V = 4{,}6\ m^3$$

Volume de remoção proveniente da escavação dos baldrames

Trata-se do volume de terra escavado que será dispensado, uma vez que parte do volume total de escavação retornará como reaterro. É o mesmo volume do concreto dos baldrames, considerando o empolamento de 30%.

$$Vrem = Vc + 30\%$$

em que:
Vrem = volume de remoção;
Vc = volume de concreto.

Portanto:

$$Vrem = 4{,}6 \times 1{,}30$$
$$Vrem = 5{,}93 \text{ m}^3$$

Forma dos baldrames

Para o cálculo da forma, devemos considerar a altura do baldrame com altura do lastro de concreto magro de 5 cm, totalizando 55 cm.

$$A = \text{área de forma}$$
$$A = \text{comprimento dos baldrames} \cdot 2 \text{ faces} \cdot (hbaldrame + hlastro)$$
$$A = \{[(4{,}01 + 4{,}01 + 4{,}01 + (3{,}81 + 4{,}21 + 4{,}21) \times 2)] \times 2 \times [(0{,}50 + 0{,}05)]\}$$
$$A = 40{,}1 \text{ m}^2$$

Armação dos baldrames

Como foi adotado que a armação será de 90 kg de aço para cada metro cúbico de concreto, temos:

$$A = Vc \cdot 90 \text{ kg/m}^3$$
$$A = 4{,}6 \times 90$$
$$A = 414{,}0 \text{ kg}$$

Reaterro dos baldrames

É a diferença entre o volume de escavação e o volume de concreto dos baldrames, considerando também o empolamento de 30%.

$$Vrea = (Vesc - Vc) + 30\%$$

em que:

$Vrea$ = volume de reaterro;

Vc = volume de concreto.

Portanto:

$$Vrea = (12{,}8 - 4{,}60) \times 1{,}30$$
$$Vrea = 10{,}71\ m^3$$

As quantidades calculadas da base do gerador são apresentadas a seguir, a partir do desenho da Fig. A.6.

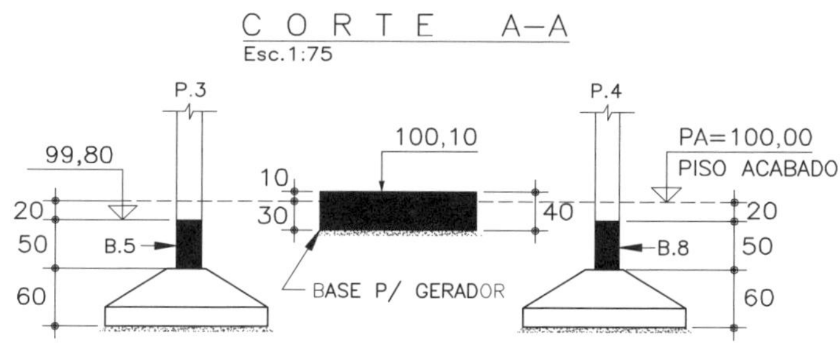

FIG. A.6 *Corte transversal AA que passa pela base do gerador*

Escavação da base do gerador

Para executarmos as formas, escavamos o terreno com uma folga de 30 cm de cada lado da base. O topo da base está 10 cm acima da cota do terreno natural (100,00), que é também a cota do piso acabado.

A escavação deve contemplar espessura suficiente para fazer o lastro de concreto sob a base. Portanto, a altura total de escavação é $h = 5 + (40 - 10) = 35$ cm.

$$Vescavbase = [(1{,}60 + 0{,}30 + 0{,}30) \times (6{,}00 + 0{,}30 + 0{,}30)] \times [0{,}05 + (0{,}40 - 0{,}10)]$$
$$Vescavbase = 5{,}1\ m^3$$

Lastro de concreto magro da base do gerador

$$Alastro = \text{área do lastro de concreto magro da base}$$
$$Alastro = (6{,}00 \times 1{,}60)$$
$$Alastro = 9{,}6 \text{ m}^2$$

Volume de concreto da base do gerador

$$V = \text{volume do concreto da base}$$
$$Vbase = (6{,}00 \times 1{,}60) \times 0{,}40$$
$$Vbase = 3{,}9 \text{ m}^3$$

Volume de remoção da base do gerador

Trata-se do volume de remoção proveniente da escavação da base. É o mesmo volume do concreto da base, considerando o empolamento de 30%.

$$Vrem = Vc + 30\%$$

em que:
$Vrem$ = volume de remoção;
Vc = volume de concreto.

Portanto:

$$Vrem = 3{,}9 \times 1{,}30$$
$$Vrem = 5{,}07 \text{ m}^3$$

Área de forma da base do gerador

Para o cálculo da forma, devemos considerar a altura da base com altura do lastro de concreto magro de 5 cm, totalizando 45 cm.

$$A = \text{área de forma}$$
$$A = (L + b) \cdot 2 \cdot (hbaldrame + hlastro)$$
$$A = \{[(6{,}00 + 1{,}60) \times 2] \times [(0{,}40 + 0{,}05)]\}$$
$$A = 6{,}8 \text{ m}^2$$

Armação da base do gerador

Como foi adotado que a armação será de 90 kg de aço para cada metro cúbico de concreto, temos:

$$A = Vc \cdot 90 \text{ kg/m}^3$$
$$A = 3{,}9 \times 90$$
$$A = 351{,}0 \text{ kg}$$

Reaterro da base do gerador

É a diferença entre o volume de escavação e o volume de concreto da base do gerador, considerando também o empolamento de 30%.

$$Vrea = (Vesc - Vc) + 30\%$$

em que:

$Vrea$ = volume de reaterro;

Vc = volume de concreto.

Portanto:

$$Vrea = (5{,}08 - 3{,}9) \times 1{,}30$$
$$Vrea = 1{,}53 \text{ m}^3$$

A.3.4 Superestrutura (item 5 da planilha)

Forma

$$AF = Afpilares + Afvigas + Aflajes$$

$$Afpilares = \{[(0{,}30 + 0{,}25) \times 2] \times (4{,}7) \times 8\}$$
$$Afpilares = 41{,}4 \text{ m}^2$$

$$Afvigas = \begin{bmatrix} (0{,}50 + (0{,}50 - 0{,}12) + 0{,}25) \times 4{,}01 \times 2] + [(0{,}50 - 0{,}12) \\ \times 2 + 0{,}25) \times 4{,}01 \times 2] + [(0{,}50 + (0{,}50 - 0{,}12) + 0{,}25) \\ \times (3{,}81 + 4{,}21 + 4{,}21) \end{bmatrix} \times 2$$

$$Afvigas = 44{,}8 \text{ m}^2$$

$$Aflajes = [(3{,}81 + 4{,}21 + 4{,}21) \times 4{,}01$$
$$Aflajes = 49{,}0 \text{ m}^2$$
$$AF = 41{,}4 + 44{,}8 + 49{,}0$$
$$AF = 135{,}2 \text{ m}^2$$

Concreto

$$Vconc = Vpilares + Vvigas + Vlajes$$

$$Vpilares = 8 \times (0{,}35 \times 0{,}25) \times 4{,}70$$
$$Vpilares = 3{,}3 \text{ m}^3$$

$$Vvigas = (0{,}25 \times 0{,}50) \times [(4{,}01 \times 4) + (3{,}81 \times 2) + (4{,}21 \times 4)]$$
$$Vvigas = 5{,}1 \text{ m}^3$$

$$Vlajes = 4{,}01 \times (3{,}81 + 4{,}21 + 4{,}21) \times 0{,}12$$
$$Vlajes = 5{,}9 \text{ m}^3$$

$$Vconc = 3{,}3 + 5{,}1 + 5{,}9$$
$$Vconc = 14{,}3 \text{ m}^3$$

Armação da superestrutura

Como foi adotado que a armação será de 110 kg de aço para cada metro cúbico de concreto, temos:

$$A = Vc \cdot 110 \text{ kg/m}^3$$
$$A = 14{,}3 \times 110$$
$$A = 1.573 \text{ kg}$$

A.3.5 Impermeabilização (item 6 da planilha)

Argamassa com adição de Vedacit e pintura com Neutrol para baldrames

É a superfície revestida da alvenaria de embasamento em três faces (duas alturas e o topo das alvenarias).

$$A = L \cdot (h + h + b)$$
$$A = [(4{,}61 + 13{,}23) \times 2] \times (0{,}4 + 0{,}4 + 0{,}25)$$
$$A = 37{,}5 \text{ m}^2$$

Sistema com manta asfáltica Classe IV com espessura de 4 mm para laje de cobertura

É a área sobre a laje e também a área do desenvolvimento das vigas invertidas da cobertura (altura e topo das vigas).

$$A = A \cdot B + [A \cdot (h + b) + B \cdot (h + b)]$$
$$A = (4{,}01 \times 12{,}73) + [4{,}01 \times 2 \times (0{,}38 + 0{,}25)] + [12{,}73 \times 2 \times (0{,}38 + 0{,}25)]$$
$$A = 72{,}1 \text{ m}^2$$

Regularização da laje para impermeabilização e proteção mecânica sobre a laje e a mureta

$$A = (4{,}01 \times 12{,}73) + \{4{,}01 \times 2 \times (0{,}38 + 0{,}25) + [12{,}73 \times 2 \times (0{,}38 + 0{,}25)]\}$$
$$A = 72{,}1 \text{ m}^2$$

A.3.6 Alvenarias (item 7 da planilha)

Alvenaria de embasamento

$$A = [(2 \times 4{,}01) + (2 \times 3{,}81) + (4 \times 4{,}21)] \times 0{,}3$$
$$A = 9{,}9 \text{ m}^2$$

Parede em bloco de concreto aparente, 14 cm × 19 cm × 39 cm, com junta em amarração

Devemos, nesse cálculo, descontar a área da porta acústica.

$$A = Aparede - Aporta$$
$$A = \{[4{,}01 + 4{,}01 + (3{,}81 + 4{,}21 + 4{,}21) \times 2] \times 3{,}90\} - (3{,}00 \times 2{,}60)$$
$$A = 121{,}2 \text{ m}^2$$

A.3.7 Pisos (item 8 da planilha)

Lastro de concreto magro e piso de concreto armado com fck = 30 MPa e e = 10 cm com lona plástica, tela Telcon Q92 e acabamento mecânico da superfície

$$A = [(3{,}81 + 0{,}25 + 4{,}21 + 0{,}25 + 4{,}21) \times 4{,}01] - (1{,}60 \times 6{,}00)$$
$$A = 41{,}3 \text{ m}^2$$

A.3.8 Esquadria acústica (item 9 da planilha)

$$A = 3{,}00 \times 2{,}60$$
$$A = 7{,}80\ m^2$$

A.3.9 Tratamentos de concreto e pintura (item 10 da planilha)

Látex acrílico sobre bloco aparente

Será feita a pintura externa do bloco aparente, portanto a área será a mesma da área da alvenaria.

$$A = \text{área da alvenaria} \cdot 2$$
$$A = 242{,}4\ m^2$$

Tratamento de concreto dos pilares, vigas e lajes

$$A = \begin{bmatrix} [(0{,}3 + 0{,}25) \times (0{,}5 + 4{,}21 + 0{,}5 + 0{,}1) \times 8] + [(0{,}5 + 0{,}25) \times \\ 4{,}01 \times 2 + (0{,}5 - 0{,}12) \times 2 + 0{,}25 \times 4{,}01 \times 2 + (0{,}5 + 0{,}25) \times \\ (3{,}81 + 4{,}21 + 4{,}21) \times 2] + [(3{,}81 + 4{,}21 + 4{,}21) \times 4{,}31] \end{bmatrix}$$
$$A = 103{,}20\ m^2$$

Esmalte sobre a porta acústica

Serão pintados os dois lados, mas nesse item normalmente é aplicado o critério de medição, comum no mercado, em que aplicamos o fator X3 na área da esquadria (área externa + área interna + batente).

$$A = 3{,}00 \times 2{,}60 \times 3$$
$$A = 23{,}4\ m^2$$

A.3.10 Limpeza (item 11 da planilha)

Para efeito de cálculo desse serviço, imaginamos a limpeza da área do piso.

$$A = [(3{,}81 + 0{,}25 + 4{,}21 + 0{,}25 + 4{,}21) \times 4{,}01] - (1{,}60 \times 6{,}00)$$
$$A = 41{,}3\ m^2$$

A Fig. A.7 apresenta, assim, a planilha de serviços com as respectivas quantidades.

CASA DO GERADOR
PLANILHA DE CUSTO
SÃO PAULO - SP **31/07/18**

CÓDIGO	ESPECIFICAÇÃO DE SERVIÇOS	UN	QUANT.	VLR. UNIT.	VLR. TOTAL
1	**IMPLANTAÇÃO DO CANTEIRO**				
	Mobilização e desmobilização do canteiro de obras	vb	1,0		
	Caçamba para remoção de terra ou entulho	vg	6,0		
2	**LOCAÇÃO DA OBRA**				
	Locação da obra	m2	141,1		
3	**FUNDAÇÕES**				
3.1	SAPATAS				
	Escavação	m3	46,8		
	Remoção de terra até a caçamba	m3	8,3		
	Lastro de concreto magro	m2	17,6		
	Forma	m2	11,8		
	Aço CA 50 - admitindo 90 kg por m3 de concreto	kg	576,0		
	Concreto fck = 30 MPa brita 1 e brita 2 *slump* convencional (6 cm) e lançamento manual	m3	6,4		
	Reaterro	m3	52,5		
4	**INFRAESTRUTURA**				
4.1	BALDRAMES				
	Escavação manual	m3	12,8		
	Remoção de terra até a caçamba	m3	5,9		
	Lastro de concreto magro	m2	9,1		
	Forma	m2	40,1		
	Aço CA 50 - admitindo 90 kg por m3 de concreto	kg	414,0		
	Concreto fck = 30 MPa *slump* convencional (6 cm) e lançamento manual	m3	4,6		
	Reaterro	m3	10,7		
4.2	BASE DO GERADOR				
	Escavação manual	m3	5,1		
	Remoção de terra até a caçamba	m3	5,1		
	Lastro de concreto magro	m2	9,6		
	Forma	m2	6,8		
	Aço CA 50 - admitindo 90 kg por m3 de concreto	kg	351,0		
	Concreto fck = 30 MPa brita 1 e brita 2 *slump* convencional (6 cm) e lançamento manual	m3	3,9		
	Reaterro	m3	1,5		
5	**SUPERESTRUTURA**				
	PILARES, VIGAS E LAJES				
	Forma com compensado plastificado 18 mm com pouco reaproveitamento	m2	135,2		
	Cimbramento (A,B,C,D)	m2	55,9		
	Aço CA 50 - admitindo 110 kg por m3 de concreto	kg	1.573,0		
	Concreto fck = 30 MPa brita 1 *slump* bombeável (10 cm) e lançamento com bomba	m3	14,3		
6	**IMPERMEABILIZAÇÃO**				
	Argamassa com adição de Vedacit e pintura com Neutrol para baldrames	m2	37,5		
	Sistema com manta asfáltica Classe IV espessura 4 mm para laje de cobertura	m2	72,1		
	Regularização da laje para impermeabilização	m2	72,1		
	Proteção mecânica sobre camada separadora com tela de reforço	m2	72,1		

Fig. A.7 *Planilha de serviços com as respectivas quantidades*

7	**ALVENARIAS**				
	Alvenaria de embasamento com tijolo comum de 1/2 vez h = 30 cm	m2	9,9		
	Parede em bloco de concreto aparente, 14 x 19 x 39 cm, com junta em amarração	m2	121,2		
8	**PISOS**				
	Preparo do terreno e compactação	m2	41,3		
	Lastro de concreto magro	m2	41,3		
	Piso de concreto armado fck= 30 MPa, e = 10 cm com lona plástica, tela Telcon Q92 e acabamento mecânico da superfície	m2	41,3		
9	**ESQUADRIAS**				
	Porta acústica 3,00 x 2,60	vb	1,0		
10	**TRATAMENTO DE CONCRETO E PINTURAS**				
	Latex acrílico sobre bloco aparente	m2	242,4		
	Tratamento do concreto aparente e aplicação de verniz PU	m2	103,2		
	Esmalte sobre porta acústica	m2	23,4		
11	**LIMPEZA**				
	Limpeza final da obra	m2	41,3		
	TOTAL				

FIG. A.7 *(continuação)*

A.4 CÁLCULO DOS CUSTOS UNITÁRIOS DIRETOS

Consultar:

* custos dos materiais (insumos);
* custos da mão de obra;
* índices de produtividade;
* custos de equipamentos.

É preciso agora calcular quanto custa cada unidade de cada serviço a ser executado. Temos que saber, para cada serviço, as quantidades necessárias de cada material, assim como as horas necessárias para cada tipo de profissional.

Para isso, podemos consultar tabelas que quantificam números médios para cada serviço, como a Tabela de Composições de Preços para Orçamentos (TCPO), da Editora Pini, ou consultar os valores dos materiais no mercado e o número de horas de mão de obra obtidos pela apropriação em obras executadas.

Para calcularmos o metro cúbico de concreto, que inclui a aquisição do concreto em usina e também o lançamento (aplicação) e o adensamento, consideramos os valores indicados na TCPO (Fig. A.8).

							Data:15/8/2018
Base de dados TCPO 14							
Relatório de material e mão de obra (Sintético)							
DATA BASE - REGIÃO: São Paulo/SP (MÊS: Julho/18)							
CÓDIGO	**DESCRIÇÃO**	**CLASS**	**UNID.**	**PREÇO MAT. (TOT.) (R$)**	**PREÇO M.O. (TOT.) (R$)**	**PREÇO OUTROS (TOT.) (R$)**	**PREÇO FINAL (TOT.) (R$)**
04.002.000017.SER	Concreto estrutural dosado em central, fck 30 MPa, abatimento 8 ± 1 cm	SER. CG	m3	295,89	0,00	0,00	295,89
04.002.000001.SER	Concreto - aplicação e adensamento com vibrador de imersão com motor elétrico	SER. CG	m3	0,14	91,66	0,06	91,86
	Totais			**296,03**	**91,66**	**0,06**	**387,75**

Fig. A.8 *Exemplo de cálculo de custo unitário de concreto baseado na tabela TCPO*

Como pode ser observado no relatório de mão de obra e materiais (sintético) da TCPO, o custo do material (concreto *fck* 30 MPa) e do lançamento de concreto em julho de 2018, como exemplo, é de R$ 387,75/m³.

A Fig. A.9 exibe os valores próprios obtidos com preços consultados em julho de 2018.

ESPECIFICAÇÃO DE SERVIÇOS	**INSUMOS**	**UN**	**ÍNDICE DE PRODUTIVIDADE OU QUANTIDADES DE MATERIAIS**	**CUSTO UNITÁRIO DE MÃO DE OBRA OU MATERIAL**	**CUSTO UNITÁRIO DO SERVIÇO - R$**
BASE DO GERADOR					
Concreto fck = 30 MPa brita 1 e 2, *slump* 6, lançamento convencional		m3			
	servente		3,0 h/m3	R$ 10,95/h	
	pedreiro		1,0 h/m3	R$ 13,31/h	
	concreto 30 MPa brita 1e 2 *slump* 6, lançamento convencional sem bomba		1,05 m3/m3	R$ 282,91/m3	
total					**343,21**

Fig. A.9 *Exemplo de cálculo de custo unitário de concreto utilizando quantidades de horas baseadas na experiência e valor do concreto obtido consultando o mercado (valores de julho de 2018)*

Nesse caso, o valor do concreto lançado ficou menor na consulta ao mercado (R$ 343,21) que o obtido com os valores da tabela TCPO (R$ 387,75), mas nem sempre isso ocorre. O ideal é consultar o mercado e, quando isso não for possível, usar as tabelas.

Índices de produtividade de mão de obra e valores dos materiais necessários para os diversos serviços são apresentados na Fig. A.10.

ESPECIFICAÇÃO DE SERVIÇOS	INSUMOS	UN	ÍNDICE DE PRODUTIVIDADE OU QUANTIDADES DE MATERIAIS
INFRAESTRUTURA			
BALDRAMES			
Escavação manual		**m3**	
	servente		3,0 h/m3
Lastro de concreto magro		**m2**	
	servente		1,0 h/m2
	pedreiro		1,0 h/m2
	concreto 20MPa		0,055 m3/m2
Remoção ou reaterro		**m3**	
	servente		2,6 h/m3
Forma		**m2**	
	servente		1,0 h/m2
	carpinteiro		3,0 h/m2
	tábua bruta 3ª		0,85 m2/m2
	pontalete bruto 3ª		1,2 m/m2
	prego		0,3 kg/m2
	desmoldante		0,2 l/m2
Aço CA 50		**kg**	
	armador		0,15 h/kg
	aço CA50		1,10 kg/kg
	arame recozido 18		0,03 kg/kg
	distanciador plástico		0,10 un/kg
Concreto fck = 30 MPa brita 1 e 2, *slump* 6, lançamento convencional		**m3**	
	servente		3,0 h/m3
	pedreiro		1,0 h/m3
	concreto 30 MPa brita 1 e 2 *slump* 6, lançamento convencional sem bomba		1,05 m3/m3

Fig. A.10 *Índices de produtividade de mão de obra e valores dos materiais necessários para os diversos serviços*

ESPECIFICAÇÃO DE SERVIÇOS	INSUMOS	UN	ÍNDICE DE PRODUTIVIDADE OU QUANTIDADES DE MATERIAIS
BASE DO GERADOR			
Escavação manual		**m3**	
	servente		3,0 h/m3
Lastro de concreto magro		**m2**	
	servente		1,0 h/m2
	pedreiro		1,0 h/m2
	concreto 20MPa		0,055 m3/m2
Remoção ou reaterro		**m3**	
	servente		2,6 h/m3
Forma		**m2**	
	servente		1,0 h/m2
	carpinteiro		3,0 h/m2
	tábua bruta 3ª		0,85 m2/m2
	pontalete bruto 3ª		1,2 m/m2
	prego		0,3 kg/m2
	desmoldante		0,2 l/m2
Aço CA 50		**kg**	
	armador		0,15 h/kg
	aço CA50		1,10 kg/kg
	arame recozido 18		0,03 kg/kg
	distanciador plástico		0,10 un/kg
Concreto fck = 30 MPa brita 1 e 2, *slump* 6, lançamento convencional		**m3**	
	servente		3,0 h/m3
	pedreiro		1,0 h/m3
	concreto 30 MPa brita 1 e 2 *slump* 6, lançamento convencional sem bomba		1,05 m3/m3

Fig. A.10 *(continuação)*

ESPECIFICAÇÃO DE SERVIÇOS	INSUMOS	UN	ÍNDICE DE PRODUTIVIDADE OU QUANTIDADES DE MATERIAIS
SUPERESTRUTURA			
PILARES, VIGAS E LAJES			
Cimbramento		**m2**	
	servente		1,0 h/m2
	escoramento		1,0 m2/m2
Forma com compensado plastificado 18 mm		**m2**	
	servente		0,50 h/m2
	carpinteiro		2,0 h/m2
	compesado plast. 18mm		0,25 m2/m2
	tábua bruta 3ª		0,30 m2/m2
	pontalete bruto 3ª		0,80 m/m2
	prego		0,3 kg/m2
	desmoldante		0,2 l/m2
Aço CA 50		**kg**	
	armador		0,15 h/kg
	aço CA50		1,10 kg/kg
	arame recozido 18		0,03 kg/kg
	distanciador plástico		0,10 un/kg
Concreto fck = 30 MPa brita 1, *slump* 10, lançamento com bomba		**m3**	
	servente		3,0 h/m3
	pedreiro		1,0 h/m3
	concreto 30 MPa brita 1, *slump* 10, lançamento com bomba		1,05 m3/m3

FIG. A.10 *(continuação)*

ESPECIFICAÇÃO DE SERVIÇOS	INSUMOS	UN	ÍNDICE DE PRODUTIVIDADE OU QUANTIDADES DE MATERIAIS
IMPERMEABILIZAÇÃO			
Argamassa com adição de Vedacit e pintura com Neutrol para baldrames		**m2**	
	argamassa com Vedacit		1,00 m2/m2
	Neutrol		1,00 m2/m2
Sistema com manta asfáltica Classe IV espessura 4 mm para laje de cobertura		**m2**	
	manta asfáltica tipo IV 4 mm		1,00 m2/m2
Regularização da laje para impermeabilização		**m2**	
	servente		0,50 h/m2
	pedreiro		0,75 h/m2
	massa pronta		66,0 kg/m2
Proteção mecânica sobre camada separadora com tela de reforço		**m2**	
	servente		0,50 h/m2
	pedreiro		0,75 h/m2
	tela plástica de reforço		1,00 m2/m2
	massa pronta		66,0 kg/m2

Fig. A.10 *(continuação)*

ESPECIFICAÇÃO DE SERVIÇOS	INSUMOS	UN	ÍNDICE DE PRODUTIVIDADE OU QUANTIDADES DE MATERIAIS
ALVENARIAS			
Alvenaria de embasamento com tijolo comum de 1/2 vez h = 30 cm		**m2**	
	servente		1,0 h/m2
	pedreiro		1,5 h/m2
	tijolo comum		77 un/m2
	massa pronta		40,0 kg/m2
Parede em bloco de concreto aparente, 14 x 19 x 39 cm, com junta em amarração		**m2**	
	servente		1,0 h/m2
	pedreiro		2,0 h/m2
	bloco de concreto 14		13 un/m2
	massa pronta		30,0 kg/m2
PISOS			
Preparo do terreno e compactação		**m2**	
	servente		0,50 h/m2
Lastro de concreto magro		**m2**	
	servente		1,0 h/m2
	pedreiro		1,0 h/m2
	concreto 20MPa		0,055 m3/m2
Piso de concreto armado fck = 30 MPa, e = 10 cm com lona plástica, tela Telcon Q92 e acabamento mecânico da superfície		**m2**	
	servente		0,75 h/m2
	pedreiro		0,50 h/m2
	carpinteiro		0,25 h/m2
	armador		0,10 h/m2
	tela Telcon Q92		1,15 m2/m2
	treliça TG8L		0,40 m/m2
	concreto 30MPa *slump* 10		0,11 m3/m2
	lona plástica		1,10 m2/m2
	acabamento de superfície		1,00 m2/m2

FIG. A.10 *(continuação)*

ESPECIFICAÇÃO DE SERVIÇOS	INSUMOS	UN	ÍNDICE DE PRODUTIVIDADE OU QUANTIDADES DE MATERIAIS
ESQUADRIAS			
Porta acústica 3,00 x 2,50		**un**	
	Porta acústica		1 un/un
PINTURAS			
Latex acrílico sobre bloco aparente		**m2**	
	Latex acrílico sobre bloco aparente		1,00 m2/m2
Tratamento do concreto aparente e aplicação de verniz PU		**m2**	
	Tratamento do concreto aparente e aplicação de verniz PU		1,00 m2/m2
Esmalte sobre porta acústica		**m2**	
	Massa para porta acústica de ferro		1,00 m2/m2
	Esmalte sobre porta acústica		1,00 m2/m2
LIMPEZA			
Limpeza final da obra		**m2**	
	servente		0,50 h/m2

Fig. A.10 *(continuação)*

A.5 Cálculo dos custos unitários

A partir dos custos dos insumos e de sua composição, podemos calcular os custos unitários dos serviços (Fig. A.11).

CASA DO GERADOR
COMPOSIÇÃO DE CUSTO UNITÁRIO
SÃO PAULO - SP **31/07/18**

ESPECIFICAÇÃO DE SERVIÇOS	INSUMOS	UN	ÍNDICE DE PRODUTIVIDADE OU QUANTIDADES DE MATERIAIS	CUSTO UNITÁRIO MÃO DE OBRA OU MATERIAL	CUSTO UNITÁRIO DO SERVIÇO - R$
FUNDAÇÕES					
SAPATAS					
Escavação		m3			32,84
	servente		3,0 h/m3	R$ 10,95/h	
Remoção ou reaterro		m3			28,46
	servente		2,6 h/m3	R$ 10,95/h	
Lastro de concreto magro		m2			38,53
	servente		1,0 h/m2	R$ 10,95/h	
	pedreiro		1,0 h/m2	R$ 13,31/h	
	concreto 20MPa		0,055 m3/m2	R$ 259,55/m3	
Forma		m2			119,34
	servente		1,0 h/m2	R$ 10,95/h	
	carpinteiro		3,0 h/m2	R$ 13,31/h	
	tábua bruta 3ª		0,85 m2/m2	R$ 45,95/m2	
	pontalete bruto 3ª		1,2 m/m2	R$ 22,50/m	
	prego		0,3 kg/m2	R$ 8,00/kg	
	desmoldante		0,2 l/m2	R$ 8,56/l	
Aço CA 50		kg			9,27
	armador		0,15 h/kg	R$ 13,31/h	
	aço CA50		1,10 kg/kg	R$ 6,21/kg	
	arame recozido 18		0,03 kg/kg	R$ 8,00/kg	
	distanciador plástico		0,10 un/kg	R$ 2,00/un	
Concreto fck = 30 MPa brita 1 e 2, *slump* 6, lançamento convencional		m3			343,21
	servente – lançamento		3,0 h/m3	R$ 10,95/h	
	pedreiro – lançamento		1,0 h/m3	R$ 13,31/h	
	concreto 30 MPa brita 1 e 2 *slump* 6, lançamento convencional sem bomba		1,05 m3/m3	R$ 282,91/m3	

Fig. A.11 *Composição dos custos unitários de cada serviço*

ESPECIFICAÇÃO DE SERVIÇOS	INSUMOS	UN	ÍNDICE DE PRODUTIVIDADE OU QUANTIDADES DE MATERIAIS	CUSTO UNITÁRIO MÃO DE OBRA OU MATERIAL	CUSTO UNITÁRIO DO SERVIÇO - R$
INFRAESTRUTURA					
BALDRAMES					
Escavação manual		**m3**			**32,84**
	servente		3,0 h/m3	R$ 10,95/h	
Lastro de concreto magro		**m2**			**38,53**
	servente		1,0 h/m2	R$ 10,95/h	
	pedreiro		1,0 h/m2	R$ 13,31/h	
	concreto 20MPa		0,055 m3/m2	R$ 259,55/m3	
Remoção ou reaterro		**m3**			**28,46**
	servente		2,6 h/m3	R$ 10,95/h	
Forma		**m2**			**119,34**
	servente		1,0 h/m2	R$ 10,95/h	
	carpinteiro		3,0 h/m2	R$ 13,31/h	
	tábua bruta 3ª		0,85 m2/m2	R$ 45,95/m2	
	pontalete bruto 3ª		1,2 m/m2	R$ 22,50/m	
	prego		0,3 kg/m2	R$ 8,00/kg	
	desmoldante		0,2 l/m2	R$ 8,56/l	
Aço CA 50		**kg**			**9,27**
	armador		0,15 h/kg	R$ 13,31/h	
	aço CA50		1,10 kg/kg	R$ 6,21/kg	
	arame recozido 18		0,03 kg/kg	R$ 8,00/kg	
	distanciador plástico		0,10 un/kg	R$ 2,00/un	
Concreto fck = 30 MPa brita 1 e 2, *slump* 6, lançamento convencional		**m3**			**343,21**
	servente		3,0 h/m3	R$ 10,95/h	
	pedreiro		1,0 h/m3	R$ 13,31/h	
	concreto 30MPa brita 1 e 2, *slump* 6, lançamento convencional sem bomba		1,05 m3/m3	R$ 282,91/m3	

Fig. A.11 *(continuação)*

ESPECIFICAÇÃO DE SERVIÇOS	INSUMOS	UN	ÍNDICE DE PRODUTIVIDADE OU QUANTIDADES DE MATERIAIS	CUSTO UNITÁRIO MÃO DE OBRA OU MATERIAL	CUSTO UNITÁRIO DO SERVIÇO - R$
BASE DO GERADOR					
Escavação manual		**m3**			**32,84**
	servente		3,0 h/m3	R$ 10,95/h	
Lastro de concreto magro		**m2**			**38,53**
	servente		1,0 h/m2	R$ 10,95/h	
	pedreiro		1,0 h/m2	R$ 13,31/h	
	concreto 20MPa		0,055 m3/m2	R$ 259,55/m3	
Remoção ou reaterro		**m3**			**28,46**
	servente		2,6 h/m3	R$ 10,95/h	
Forma		**m2**			**119,34**
	servente		1,0 h/m2	R$ 10,95/h	
	carpinteiro		3,0 h/m2	R$ 13,31/h	
	tábua bruta 3ª		0,85 m2/m2	R$ 45,95/m2	
	pontalete bruto 3ª		1,2 m/m2	R$ 22,50/m	
	prego		0,3 kg/m2	R$ 8,00/kg	
	desmoldante		0,2 l/m2	R$ 8,56/l	
Aço CA 50		**kg**			**9,27**
	armador		0,15 h/kg	R$ 13,31/h	
	aço CA50		1,10 kg/kg	R$ 6,21/kg	
	arame recozido 18		0,03 kg/kg	R$ 8,00/kg	
	distanciador plástico		0,10 un/kg	R$ 2,00/un	
Concreto fck = 30 MPa brita 1 e 2, *slump* 6,		**m3**			**343,21**
	servente		3,0 h/m3	R$ 10,95/h	
	pedreiro		1,0 h/m3	R$ 13,31/h	
	concreto 30 MPa brita 1 e 2 *slump* 6, lançamento convencional sem bomba		1,05 m3/m3	R$ 282,91/m3	
SUPERESTRUTURA					
PILARES, VIGAS E LAJES					
Cimbramento		**m2**			**33,06**
	servente		1,0 h/m2	R$ 10,95/h	
	escoramento		1,0 m2/m2	R$ 22,12/h	
Forma com compensado plastificado 18 mm		**m2**			**88,78**
	servente		0,50 h/m2	R$ 10,95/h	
	carpinteiro		2,0 h/m2	R$ 13,31/h	
	compesado plast. 18 mm		0,25 m2/m2	R$ 90,00/m2	
	tábua bruta 3ª		0,30 m2/m2	R$ 45,95/m2	
	pontalete bruto 3ª		0,80 m/m2	R$ 22,50/m	
	prego		0,3 kg/m2	R$ 8,00/kg	
	desmoldante		0,2 l/m2	R$ 8,56/l	
Aço CA 50		**kg**			**9,27**
	armador		0,15 h/kg	R$ 13,31/h	
	aço CA50		1,10 kg/kg	R$ 6,21/kg	
	arame recozido 18		0,03 kg/kg	R$ 8,00/kg	
	distanciador plástico		0,10 un/kg	R$ 2,00/un	
Concreto fck = 30 MPa brita 1, *slump* 10		**m3**			**445,16**
	servente		3,0 h/m3	R$ 10,95/h	
	pedreiro		1,0 h/m3	R$ 13,31/h	
	concreto 30 MPa brita 1, *slump* 10, lançamento com bomba		1,05 m3/m3	R$ 380,00/m3	

Fig. A.11 *(continuação)*

ESPECIFICAÇÃO DE SERVIÇOS	INSUMOS	UN	ÍNDICE DE PRODUTIVIDADE OU QUANTIDADES DE MATERIAIS	CUSTO UNITÁRIO MÃO DE OBRA OU MATERIAL	CUSTO UNITÁRIO DO SERVIÇO - R$
IMPERMEABILIZAÇÃO					
Argamassa com adição de Vedacit e pintura com Neutrol para baldrames		m2			31,07
	argamassa com Vedacit		1,00 m2/m2	R$ 20,55/m2	
	Neutrol		1,00 m2/m2	R$ 10,52/m2	
Sistema com manta asfáltica Classe IV espessura 4 mm para laje de cobertura		m2			76,90
	manta asfáltica tipo IV 4 mm		1,00 m2/m2	R$ 76,90/m2	
Regularização da laje para impermeabilização		m2			44,50
	servente		0,50 h/m2	R$ 10,95/h	
	pedreiro		0,75 h/m2	R$ 13,31/h	
	massa pronta		66,0 kg/m2	R$ 22,00/sc 50 kg	
Proteção mecânica sobre camada separadora com tela de reforço		m2			49,50
	servente		0,50 h/m2	R$ 10,95/h	
	pedreiro		0,75 h/m2	R$ 13,31/h	
	tela plástica de reforço		1,00 m2/m2	R$ 5,00/m2	
	massa pronta		66,0 kg/m2	R$ 22,00/sc 50 kg	
ALVENARIAS					
Alvenaria de embasamento com tijolo comum de 1/2 vez h = 30 cm		m2			87,01
	servente		1,0 h/m2	R$ 10,95/h	
	pedreiro		1,5 h/m2	R$ 13,31/h	
	tijolo comum		77 un/m2	R$ 0,50/unid	
	massa pronta		40,0 kg/m2	R$ 22,00/sc 50 kg	
Parede em bloco de concreto aparente, 14 x 19 x 39 cm, com junta em amarração		m2			76,77
	servente		1,0 h/m2	R$ 10,95/h	
	pedreiro		2,0 h/m2	R$ 13,31/h	
	bloco de concreto 14		13 un/m2	R$ 2,00/unid	
	massa pronta		30,0 kg/m2	R$ 22,00/sc 50 kg	

Fig. A.11 *(continuação)*

ESPECIFICAÇÃO DE SERVIÇOS	INSUMOS	UN	ÍNDICE DE PRODUTIVIDADE OU QUANTIDADES DE MATERIAIS	CUSTO UNITÁRIO MÃO DE OBRA OU MATERIAL	CUSTO UNITÁRIO DO SERVIÇO - R$
PISOS					
Preparo do terreno e compactação		m2			5,47
	servente		0,50 h/m2	R$ 10,95/h	
Lastro de concreto magro		m2			38,53
	servente		1,0 h/m2	R$ 10,95/h	
	pedreiro		1,0 h/m2	R$ 13,31/h	
	concreto 20MPa		0,055 m3/m2	R$ 259,55/m3	
Piso de concreto armado fck = 30 MPa, e = 10 cm com lona plástica, tela Telcon Q92 e acabamento mecânico da superfície		m2			84,18
	servente		0,75 h/m2	R$ 10,95/h	
	pedreiro		0,50 h/m2	R$ 13,31/h	
	carpinteiro		0,25 h/m2	R$ 13,31/h	
	armador		0,10 h/m2	R$ 13,31/h	
	tela Telcon Q92		1,15 m2/m2	R$ 9,14/m2	
	treliça TG8L		0,40 m/m2	R$ 4,48/m	
	concreto 30 MPa *slump* 10		0,11 m3/m2	R$ 380,00/m3	
	lona plástica		1,10 m2/m2	R$ 0,50/m2	
	acabamento de superfície		1,00 m2/m2	R$ 10,00/m2	
ESQUADRIAS					
Porta acústica 3,00 x 2,50		un			11.250,00
	Porta acústica		1 un/un	R$ 11.250,00/un	
PINTURAS					
Latex acrílico sobre bloco aparente		m2			10,00
	Latex acrílico sobre bloco aparente		1,00 m2/m2	R$ 10,00/m2	
Tratamento do concreto aparente e aplicação de verniz PU		m2			22,00
	Tratamento do concreto aparente e aplicação de verniz PU		1,00 m2/m2	R$ 22,00/m2	
Esmalte sobre porta acústica		m2			33,73
	Massa para porta acústica de ferro		1,00 m2/m2	R$ 15,00/m2	
	Esmalte sobre porta acústica		1,00 m2/m2	R$ 18,73/m2	
LIMPEZA					
Limpeza final da obra		m2			5,47
	servente		0,50 h/m2	R$ 10,95/h	

FIG. A.11 *(continuação)*

A.6 Planilha preenchida de custo

A planilha analítica de custos da casa do gerador foi apresentada na Fig. 3.31.

A.7 Curva ABC

A curva ABC de custos da casa do gerador, por sua vez, foi mostrada na Fig. 3.32.

A.8 Cálculo do custo indireto e do BDI

Para definir o preço da obra, precisamos compor o custo indireto, conforme mencionado na seção 3.6. Considerando o prazo de três meses, podemos calcular os custos indiretos como mostrado na Fig. A.12.

BDI - 3 meses

CASA DO GERADOR **31/07/18**

DESCRIÇÃO	SALÁRIO OU DESPESAS	SALÁRIO OU DESPESAS COM ENCARGOS	UN	QUANT.	CUSTO TOTAL
engenheiro residente	10.000,00	17.000,00	mês	0,25	4.250,00
encarregado	6.500,00	11.050,00	mês	1,00	11.050,00
manutenção do canteiro	1.000,00	1.000,00	mês	1,00	1.000,00
pequenas despesas	800,00	800,00	mês	1,00	800,00
TOTAL CUSTOS MENSAIS					17.100,00
MESES				3	51.300,00

Fig. A.12 *Cálculo dos custos indiretos considerando o prazo de três meses*

A Fig. A.13 apresenta o cálculo do BDI da obra levando em conta o mesmo prazo de três meses.

A.9 Planilha de preços com prazo de três meses

A planilha de preços da casa do gerador considerando o prazo de três meses foi exibida na Fig. 3.33.

A.10 Cálculo do novo custo indireto e do novo BDI

Conforme mencionado na seção 3.6, para mostrar a influência do prazo no preço da obra, vamos calculá-lo agora considerando um prazo de quatro meses.

BDI - 3 meses

CASA DO GERADOR 31/07/18

DESCRIÇÃO	SALÁRIO OU DESPESAS	SALÁRIO OU DESPESAS COM ENCARGOS	UN	QUANT.	CUSTO TOTAL
engenheiro residente	10.000,00	17.000,00	mês	0,25	4.250,00
encarregado	6.500,00	11.050,00	mês	1,00	11.050,00
manutenção do canteiro	1.000,00	1.000,00	mês	1,00	1.000,00
pequenas despesas	800,00	800,00	mês	1,00	800,00
TOTAL CUSTOS MENSAIS					17.100,00
MESES				3	51.300,00
custo direto					120.354,13
cust direto reduzido %				0,0	120.354,13
custo indireto				42,6	51.300,00
benefícios %				11,0	13.238,95
impostos %				4,5	5.415,94
total					190.309,02
BDI					1,58124

Fig. A.13 *Cálculo do BDI considerando o prazo de três meses*

As Figs. A.14 e A.15 apresentam o cálculo dos custos indiretos e do BDI da obra, respectivamente, levando em conta o prazo de quatro meses.

BDI - 4 meses

CASA DO GERADOR 31/07/18

DESCRIÇÃO	SALÁRIO OU DESPESAS	SALÁRIO OU DESPESAS COM ENCARGOS	UN	QUANT.	CUSTO TOTAL
engenheiro residente	10.000,00	17.000,00	mês	0,25	4.250,00
encarregado	6.500,00	11.050,00	mês	1,00	11.050,00
manutenção do canteiro	1.000,00	1.000,00	mês	1,00	1.000,00
pequenas despesas	800,00	800,00	mês	1,00	800,00
TOTAL CUSTOS MENSAIS					17.100,00
MESES				4	68.400,00

Fig. A.14 *Cálculo dos custos indiretos considerando o prazo de quatro meses*

BDI - 4 meses

CASA DO GERADOR **31/07/18**

DESCRIÇÃO	SALÁRIO OU DESPESAS	SALÁRIO OU DESPESAS COM ENCARGOS	UN	QUANT.	CUSTO TOTAL
engenheiro residente	10.000,00	17.000,00	mês	0,25	4.250,00
encarregado	6.500,00	11.050,00	mês	1,00	11.050,00
manutenção do canteiro	1.000,00	1.000,00	mês	1,00	1.000,00
pequenas despesas	800,00	800,00	mês	1,00	800,00
TOTAL CUSTOS MENSAIS					17.100,00
MESES				4	68.400,00
custo direto					120.354,13
cust direto reduz%				0,0	120.354,13
custo indireto				56,8	68.400,00
beneficios %				11,0	13.238,95
impostos %				4,5	5.415,94
total					207.409,02
BDI					1,72332

Fig. A.15 *Cálculo do BDI considerando o prazo de quatro meses*

A.11 Planilha de preços com prazo de quatro meses

A Fig. A.16 mostra a planilha de preços da casa do gerador considerando o prazo de quatro meses.

Conforme mencionamos anteriormente, a alteração de prazo de três para quatro meses gerou a mudança do BDI, que passou de aproximadamente 58% para 72%, aumentando o preço da obra de R$ 190.309,02 para R$ 207.409,02, uma variação de 9%. Isso reforça a importância da avaliação correta do prazo de uma obra, para evitar o aumento de custo que ocorreria caso ela sofresse atrasos.

CASA DO GERADOR
PLANILHA DE PREÇOS - PRAZO DA OBRA 4 MESES
SÃO PAULO - SP

31/07/18

CÓDIGO	ESPECIFICAÇÃO DE SERVIÇOS	UN	QUANT.	VLR. UNIT.	VLR. TOTAL
1	**IMPLANTAÇÃO DO CANTEIRO**				**11.336,02**
	Mobilização e desmobilização do canteiro de obras	vb	1,0	8.109,47	8.109,47
	Caçamba para remoção de terra ou entulho	vg	6,0	533,80	3.226,55
2	**LOCAÇÃO DA OBRA**				**4.491,40**
	LOCAÇÃO DA OBRA	m2	141,1	31,83	4.491,40
3	**FUNDAÇÕES**				**22.212,32**
3.1	SAPATAS				
	Escavação	m3	46,8	56,60	2.648,92
	Remoção de terra até a caçamba	m3	8,3	49,05	408,13
	Lastro de concreto magro	m2	17,6	66,41	1.167,43
	Forma	m2	11,8	205,66	2.426,77
	Aço CA 50 - admitindo 90 kg por m3 de concreto	kg	576,0	15,97	9.199,38
	Concreto fck = 30 MPa brita 1 e brita 2 *slump* convencional (6 cm) e lançamento manual	m3	6,4	591,46	3.785,36
	Reaterro	m3	52,5	49,05	2.576,32
4	**INFRAESTRUTURA**				**30.279,63**
4.1	BALDRAMES				
	Escavação manual	m3	12,8	56,60	724,49
	Remoção de terra até a caçamba	m3	5,9	49,05	290,87
	Lastro de concreto magro	m2	9,1	66,41	605,80
	Forma	m2	40,1	205,66	8.254,94
	Aço CA 50 - admitindo 90 kg por m3 de concreto	kg	414,0	15,97	6.612,06
	Concreto fck = 30 MPa *slump* convencional (6 cm) e lançamento manual	m3	4,6	591,46	2.697,81
	Reaterro	m3	10,7	49,05	525,39
4.2	BASE DO GERADOR				
	Escavação manual	m3	5,1	56,60	287,53
	Remoção de terra até a caçamba	m3	5,1	49,05	248,70
	Lastro de concreto magro	m2	9,6	66,41	637,51
	Forma	m2	6,8	205,66	1.406,71
	Aço CA 50 - admitindo 90 kg por m3 de concreto	kg	351,0	15,97	5.605,87
	Concreto fck = 30 MPa brita 1 e brita 2 *slump* convencional (6 cm) e lançamento manual	m3	3,9	591,46	2.306,70
	Reaterro	m3	1,5	49,05	75,25
5	**SUPERESTRUTURA**				**59.965,91**
	PILARES, VIGAS E LAJES				
	Forma com compensado plastificado 18 mm com pouco reaproveitamento	m2	135,2	153,00	20.685,37
	Cimbramento (A,B,C,D)	m2	55,9	56,98	3.187,72
	Aço CA 50 - admitindo 110 kg por m3 de concreto	kg	1.573,0	15,97	25.122,62
	Concreto fck = 30 MPa brita 1 *slump* bombeável (10 cm) e lançamento com bomba	m3	14,3	767,15	10.970,18
6	**IMPERMEABILIZAÇÃO**				**23.253,71**
	Argamassa com adição de Vedacit e pintura com Neutrol para baldrames	m2	37,5	53,54	2.007,85
	Sistema com manta asfáltica Classe IV espessura 4 mm para laje de cobertura	m2	72,1	132,53	9.560,46
	Regularização da laje para impermeabilização	m2	72,1	76,68	5.531,90
	Proteção mecânica sobre camada separadora com tela de reforço	m2	72,1	85,30	6.153,50
7	**ALVENARIAS**				**17.519,24**
	ALVENARIA DE EMBASAMENTO COM TIJOLO COMUM DE 1/2 VEZ h = 30 cm	m2	9,9	149,95	1.484,55
	Parede em bloco de concreto aparente, 14 x 19 x 39 cm, com junta em amarração	m2	121,2	132,30	16.034,70
8	**PISOS**				**9.123,64**
	Preparo do terreno e compactação	m2	41,3	9,43	389,60
	Lastro de concreto magro	m2	41,3	66,41	2.742,61
	Piso de concreto armado fck = 30 MPa, e = 10 cm com lona plástica, tela Telcon Q92 e acabamento mecânico da	m2	41,3	145,07	5.991,43
9	**ESQUADRIAS**				**19.387,38**
	Porta acústica 3,00 x 2,60	vb	1,0	19.387,38	19.387,38
10	**TRATAMENTO DE CONCRETO E PINTURAS**				**9.450,17**
	Latex acrílico sobre bloco aparente	m2	242,4	17,23	4.177,33
	Tratamento do concreto aparente e aplicação de verniz PU	m2	103,2	37,91	3.912,64
	Esmalte sobre porta acústica	m2	23,4	58,13	1.360,19
11	**LIMPEZA**				**389,60**
	Limpeza final da obra	m2	41,3	9,43	389,60
	TOTAL				**207.409,02**

FIG. A.16 *Planilha de preços da casa do gerador considerando o prazo de quatro meses*

Anexo B

Elaboração de um cronograma – casa do gerador

Vamos mostrar como elaborar um cronograma a partir do exemplo da obra da casa do gerador apresentada nas Figs. 3.29 e 3.30. Trata-se de um processo interativo, uma vez que envolve várias possibilidades de execução das tarefas.

Na seção 3.6, com base em minha experiência, admitimos um prazo de três meses para a execução da edificação, imaginando que o efetivo fosse da ordem de dez homens, na média. Vamos agora fazer o cronograma e calcular o efetivo para ver se ele é próximo dos dez funcionários, número compatível para o tamanho da obra.

Para detalhar o cronograma e conferir se o prazo estimado e o dimensionamento da equipe, em geral, estão corretos, baseamo-nos nas quantidades dos diversos serviços indicadas na planilha do orçamento, que já foi feita (ver Fig. A.7).

Em seguida, temos que indicar a relação de precedência entre as atividades, conforme indicado na sequência.

Feita a implantação do canteiro e a locação da obra, a primeira tarefa é a execução das escavações das sapatas das fundações e dos baldrames da infraestrutura.

A etapa seguinte é a execução das formas e armações das sapatas e sua concretagem. Em seguida, são executadas as formas, as armações e a concretagem dos baldrames. No exemplo em questão, sendo a obra pequena, decidimos que somente começaríamos a estrutura após a execução de todas as sapatas e baldrames.

Devemos notar que, para uma obra do mesmo tipo que tivesse o dobro do tamanho, por exemplo, poderíamos iniciar a execução dos pilares da superestrutura em paralelo com a execução das sapatas, começando com uma equipe e passando a duas equipes de trabalho.

A seguir, temos que armar os pilares, executar suas formas, realizar o cimbramento das lajes e vigas e concretar os pilares antes da armação das vigas, para que o concreto seja lançado com mais facilidade. Temos que fazer, então, a armação das vigas e das lajes e proceder à concretagem. A etapa seguinte é a execução das regularizações da laje e sua impermeabilização.

As alvenarias só podem ser iniciadas após a cura e a desforma das vigas de concreto. Nesse sentido, podemos manter um reescoramento nas vigas internas e nas lajes. No cronograma, consideramos a execução das alvenarias ao mesmo tempo que a execução da base de concreto do gerador.

Executamos a seguir os pisos, a esquadria, a pintura e a limpeza.

A Fig. B.1 indica a etapa inicial para a elaboração do cronograma. Baseado em minha experiência, defini os prazos de cada atividade para executar a obra em três meses, e o resultado pode ser visto na Fig. 3.34.

> **Observação** – se você não tiver nenhuma experiência, estime o prazo e calcule se as equipes necessárias têm um número de funcionários compatível com o tamanho da obra.

Em seguida, vou dimensionar as equipes necessárias para executar as atividades e, verificar se são compatíveis com o porte da obra.

B.1 Dimensionamento da equipe para a execução das fundações (sapatas)

Defini que iríamos executar esses serviços em duas semanas. Usando as quantidades do orçamento (Fig. B.2), vou agora calcular a equipe de trabalho necessária.

Escavação das sapatas

- *Quantidade de serviço*: 46,8 m³.
- *Produtividade*: 3 hoh/m³, conforme a Fig. A.10.
- *Quantidade de horas necessárias*: 46,8 m³ × 3 hoh/m³ = 140 h de ajudante.

Com seis ajudantes trabalhando 8 h/dia, executaríamos o serviço em três dias:

$$140 \text{ hoh}/(6 \text{ ajud.} \times 8 \text{ h/dia}) = 2{,}74 \cong 3 \text{ dias}$$

Remoção de terra até a caçamba

- *Quantidade de serviço*: 8,3 m³.

CASA DO GERADOR
CRONOGRAMA - PRAZO DA OBRA - 3 meses **31/07/18**
SÃO PAULO - SP
rev 00

		MÊS 1				MÊS 2				MÊS 3			
CÓDIGO	**ESPECIFICAÇÃO DE SERVIÇOS**	1ª semana	2ª semana	3ª semana	4ª semana	5ª semana	6ª semana	7ª semana	8ª semana	9ª semana	10ª semana	11ª semana	12ª semana
1	**IMPLANTAÇÃO DO CANTEIRO**												
2	**LOCAÇÃO DA OBRA**												
3	**FUNDAÇÕES**												
4	**INFRAESTRUTURA**												
4.1	BALDRAMES												
4.2	BASE DO GERADOR												
5	**SUPERESTRUTURA**												
6	**IMPERMEABILIZAÇÃO**												
7	**ALVENARIAS**												
8	**PISOS**												
9	**ESQUADRIAS**												
10	**TRATAMENTO DE CONCRETO E PINTURAS**												
11	**LIMPEZA**												

Fig. B.1 *Etapa inicial para elaboração de cronograma*

CÓDIGO	ESPECIFICAÇÃO DE SERVIÇOS	UN	QUANT.
3	**FUNDAÇÕES**		
3.1	SAPATAS		
	Escavação	m3	46,8
	Remoção de terra até a caçamba	m3	8,3
	Lastro de concreto magro	m2	17,6
	Forma	m2	11,8
	Aço CA 50 - admitindo 90 kg por m3 de concreto	kg	576,0
	Concreto fck = 30 MPa brita 1 e brita 2 *slump* convencional (6 cm) e lançamento manual	m3	6,4
	Reaterro	m3	52,5

FIG. B.2 *Quantidades dos serviços para a execução das sapatas*

- *Produtividade*: 2,6 hoh/m³, conforme a Fig. A.10.
- *Quantidade de horas necessárias*: 8,3 m³ × 2,6 hoh/m³ = 21,58 h de ajudante.

Com dois ajudantes trabalhando 8 h/dia, executaríamos o serviço em um dia:

21,6 hoh/(2 ajud. × 8 h/dia) = 1,35 ≅ 1 dia

Esse serviço de remoção de terra pode ser executado ao mesmo tempo que são feitas as formas das sapatas, não se somando, portanto, ao prazo total.

Forma das sapatas

- *Quantidade de serviço*: 11,8 m².
- *Produtividade*: 1,0 hoh/m² de ajudante e 3,0 hoh/m² de carpinteiro.
- *Quantidade de horas necessárias*: 11,8 m² × 1,0 hoh/m² = 12 h de ajudante e 11,8 m² × 3,0 hoh/m² = 35,4 h de carpinteiro.

Com dois ajudantes e três carpinteiros trabalhando 8 h/dia, executaríamos o serviço em um dia:

12 hoh/(2 ajud. × 8 h/dia) = 0,75 ≅ 1 dia

35,4 hoh/(3 carp. × 8 h/dia) = 1,4 ≅ 1 dia

Preparo do terreno e lastro de concreto das sapatas

- *Quantidade de serviço*: 17,6 m².
- *Produtividade*: 1,0 hoh/m² de ajudante e 1,0 hoh/m² de pedreiro.
- *Quantidade de horas necessárias*: 17,6 m² × 1,0 hoh/m² = 18 h de ajudante e pedreiro.

Com quatro ajudantes e quatro pedreiros trabalhando 8 h/dia, executaríamos o serviço em um dia:

$$18 \text{ hoh}/(4 \text{ ajud.} \times 8 \text{ h/dia}) = 0{,}56 \cong 1 \text{ dia}$$
$$18 \text{ hoh}/(4 \text{ ped.} \times 8 \text{ h/dia}) = 0{,}56 \cong 1 \text{ dia}$$

Armação das sapatas

- *Quantidade de serviço*: 576 kg.
- *Produtividade*: 0,15 hoh/kg de armador.
- *Quantidade de horas necessárias*: 576 $m^2 \times$ 0,15 hoh/kg = 86 h de armador.

Com quatro armadores trabalhando 8 h/dia, executaríamos o serviço em cinco dias:

$$86 \text{ hoh}/(4 \text{ arm.} \times 8 \text{ h/dia}) = 2{,}69 \cong 3 \text{ dias}$$

Concretagem das sapatas (concreto usinado – chega dosado e misturado à obra)

- *Quantidade de serviço*: 6,4 m^3.
- *Produtividade*: 3,0 hoh/m^3 de ajudante e 1,0 hoh/m^3 de pedreiro.
- *Quantidade de horas necessárias*: 6,4 $m^3 \times$ 3,0 hoh/m^3 = 19,2 h de ajudante e 6,4 $m^3 \times$ 1,0 hoh/m^3 = 6,4 h de pedreiro.

Com três ajudantes e um pedreiro trabalhando 8 h/dia, executaríamos o serviço em um dia:

$$19{,}2 \text{ hoh}/(3 \text{ ajud.} \times 8 \text{ h/dia}) = 0{,}80 \cong 1 \text{ dia}$$
$$6{,}4 \text{ hoh}/(1 \text{ ped.} \times 8 \text{ h/dia}) = 0{,}80 \cong 1 \text{ dia}$$

Reaterro das sapatas

- *Quantidade de serviço*: 52,5 m^3.
- *Produtividade*: 2,6 hoh/m^3.
- *Quantidade de horas necessárias*: 52,5 $m^3 \times$ 2,6 hoh/m^3 = 137 h de ajudante.

Com seis ajudantes trabalhando 8 h/dia, executaríamos o serviço em quatro dias:

$$137 \text{ hoh}/(6 \text{ ajud.} \times 8 \text{ h/dia}) = 2{,}85 \cong 3 \text{ dias}$$

A soma dos dias necessários dá 12 dias úteis, o que corresponde a aproximadamente duas semanas, conforme indicado no cronograma.

B.2 DIMENSIONAMENTO DA EQUIPE PARA A EXECUÇÃO DOS BALDRAMES DA INFRAESTRUTURA

Defini que iríamos executar esses serviços em duas semanas. Usando as quantidades do orçamento (Fig. B.3), vou agora calcular a equipe de trabalho necessária.

CÓDIGO	ESPECIFICAÇÃO DE SERVIÇOS	UN	QUANT.
4	**INFRAESTRUTURA**		
4.1	BALDRAMES		
	Escavação manual	m^3	12,8
	Remoção de terra até a caçamba	m^3	5,9
	Lastro de concreto magro	m^2	9,1
	Forma	m^2	40,1
	Aço CA 50 - admitindo 90 kg por m^3 de concreto	kg	414,0
	Concreto fck = 30 MPa *slump* convencional (6 cm) e lançamento manual	m^3	4,6
	Reaterro	m^3	10,7

FIG. B.3 *Quantidades dos serviços para a execução dos baldrames da infraestrutura*

Escavação dos baldrames

- *Quantidade de serviço*: 12,8 m^3.
- *Produtividade*: 3 hoh/m^3, conforme a Fig. A.10.
- *Quantidade de horas necessárias*: 12,8 m^3 × 3 hoh/m^3 = 38,4 h de ajudante.

Com quatro ajudantes trabalhando 8 h/dia, executaríamos o serviço em um dia:

$$38{,}4 \text{ hoh}/(4 \text{ ajud.} \times 8 \text{ h/dia}) = 1{,}2 \cong 1 \text{ dia}$$

Remoção de terra até a caçamba

- *Quantidade de serviço*: 5,9 m^3.
- *Produtividade*: 2,6 hoh/m^3, conforme a Fig. A.10.
- *Quantidade de horas necessárias*: 5,9 m^3 × 2,6 hoh/m^3 = 15,34 h de ajudante.

Com dois ajudantes trabalhando 8 h/dia, executaríamos o serviço em um dia:

15,34 hoh/(2 ajud. × 8 h/dia) = 0,96 ≅ 1 dia

Esse serviço pode ser executado ao mesmo tempo que são feitas as formas dos baldrames, não se somando, portanto, ao prazo total.

Forma dos baldrames

- *Quantidade de serviço*: 40,1 m².
- *Produtividade*: 1,0 hoh/m² de ajudante e 3,0 hoh/m² de carpinteiro.
- *Quantidade de horas necessárias*: 40,1 m² × 1,0 hoh/m² = 40,1 h de ajudante e 40,1 m² × 3,0 hoh/m² = 120,42 h de carpinteiro.

Com dois ajudantes e quatro carpinteiros trabalhando 8 h/dia, executaríamos o serviço em quatro dias:

40,1 hoh/(2 ajud. × 8 h/dia) = 2,51 ≅ 3 dias

120,42 hoh/(4 carp. × 8 h/dia) = 3,76 ≅ 4 dias

Preparo do terreno e lastro de concreto dos baldrames

- *Quantidade de serviço*: 9,1 m².
- *Produtividade*: 1,0 hoh/m² de ajudante e 1,0 hoh/m² de pedreiro.
- *Quantidade de horas necessárias*: 9,1 m² × 1,0 hoh/m² = 9,1 h de ajudante e pedreiro.

Com um ajudante e um pedreiro trabalhando 8 h/dia, executaríamos o serviço em um dia:

9,1 hoh/(1 ajud. × 8 h/dia) = 1,14 ≅ 1 dia

9,1 hoh/(1 ped. × 8 h/dia) = 1,14 ≅ 1 dia

Armação dos baldrames

- *Quantidade de serviço*: 414 kg.
- *Produtividade*: 0,15 hoh/kg de armador.
- *Quantidade de horas necessárias*: 414 m² × 0,15 hoh/kg = 62,1 h de armador.

Com três armadores trabalhando 8 h/dia, executaríamos o serviço em três dias:

$$62{,}1\ \text{hoh}/(3\ \text{arm.} \times 8\ \text{h/dia}) = 2{,}59 \cong 3\ \text{dias}$$

Concretagem dos baldrames (concreto usinado – chega dosado e misturado à obra)

- *Quantidade de serviço*: 4,6 m³.
- *Produtividade*: 3,0 hoh/m³ de ajudante e 1,0 hoh/m³ de pedreiro.
- *Quantidade de horas necessárias*: 4,6 m³ × 3,0 hoh/m³ = 13,8 h de ajudante e 4,6 m³ × 1,0 hoh/m³ = 4,6 h de pedreiro.

Com dois ajudantes e um pedreiro trabalhando 8 h/dia, executaríamos o serviço em um dia:

$$13{,}8\ \text{hoh}/(2\ \text{ajud.} \times 8\ \text{h/dia}) = 0{,}863 \cong 1\ \text{dia}$$
$$4{,}6\ \text{hoh}/(1\ \text{ped.} \times 8\ \text{h/dia}) = 0{,}575 \cong 1\ \text{dia}$$

Reaterro dos baldrames

- *Quantidade de serviço*: 10,7 m³.
- *Produtividade*: 2,6 hoh/m³.
- *Quantidade de horas necessárias*: 10,7 m³ × 2,6 hoh/m³ = 27,85 h de ajudante.

Com três ajudantes trabalhando 8 h/dia, executaríamos o serviço em um dia:

$$27{,}85\ \text{hoh}/(3\ \text{ajud.} \times 8\ \text{h/dia}) = 1{,}16 \cong 1\ \text{dia}$$

A soma dos dias necessários dá 11 dias úteis, o que corresponde a aproximadamente duas semanas, conforme indicado no cronograma.

B.3 DIMENSIONAMENTO DA EQUIPE PARA A EXECUÇÃO DOS PILARES, DAS VIGAS E DAS LAJES DA ESTRUTURA

Defini que iríamos executar esses serviços em três semanas. Usando as quantidades do orçamento (Fig. B.4), vou agora calcular a equipe de trabalho necessária.

Cimbramento (montagem do cimbramento metálico alugado)

- *Quantidade de serviço*: 55,9 m².
- *Produtividade*: 1,0 hoh/m² de ajudante.

CÓDIGO	ESPECIFICAÇÃO DE SERVIÇOS	UN	QUANT.
5	**SUPERESTRUTURA**		
	PILARES, VIGAS E LAJES		
	Forma com compensado plastificado 18 mm com pouco reaproveitamento	m2	135,2
	Cimbramento (A,B,C,D)	m2	55,9
	Aço CA 50 - admitindo 110 kg por m3 de concreto	kg	1.573,0
	Concreto fck = 30 MPa brita 1 *slump* bombeável (10 cm) e lançamento com bomba	m3	14,3

FIG. B.4 *Quantidades dos serviços para a execução dos pilares, vigas e lajes da superestrutura*

- *Quantidade de horas necessárias*: 55,9 m² × 1,0 hoh/m² = 56 h de ajudante.

Com quatro ajudantes trabalhando 8 h/dia, executaríamos o serviço em dois dias:

56 hoh/(4 ajud. × 8 h/dia) = 1,75 ≅ 2 dias

Forma e desforma

- *Quantidade de serviço*: 135,2 m².
- *Produtividade*: 1,0 hoh/m² de ajudante e 2,0 hoh/m² de carpinteiro.
- *Quantidade de horas necessárias*: 135,2 m² × 1,0 hoh/m² = 135,2 h de ajudante e 135,2 m² × 2,0 hoh/m² = 270,4 h de carpinteiro.

Com dois ajudantes e quatro carpinteiros trabalhando 8 h/dia, executaríamos o serviço em oito dias:

135,2 hoh/(2 ajud. × 8 h/dia) = 8,45 ≅ 8 dias

270,4 hoh/(4 carp. × 8 h/dia) = 8,45 ≅ 8 dias

Armação

- *Quantidade de serviço*: 1.573 kg.
- *Produtividade*: 0,15 hoh/kg de armador.
- *Quantidade de horas necessárias*: 1.573 kg × 0,15 hoh/kg = 235,95 h de armador.

Com quatro armadores trabalhando 8 h/dia, executaríamos o serviço em sete dias:

235,95 hoh/(4 arm. × 8 h/dia) = 7,37 ≅ 7 dias

Concretagem (concreto usinado – chega dosado e misturado à obra)

- *Quantidade de serviço*: 14,3 m^3, sendo:
  - *volume dos pilares*: 2,94 m^3;
  - *volume das vigas*: 4,15 m^3;
  - *volume da laje*: 7,16 m^3.
- *Produtividade*: 3,0 hoh/m^3 de ajudante e 1,0 hoh/m^3 de pedreiro.
- *Quantidade de horas necessárias para a execução dos pilares*: 2,94 m^3 × 3,0 hoh/m^3 = 9 h de ajudante e 2,94 m^3 × 1,0 hoh/m^3 = 2,94 h de pedreiro.

Com um ajudante e um pedreiro trabalhando 8 h/dia, executaríamos o serviço em um dia:

$$9 \text{ hoh}/(1 \text{ ajud.} \times 8 \text{ h/dia}) = 1{,}125 \cong 1 \text{ dia}$$
$$2{,}94 \text{ hoh}/(1 \text{ ped.} \times 8 \text{ h/dia}) = 0{,}37 \cong 1 \text{ dia}$$

- *Quantidade de horas necessárias para a execução das vigas e da laje*: 11,31 m^3 × 3,0 hoh/m^3 = 33,93 h de ajudante e 11,31 m^3 × 1,0 hoh/m^3 = 11,31 h de pedreiro.

Com quatro ajudantes e dois pedreiros trabalhando 8 h/dia, executaríamos o serviço em um dia:

$$33{,}93 \text{ hoh}/(4 \text{ ajud.} \times 8 \text{ h/dia}) = 1{,}06 \cong 1 \text{ dia}$$
$$11{,}31 \text{ hoh}/(2 \text{ ped.} \times 8 \text{ h/dia}) = 0{,}71 \cong 1 \text{ dia}$$

A soma dos dias necessários dá 19 dias úteis, o que corresponde a aproximadamente três semanas, conforme indicado no cronograma.

B.4 Dimensionamento da equipe para a execução da impermeabilização

Defini que iríamos executar esses serviços em uma semana. Usando as quantidades do orçamento (Fig. B.5), vou agora calcular a equipe de trabalho necessária.

Regularização da laje para receber a impermeabilização (massa industrializada pronta para uso)

- *Quantidade de serviço*: 72,1 m^2.
- *Produtividade*: 0,50 hoh/m^2 de ajudante e 0,75 hoh/m^2 de pedreiro.

CÓDIGO	ESPECIFICAÇÃO DE SERVIÇOS	UN	QUANT.
6	**IMPERMEABILIZAÇÃO**		
	Argamassa com adição de Vedacit e pintura com Neutrol para baldrames	m2	37,5
	Sistema com manta asfáltica Classe IV espessura 4 mm para laje de cobertura	m2	72,1
	Regularização da laje para impermeabilização	m2	72,1
	Proteção mecânica sobre camada separadora com tela de reforço	m2	72,1

FIG. B.5 *Quantidades dos serviços para a execução da impermeabilização*

- *Quantidade de horas necessárias*: 72,1 m² × 0,50 hoh/m² = 36 h de ajudante e 72,1 m² × 0,75 hoh/m² = 54 h de pedreiro.

Com dois ajudantes e dois pedreiros trabalhando 8 h/dia, executaríamos o serviço em três dias:

36 hoh/(2 ajud. × 8 h/dia) = 2,25 ≅ 2 dias

54 hoh/(2 ped. × 8 h/dia) = 3,38 ≅ 3 dias

Impermeabilização da laje de cobertura com manta asfáltica (imprimação + manta)

- *Quantidade de serviço*: 72,1 m².
- *Produtividade*: 0,20 hoh/m² de ajudante e 0,20 hoh/m² de impermeabilizador.
- *Quantidade de horas necessárias para a imprimação e a aplicação da manta asfáltica*: 72,1 m² × 0,20 hoh/m³ = 14,2 h de ajudante e 72,1 m² × 0,20 hoh/m³ = 14,2 h de impermeabilizador.

Com um ajudante e um impermeabilizador trabalhando 8 h/dia, executaríamos o serviço em dois dias:

14,2 hoh/(1 ajud. × 8 h/dia) = 1,8 ≅ 2 dias

14,2 hoh/(1 impe. × 8 h/dia) = 1,8 ≅ 2 dias

Proteção mecânica sobre a impermeabilização (massa industrializada pronta para uso)

- *Quantidade de serviço*: 72,1 m².
- *Produtividade*: 0,50 hoh/m² de ajudante e 0,75 hoh/m² de pedreiro.

* *Quantidade de horas necessárias*: 72,1 m² × 0,50 hoh/m² = 36 h de ajudante e 72,1 m² × 0,75 hoh/m² = 54 h de pedreiro.

Com dois ajudantes e dois pedreiros trabalhando 8 h/dia, executaríamos o serviço em três dias:

$$36 \text{ hoh}/(2 \text{ ajud.} \times 8 \text{ h/dia}) = 2{,}25 \cong 2 \text{ dias}$$
$$54 \text{ hoh}/(2 \text{ ped.} \times 8 \text{ h/dia}) = 3{,}38 \cong 3 \text{ dias}$$

A soma dos dias necessários dá oito dias, o que corresponde a aproximadamente uma semana e meia, conforme indicado no cronograma.

B.5 Dimensionamento da equipe para a execução das alvenarias

Defini que iríamos executar esses serviços em uma semana e meia. Usando as quantidades do orçamento (Fig. B.6), vou agora calcular a equipe de trabalho necessária.

CÓDIGO	ESPECIFICAÇÃO DE SERVIÇOS	UN	QUANT.
7	**ALVENARIAS**		
	Alvenaria de embasamento com tijolo comum de 1/2 vez h = 30 cm	m2	9,9
	Parede em bloco de concreto aparente, 14 x 19 x 39 cm, com junta em amarração	m2	121,2

FIG. B.6 *Quantidades dos serviços para a execução das alvenarias*

Alvenaria de embasamento com tijolo comum

* *Quantidade de serviço*: 10 m².
* *Produtividade*: 1,00 hoh/m² de ajudante e 1,50 hoh/m² de pedreiro.
* *Quantidade de horas necessárias*: 10 m² × 1,00 hoh/m² = 10 h de ajudante e 10 m² × 1,50 hoh/m² = 15 h de pedreiro.

Com um ajudante e um pedreiro trabalhando 8 h/dia, executaríamos o serviço em dois dias:

$$10 \text{ hoh}/(1 \text{ ajud.} \times 8 \text{ h/dia}) = 1{,}24 \cong 1 \text{ dia}$$
$$15 \text{ hoh}/(1 \text{ ped.} \times 8 \text{ h/dia}) = 1{,}86 \cong 2 \text{ dias}$$

Alvenaria de bloco de concreto aparente com junta de amarração e frisado

- *Quantidade de serviço*: 121 m².
- *Produtividade*: 1,00 hoh/m² de ajudante e 2,00 hoh/m² de pedreiro.
- *Quantidade de horas necessárias*: 121 m² × 1,00 hoh/m² = 121 h de ajudante e 121 m² × 2,00 hoh/m² = 242 h de pedreiro.

Com três ajudantes e cinco pedreiros trabalhando 8 h/dia, executaríamos o serviço em seis dias:

$$121 \text{ hoh}/(3 \text{ ajud.} \times 8 \text{ h/dia}) = 5{,}05 \cong 5 \text{ dias}$$

$$242 \text{ hoh}/(5 \text{ ped.} \times 8 \text{ h/dia}) = 6{,}06 \cong 6 \text{ dias}$$

A soma dos dias necessários dá oito dias, o que corresponde a aproximadamente uma semana e meia, conforme indicado no cronograma.

B.6 Dimensionamento da equipe para a execução da base do gerador

Defini que iríamos executar esses serviços em uma semana e meia. Usando as quantidades do orçamento (Fig. B.7), vou agora calcular a equipe de trabalho necessária.

CÓDIGO	ESPECIFICAÇÃO DE SERVIÇOS	UN	QUANT.
4	**INFRAESTRUTURA**		
4.2	BASE DO GERADOR		
	Escavação manual	m3	5,1
	Remoção de terra até a caçamba	m3	5,1
	Lastro de concreto magro	m2	9,6
	Forma	m2	6,8
	Aço CA 50 - admitindo 90 kg por m3 de concreto	kg	351,0
	Concreto fck = 30 MPa brita 1 e brita 2 *slump* convencional (6 cm) e lançamento manual	m3	3,9
	Reaterro	m3	1,5

FIG. B.7 *Quantidades dos serviços para a execução da base do gerador da infraestrutura*

Escavação da base do gerador

- *Quantidade de serviço*: 5 m^3.
- *Produtividade*: 3 hoh/m^3.
- *Quantidade de horas necessárias*: 5 m^3 × 3 hoh/m^3 = 15 h de ajudante.

Com um ajudante trabalhando 8 h/dia, executaríamos o serviço em dois dias:

$$15 \text{ hoh}/(1 \text{ ajud.} \times 8 \text{ h/dia}) = 1{,}91 \cong 2 \text{ dias}$$

Remoção de terra até a caçamba

- *Quantidade de serviço*: 5,1 m^3.
- *Produtividade*: 2,6 hoh/m^3, conforme a Fig. A.10.
- *Quantidade de horas necessárias*: 5,1 m^3 × 2,6 hoh/m^3 = 13,26 h de ajudante.

Com dois ajudantes trabalhando 8 h/dia, executaríamos o serviço em um dia:

$$13{,}26 \text{ hoh}/(2 \text{ ajud.} \times 8 \text{ h/dia}) = 0{,}83 \cong 1 \text{ dia}$$

Esse serviço pode ser executado ao mesmo tempo que são feitas as formas dos baldrames, não se somando, portanto, ao prazo total.

Forma da base do gerador

- *Quantidade de serviço*: 6,84 m^2.
- *Produtividade*: 1,0 hoh/m^2 de ajudante e 3,0 hoh/m^2 de carpinteiro.
- *Quantidade de horas necessárias*: 6,84 m^2 × 1,0 hoh/m^2 = 6,8 h de ajudante e 6,84 m^2 × 3,0 hoh/m^2 = 20,52 h de carpinteiro.

Com um ajudante e três carpinteiros trabalhando 8 h/dia, executaríamos o serviço em um dia:

$$6{,}8 \text{ hoh}/(2 \text{ ajud.} \times 8 \text{ h/dia}) = 0{,}86 \cong 1 \text{ dia}$$

$$20{,}52 \text{ hoh}/(3 \text{ carp.} \times 8 \text{ h/dia}) = 0{,}86 \cong 1 \text{ dia}$$

Preparo do terreno e lastro de concreto da base do gerador

- *Quantidade de serviço*: 9,6 m^2.
- *Produtividade*: 1,0 hoh/m^2 de ajudante e 1,0 hoh/m^2 de pedreiro.

- *Quantidade de horas necessárias*: 9,6 m² × 1,0 hoh/m² = 9,6 h de ajudante e pedreiro.

Com um ajudante e um pedreiro trabalhando 8 h/dia, executaríamos o serviço em um dia:

9,6 hoh/(1 ajud. × 8 h/dia) = 1,2 ≅ 1 dia
9,6 hoh/(1 ped. × 8 h/dia) = 1,2 ≅ 1 dia

Armação da base do gerador

- *Quantidade de serviço*: 351 kg.
- *Produtividade*: 0,15 hoh/kg de armador.
- *Quantidade de horas necessárias*: 3.512 m² × 0,15 hoh/kg = 52,65 h de armador.

Com três armadores trabalhando 8 h/dia, executaríamos o serviço em dois dias:

52,65 hoh/(3 arm. × 8 h/dia) = 2,19 ≅ 2 dias

Concretagem da base do gerador (concreto usinado – chega dosado e misturado à obra)

- *Quantidade de serviço*: 3,9 m³.
- *Produtividade*: 3,0 hoh/m³ de ajudante e 1,0 hoh/m³ de pedreiro.
- *Quantidade de horas necessárias*: 3,9 m³ × 3,0 hoh/m³ = 11,7 h de ajudante e 3,9 m³ × 1,0 hoh/m³ = 3,9 h de pedreiro.

Com dois ajudantes e um pedreiro trabalhando 8 h/dia, executaríamos o serviço em um dia:

11,7 hoh/(2 ajud. × 8 h/dia) = 0,73 ≅ 1 dia
3,9 hoh/(1 ped. × 8 h/dia) = 0,49 ≅ 1 dia

Reaterro da base do gerador

- *Quantidade de serviço*: 1,5 m³.
- *Produtividade*: 2,6 hoh/m³.
- *Quantidade de horas necessárias*: 1,5 m³ × 2,6 hoh/m³ = 3,99 h de ajudante.

Com um ajudante trabalhando 8 h/dia, executaríamos o serviço em um dia:

$$3{,}99 \text{ hoh}/(1 \text{ ajud.} \times 8 \text{ h/dia}) = 0{,}50 \cong 1 \text{ dia}$$

A soma dos dias necessários dá nove dias úteis, o que corresponde a aproximadamente uma semana e meia, conforme indicado no cronograma.

B.7 Dimensionamento da equipe para a execução dos pisos

Defini que iríamos executar esses serviços em meia semana. Usando as quantidades do orçamento (Fig. B.8), vou agora calcular a equipe de trabalho necessária.

CÓDIGO	ESPECIFICAÇÃO DE SERVIÇOS	UN	QUANT.
8	PISOS		
	Preparo do terreno e compactação	m2	41,3
	Lastro de concreto magro	m2	41,3
	Piso de concreto armado fck = 30 MPa, e = 10 cm com lona plástica, tela Telcon Q92 e acabamento mecânico da superfície	m2	41,3

Fig. B.8 *Quantidades dos serviços para a execução dos pisos*

Preparo do terreno e compactação para a execução do piso

- *Quantidade de serviço*: 41,3 m².
- *Produtividade*: 0,20 hoh/m² de ajudante.
- *Quantidade de horas necessárias*: 41,3 m² × 0,20 hoh/m² = 8,26 h de ajudante.

Com um ajudante trabalhando 8 h/dia, executaríamos o serviço em um dia:

$$8{,}26 \text{ hoh}/(1 \text{ ajud.} \times 8 \text{ h/dia}) = 1{,}03 \cong 1 \text{ dia}$$

Lastro de concreto magro para a execução do piso

- *Quantidade de serviço*: 41,3 m².
- *Produtividade*: 0,25 hoh/m² de ajudante e 0,25 hoh/m² de pedreiro.
- *Quantidade de horas necessárias*: 41,3 m² × 0,25 hoh/m² = 10,33 h de ajudante e pedreiro.

Com um ajudante e um pedreiro trabalhando 8 h/dia, executaríamos o serviço em um dia:

10,33 hoh/(1 ajud. × 8 h/dia) = 1,29 ≅ 1 dia
10,33 hoh/(1 ped. × 8 h/dia) = 1,29 ≅ 1 dia

Piso de concreto armado com fck = 30 MPa, e = 10 cm com lona plástica, tela Telcon Q92 e acabamento mecânico da superfície

- *Quantidade de serviço*: 41,3 m².
- *Produtividade*: 0,75 hoh/m² de ajudante, 0,50 hoh/m² de pedreiro, 0,25 hoh/m² de carpinteiro e 0,10 hoh/m² de armador.
- *Quantidade de horas necessárias*: 41,3 m² × 0,75 hoh/m² = 30,98 h de ajudante, 41,3 m² × 0,50 hoh/m² = 20,65 h de pedreiro, 41,3 m² × 0,25 hoh/m² = 10,33 h de carpinteiro e 41,3 m² × 0,10 hoh/m² = 4,13 h de armador.

Com quatro ajudantes, dois pedreiros, um carpinteiro e um armador trabalhando 8 h/dia, executaríamos o serviço em um dia:

30,98 hoh/(4 ajud. × 8 h/dia) = 0,97 ≅ 1 dia
20,65 hoh/(2 ped. × 8 h/dia) = 1,29 ≅ 1 dia
10,33 hoh/(1 carp. × 8 h/dia) = 1,29 ≅ 1 dia
4,13 hoh/(1 arm. × 8 h/dia) = 0,52 ≅ 1 dia

A soma dos dias necessários dá três dias úteis, o que corresponde a aproximadamente meia semana, conforme indicado no cronograma.

B.8 Dimensionamento da equipe para o chumbamento da porta acústica

Defini que iríamos executar esses serviços em meia semana (Fig. B.9).

Esquadrias

CÓDIGO	ESPECIFICAÇÃO DE SERVIÇOS	UN	QUANT.
9	**ESQUADRIAS**		
	Porta acústica 3,00 x 2,60	vb	1,0

FIG. B.9 *Quantidades dos serviços para o chumbamento da porta acústica*

Chumbamento de esquadria medindo 3,00 × 2,60

- *Quantidade de serviço*: 7,8 m².
- *Produtividade*: 2,50 hoh/m² de ajudante e 2,50 hoh/m² de pedreiro.
- *Quantidade de horas necessárias*: 7,8 m² × 2,50 hoh/m² = 19,5 h de ajudante e pedreiro.

Com um ajudante e um pedreiro trabalhando 8 h/dia, executaríamos o serviço em dois dias e meio:

19,5 hoh/(1 ajud. × 8 h/dia) = 2,44 ≅ 2 ½ dias

19,5 hoh/(1 ped. × 8 h/dia) = 2,44 ≅ 2 ½ dias

A soma dos dias necessários dá 2,5 dias úteis, o que corresponde a aproximadamente meia semana, conforme indicado no cronograma.

B.9 DIMENSIONAMENTO DA EQUIPE PARA A EXECUÇÃO DO TRATAMENTO DE CONCRETO E DAS PINTURAS

Defini que iríamos executar esses serviços em três semanas e meia. Usando as quantidades do orçamento (Fig. B.10), vou agora calcular a equipe de trabalho necessária.

CÓDIGO	ESPECIFICAÇÃO DE SERVIÇOS	UN	QUANT.
10	**TRATAMENTO DE CONCRETO E PINTURAS**		
	Latex acrílico sobre bloco aparente	m2	242,4
	Tratamento do concreto aparente e aplicação de verniz PU	m2	103,2
	Esmalte sobre porta acústica	m2	23,4

FIG. B.10 *Quantidades dos serviços para a execução das pinturas e do tratamento de concreto*

Látex acrílico sobre bloco aparente

- *Quantidade de serviço*: 242,4 m².
- *Produtividade*: 0,10 hoh/m² de pintor.
- *Quantidade de horas necessárias*: 242,4 m² × 0,10 hoh/m² = 24,24 h de pintor.

Com um pintor trabalhando 8 h/dia, executaríamos o serviço em três dias:

24,24 hoh/(1 pint. × 8 h/dia) = 3,03 ≅ 3 dias

Tratamento do concreto aparente e aplicação de verniz PU

- *Quantidade de serviço*: 103,2 m^2.
- *Produtividade*: 0,50 hoh/m^2 de pintor.
- *Quantidade de horas necessárias*: 103,2 m^2 × 0,50 hoh/m^2 = 51,6 h de pintor.

Com dois pintores trabalhando 8 h/dia, executaríamos o serviço em três dias:

$$51{,}6 \text{ hoh}/(2 \text{ pint.} \times 8 \text{ h/dia}) = 3{,}23 \cong 3 \text{ dias}$$

Esmalte sobre esquadria de ferro

- *Quantidade de serviço*: 23,4 m^2.
- *Produtividade*: 0,10 hoh/m^2 de pintor.
- *Quantidade de horas necessárias*: 23,4 m^2 × 0,10 hoh/m^2 = 2,34 h de pintor.

Com um pintor trabalhando 8 h/dia, executaríamos o serviço em meio dia:

$$2{,}34 \text{ hoh}/(1 \text{ pint.} \times 8 \text{ h/dia}) = 0{,}29 \cong ½ \text{ dia}$$

A soma dos dias necessários dá 7,5 dias úteis, o que corresponde a aproximadamente uma semana e meia, conforme indicado no cronograma.

B.10 DIMENSIONAMENTO DA EQUIPE PARA A LIMPEZA DA OBRA

Defini que iríamos executar esses serviços em meia semana. Usando as quantidades do orçamento (Fig. B.11), vou agora calcular a equipe de trabalho necessária.

CÓDIGO	ESPECIFICAÇÃO DE SERVIÇOS	UN	QUANT.
11	**LIMPEZA**		
	Limpeza final da obra	m2	41,3

FIG. B.11 *Quantidades dos serviços para a execução dos serviços de limpeza*

Limpeza final da obra

- *Quantidade de serviço*: 41,3 m².
- *Produtividade*: 0,50 hoh/m² de ajudante.
- *Quantidade de horas necessárias*: 41,3 m² × 0,50 hoh/m² = 20,65 h de ajudante.

Com um ajudante trabalhando 8 h/dia, executaríamos o serviço em dois dias e meio:

$$20{,}65 \text{ hoh}/(1 \text{ ajud.} \times 8 \text{ h/dia}) = 2{,}58 \cong 2\ ½ \text{ dias}$$

A soma dos dias necessários dá 2,5 dias úteis, o que corresponde a aproximadamente meia semana, conforme indicado no cronograma.

Com o dimensionamento das equipes e a partir do cronograma da obra, lançamos o número de colaboradores necessários para cada dia e para cada atividade, montando o histograma de recursos humanos (Fig. B.12). Em nosso exemplo, por questões de apresentação, faremos o detalhamento somente das fundações e da superestrutura, embora a equipe total necessária esteja indicada no final do diagrama.

A análise final desse histograma indica que no primeiro mês precisamos, na média, de dez funcionários diretos, no segundo, de 14, e no terceiro, de 11, o que dá uma média de aproximadamente 11 funcionários por dia, compatível com o porte da obra e com minha estimativa inicial, de dez funcionários.

Esse acerto não é por acaso, uma vez que, quando iniciei este tópico, antes de elaborar este Anexo, tinha imaginado um prazo de dois meses para a execução da obra. Esse prazo se mostrou muito difícil de cumprir pelo número de funcionários necessários ou pela utilização de horas extras, incluindo os sábados e os domingos, o que, conforme mencionado no livro, aumenta os custos diretos e, eventualmente, o custo total.

Como disse no começo, isso reforça o processo interativo de elaboração de um cronograma, o qual impacta o custo total da obra, item fundamental do planejamento de uma obra.

Para obter o cronograma físico-financeiro, basta criar uma nova coluna entre a especificação de serviços e a primeira semana, inserindo as verbas necessárias para cada atividade, obtidas do orçamento. Em seguida, distribuem-se as verbas nas barras que compõem cada serviço (Fig. B.13).

CASA DO GERADOR
HISTOGRAMA DE RECURSOS HUMANOS - PRAZO DA OBRA - 3 meses **31/07/18**
SÃO PAULO - SP

		MÊS 1				MÊS 2				MÊS 3			
CÓDIGO	**ESPECIFICAÇÃO DE SERVIÇOS**	1ª semana	2ª semana	3ª semana	4ª semana	5ª semana	6ª semana	7ª semana	8ª semana	9ª semana	10ª semana	11ª semana	12ª semana
1	**IMPLANTAÇÃO DO CANTEIRO**	■											
2	**LOCAÇÃO DA OBRA**	■											
3	**FUNDAÇÕES**		■	■									
4	**INFRAESTRUTURA**												
4.1	BALDRAMES				■	■							
4.2	BASE DO GERADOR									■	■		
5	**SUPERESTRUTURA**						■	■	■				
6	**IMPERMEABILIZAÇÃO**									■	■		
7	**ALVENARIAS**									■	■		
8	**PISOS**										■		
9	**ESQUADRIAS**										■		
10	**TRATAMENTO DE CONCRETO E PINTURAS**											■	■
11	**LIMPEZA**												■
	EQUIPE NECESSÁRIA												
	ajudante	2	4	4	4	4	4	4	4	4	4	3	3
	pedreiro	1	2	2	2	2	2	2	2	5	5	3	3
	carpinteiro	2	3	3	3	3	4	4	4	1	1	0	0
	armador	0	3	3	3	3	4	4	4	1	1	0	0
	impermeabilizador	0	0	0	0	0	0	0	0	1	1	0	0
	pintor	0	0	0	0	0	0	0	0	0	0	2	2
	TOTAIS	**5**	**12**	**12**	**12**	**12**	**14**	**14**	**14**	**12**	**12**	**8**	**8**
	MÉDIA MENSAL	**10**				**14**				**10**			
	MÉDIA DIÁRIA	**11**											

FIG. B.12 *Histograma de mão de obra para a execução da casa do gerador em três meses*

CASA DO GERADOR
CRONOGRAMA FÍSICO FINANCEIRO
PRAZO DA OBRA - 3 meses
SÃO PAULO - SP
rev 00

31/07/18

CÓDIGO	ESPECIFICAÇÃO DE SERVIÇOS	VALOR TOTAL	MÊS 1				MÊS 2				MÊS 3			
			1ª semana	2ª semana	3ª semana	4ª semana	5ª semana	6ª semana	7ª semana	8ª semana	9ª semana	10ª semana	11ª semana	12ª semana
1	IMPLANTAÇÃO DO CANTEIRO	10.401,42	10.401,42											
2	LOCAÇÃO DA OBRA	4.121,10	4.121,10											
3	FUNDAÇÕES	20.381,01		10.190,51	10.190,51									
4	INFRAESTRUTURA	27.783,20												
4.1	BALDRAMES	18.086,23				9.043,12	9.043,12							
4.2	BASE DO GERADOR	9.696,97									6.464,65	3.232,32		
5	SUPERESTRUTURA	55.021,97						18.340,66	18.340,66	18.340,66				
6	IMPERMEABILIZAÇÃO	21.336,54									14.224,36	7.112,18		
7	ALVENARIAS	16.074,86									10.716,57	5.358,29		
8	PISOS	8.371,44										8.371,44		
9	ESQUADRIAS	17.788,97										17.788,97		
10	TRATAMENTO DE CONCRETO E PINTURAS	8.671,04											5.780,69	2.890,35
11	LIMPEZA	357,48												357,48
	TOTAL	190.309,02	14.522,52	10.190,51	10.190,51	9.043,12	9.043,12	18.340,66	18.340,66	18.340,66	31.405,58	41.863,20	5.780,69	3.247,83

FIG. B.13 *Cronograma físico-financeiro da casa do gerador para o prazo total de execução de três meses*

Quando é necessário aumentar o prazo total de execução, refazemos os cálculos e reduzimos as equipes.

Outra forma de estudar e apresentar o cronograma de um projeto é por meio do MS Project, que tem recursos para sua elaboração e controle. Esse diagrama tem muitas vantagens sobre o anterior pelos recursos que possui, e, realizada uma relação de precedência, podemos fazer automaticamente alternativas de equipes e prazo com pouco trabalho.

Nas Figs. 2.3 e 2.6 foram apresentados, respectivamente, o cronograma inicial (*baseline*) e o cronograma de acompanhamento analisado em data específica (data de *status*).

C Anexo

Dimensionamento do número de funcionários das equipes

A partir do cronograma físico e das quantidades de serviços indicadas na Fig. 3.37, vamos calcular o número de funcionários necessários para executar os serviços nos prazos definidos.

Vamos admitir que as quantidades dos materiais necessários estejam no canteiro na segunda-feira, data do início do cronograma, conforme mostrado na Fig. 3.40.

Para o cálculo do número de funcionários, precisamos dos índices de produtividade das diversas atividades, que, por sua vez, dependem dos equipamentos que serão utilizados e da forma como os materiais chegarão à obra. Explico: se formos receber o aço em barras e fizermos o corte e o dobramento na obra, precisaremos de uma equipe de armadores e ajudantes maior que aquela de que necessitaríamos se recebêssemos na obra o aço cortado e dobrado. Analogamente, se recebermos a forma pronta, ocorrerá o mesmo em relação ao número de carpinteiros e ajudantes.

Nesse exemplo, os equipamentos e a aquisição dos materiais estão indicados na seção 3.7.

Podemos, agora, obter os índices de produtividade médios de cada atividade envolvida e calcular o número de funcionários necessários para executar os serviços no tempo indicado no cronograma.

Esses índices podem ser obtidos de tabelas tipo TCPO, da Editora Pini, por exemplo, ou de índices apropriados na própria empresa, conforme indicado na Fig. 3.38.

Com as informações reunidas até aqui, podemos dimensionar as equipes necessárias para cumprir o cronograma.

C.1 Execução das formas (10º pavimento, 600 m²) – cálculo do número de carpinteiros

A execução das formas do pavimento demanda:

$$600\ m^2 \times 1{,}0\ hoh/m^2 = 600\ hoh$$

A tarefa tem que ser executada de segunda a quinta-feira, ou seja, em quatro dias, com jornada de trabalho de nove horas.

$$4\ dias \times 9\ h/dia\ por\ carpinteiro = 36\ hoh/carpinteiro$$

O número de carpinteiros será:

$$600\ hoh/36\ hoh/carpinteiro = 16{,}67 \cong 17\ carpinteiros$$

C.2 Execução da armação (10º pavimento, 5.400 kg) – cálculo do número de armadores e serventes

A montagem das armações das vigas e das lajes do pavimento demanda:

$$5.400\ kg \times 0{,}03\ hoh/kg = 162\ hoh/armador$$
$$5.400\ kg \times 0{,}03\ hoh/kg = 162\ hoh/servente$$

A tarefa tem que ser executada de quarta a sexta-feira, ou seja, em três dias, com jornada de trabalho de nove horas.

$$3\ dias \times 9\ h/dia\ por\ armador = 27\ hoh/armador$$

O número de armadores será:

$$162\ hoh/27\ hoh = 6\ armadores$$

E, como a quantidade a ser armada (5.400 kg) e o índice (0,03 hoh/kg) são os mesmos, o número de serventes necessários também é seis.

C.3 Execução da concretagem (10º pavimento, 62 m³) – cálculo do número de pedreiros e ajudantes

A execução da concretagem demanda:

$$62\ m^3 \times 1{,}0\ hoh/m^3 = 62\ hoh/pedreiro$$

$$62\ m^3 \times 2{,}0\ hoh/m^3 = 124\ hoh/servente$$

A tarefa tem que ser executada no sábado, em um único dia, com jornada de trabalho de nove horas.

$$1\ dia \times 9\ h/dia\ por\ pedreiro = 9\ hoh/pedreiro$$
$$1\ dia \times 9\ h/dia\ por\ servente = 9\ hoh/servente$$

O número de pedreiros será:

$$62\ hoh/9\ hoh = 7\ pedreiros$$

Já o número de serventes será:

$$124\ hoh/9\ hoh = 14\ serventes$$

C.4 Execução das alvenarias (3° pavimento, 700 m²) – cálculo do número de pedreiros e ajudantes

A execução das alvenarias demanda:

$$700\ m^3 \times 0{,}90\ hoh/m^3 = 630\ hoh/pedreiro$$
$$700\ m^3 \times 0{,}60\ hoh/m^3 = 420\ hoh/servente$$

A tarefa deve ser executada de segunda a sexta-feira, ou seja, em cinco dias, com jornada de trabalho de nove horas.

$$5\ dias \times 9\ h/dia\ por\ pedreiro = 45\ hoh/pedreiro$$
$$5\ dias \times 9\ h/dia\ por\ servente = 45\ hoh/servente$$

O número de pedreiros será:

$$630\ hoh/45\ hoh = 14\ pedreiros$$

Já o número de serventes será:

$$420\ hoh/45\ hoh = 10\ serventes$$

C.5 EXECUÇÃO DOS CONTRAPISOS (2° PAVIMENTO, 300 m²) – CÁLCULO DO NÚMERO DE PEDREIROS E AJUDANTES

A execução dos contrapisos demanda:

$$300\ m^3 \times 0{,}80\ hoh/m^3 = 240\ hoh/pedreiro$$
$$300\ m^3 \times 1{,}0\ hoh/m^3 = 300\ hoh/servente$$

A tarefa deve ser executada de segunda a sexta-feira, ou seja, em cinco dias, com jornada de trabalho de nove horas.

$$5\ dias \times 9\ h/dia\ por\ pedreiro = 45\ hoh/pedreiro$$
$$5\ dias \times 9\ h/dia\ por\ servente = 45\ hoh/servente$$

O número de pedreiros será:

$$240\ hoh/45\ hoh = 5\ pedreiros$$

Já o número de serventes será:

$$300\ hoh/45\ hoh = 7\ serventes$$

Chega-se então ao histograma de mão de obra apresentado na Fig. 3.39.

Conforme mencionado no texto e indicado neste Anexo, para cumprirmos os prazos das atividades definidas num cronograma, precisamos garantir que a equipe de funcionários seja adequada e que os equipamentos e os materiais necessários estejam disponíveis no canteiro, pois, em caso contrário, o cronograma será apenas uma carta de intenções.

O cronograma geral de uma obra, portanto, deve dimensionar as equipes de maneira semelhante à indicada neste Anexo para todas as atividades da obra, tais como as instalações, as esquadrias e os acabamentos.

D Anexo

Cânones da ética dos engenheiros

A seguir, ilustramos o que diz da ética profissional o Conselho Norte-Americano de Engenheiros para o Desenvolvimento Profissional (Engineers' Council for Professional Development – ECPD), atual Conselho de Credenciamento de Engenharia e Tecnologia (Accreditation Board for Engineering and Technology – Abet) (Pietsch, s.d.).

Princípios fundamentais do Código de Ética dos Engenheiros

Engenheiros mantêm e melhoram a integridade, honra e dignidade da profissão:

Usando seu conhecimento e habilidade para o avanço do bem-estar da humanidade;

Sendo honestos e imparciais e servindo fielmente o público, seus empregadores e clientes;

Esforçando-se para aumentar a competência e prestígio da profissão de Engenheiro;

Suportando as sociedades profissionais e técnicas que tratam da ética e da moral.

Cânones fundamentais do Código de Ética dos Engenheiros

Engenheiros zelarão pela segurança, saúde e bem-estar do público durante a execução de suas tarefas profissionais.

Engenheiros farão serviços apenas nas áreas de sua competência.

Engenheiros farão declarações públicas somente de maneira objetiva e confiável.

Engenheiros agirão em assuntos profissionais para cada cliente como agentes fiéis e confiáveis, e evitarão conflitos de interesse.

Engenheiros construirão sua reputação profissional com o mérito de seus serviços e não competirão de forma injusta com outros.

Engenheiros agirão de tal maneira a manter e desenvolver a honra, integridade e dignidade da profissão.

Engenheiros continuarão seu desenvolvimento profissional durante sua carreira e disponibilizarão oportunidades para o desenvolvimento profissional dos engenheiros sob sua supervisão.

Referências bibliográficas

ANTILL, J. M.; WOODHEAD, R. W. *CPM aplicado às construções*. Rio de Janeiro: Livros Técnicos e Científicos Editora Ltda., 1968.

FRANCO, L. S. *Tecnologia construtiva racionalizada para a produção de alvenarias e revestimentos* – alvenarias de vedação. Escola Politécnica da Universidade de São Paulo, 1997.

MORRIS, W. G. *Ciclo de vida de um projeto*. EUA: PMI, 1996.

O'CONNOR, J. T.; DAVIES, V. S. Constructability improvement during field operations. *Journal of construction engineering and management*, v. 114, nº 4, p. 548-64, Dec., 1988.

PIETSCH, V. *Código de ética profissional*: visão das entidades profissionais. [s.d.]. Palestra proferida por ocasião do Seminário Nacional de Ética Profissional (SNEP).

PMI – PROJECT MANAGEMENT INSTITUTE. *Guia PMBOK*. 6. ed. [S.l.: s.n.], 2017.

POSNER, B. Z. What it takes to be a good project manager. *Project Management Journal*, v. 18, n. 1, p. 51-54, 1987.

PRADO, D. S. *Planejamento e controle de projetos*. Nova Lima (MG): INDG Tecnologia e Serviços Ltda., 2004.

RANZINI, S. M. T.; NEGRO Jr., A. Obras de contenção: tipos, métodos construtivos, dificuldades executivas. In: HACHICH, W. et al. (Ed.). *Fundações*: teoria e prática. São Paulo: Pini, 1996.